Erik Raidt

GOTTLIEB DAIMLER UND ROBERT BOSCH

Von hier aus wird ein Stern aufgehen

Erik Raidt

GOTTLIEB DAIMLER UND ROBERT BOSCH

Von hier aus wird ein Stern aufgehen

THEISS

Inhaltsverzeichnis

Vorwort **7**

In der Fluchtburg – Winter 1895 **11**

Der Herculeskäfer – 1845 **21**

„Diese Schlange in Menschengestalt" – Sommer 1845 **28**

Gehirnerweichung bei rasanter Zugfahrt – Herbst 1845 **34**

Haut nicht auf den alten Uhland ein! – 1848/49 **45**

Ein Bosch auf dem Hohenasperg – 1853 **50**

Daimler und die Datenkrake – 1853 **53**

Tod im See – Frühjahr 1856 **55**

Dämonische Experimente – Sommer 1860 **58**

Die DNA eines Querkopfs – Herbst 1861 **65**

In der Tretmühle der Arbeit – 1861 **67**

Richard Wagner auf der Flucht – Frühjahr 1864 **73**

Wie die Kindheit riecht – Sommer 1864 **77**

Daimler heiratet, Maybach bändelt an – Spätherbst 1867 **80**

Schulbänke und andere Plagen – Herbst 1869 **85**

Über den Rhein marschieren – Sommer 1870 **90**

Auf dem Kriegspfad zu Köln – 1872 **95**

Dem Meister fehlt es an Spannung – Herbst 1876 **100**

Das Gift von Oil City – Herbst 1876 **102**

Hinter dem Horizont wird man gescheiter – 1879 **109**

Ein explosives Gemisch – 1881 **114**

Auf dem Zugfenster blühen Eisblumen – Herbst 1881 **119**

Robert Bosch trägt Uniform – Herbst 1881 **124**

Erschütternde Nachrichten – Winter 1881 **127**

Feldversuche im Gartenhaus – 1882 **133**

Wer sich in die Wolle bekommt – 1883 **137**
Mit den Möwen nach New York – 1884 **142**
Liebe Anna! – Sommer 1884 **149**
Konkurrenten vor Gericht – Sommer 1885 **156**
Die Illusionsmaschine des Märchenkönigs – Herbst 1885 **162**
Wie die Dinge Fahrt aufnehmen – 1886 **169**
Der Kutschenbauer seiner Majestät – Frühjahr 1886 **175**
Herzensheimweh – Frühjahr 1886 **182**
Eine Fahrt im Schutz der Nacht – Sommer 1886 **186**
Das Schicksal klopft an die Tür – Herbst 1886 **189**
Vom Seelberg aus dem Himmel entgegen – Herbst 1887 **200**
Im Schatten des großen Turms – 1889 **204**
Der Phonograph in Stuttgart – Herbst 1889 **216**
Schülerhafte Experimente – 1890 **219**
Die Firma steht auf der Kippe – 1891 **225**
Die Musik der Motoren – Winter 1891 **229**
Raubritter und Rennfahrer – 1895 **237**
Der Todesflug des Buchhändlers – Sommer 1897 **242**
Machtspiele zwischen Daimler und Bosch – 1899 **249**
Eine letzte Fahrt – 1899 **253**
Die Jahrhundertsause – Silvester 1899 **255**
Die Fabrik neben dem Friedhof – 1900 **258**
Was Gottlieb Daimler überlebt – 1900 **263**
Warum das Buch hier endet – und wie es weitergeht **268**
Lebenslauf Gottlieb Daimler **270**
Lebenslauf Robert Bosch **271**
Literaturverzeichnis **272**
Bildquellennachweis **278**
Danksagung **279**

Vorwort

Als am 17. März 1834 in Schorndorf ein Baby namens Gottlieb erstmals brüllend auf sich aufmerksam macht, gilt die Postkutsche noch als Maß aller Dinge. Die deutschen Kleinstaaten suchen den Anschluss an den technischen Fortschritt, ihre Städte schmoren im Saft dessen, was Provinzfürsten gefällt. Doch dann dreht sich der Wind, und das Dichter- und Denkerland erfindet sich neu: als Land der Tüftler und Lenker. „Made in Germany", ein Hinweis, den die Engländer zunächst nutzten, um vor billigem deutschen Schund zu warnen, verwandelt sich in ein Qualitätssiegel. Aus dem Baby Gottlieb wird der große Daimler.

So oder so ähnlich ließe sich eine Kaminfeuergeschichte voller Gründerzeitromantik erzählen, die heute aus dem verklärenden Abstand von 150 Jahren davon erzählt, wie die großen Pioniertaten der Technikgeschichte von ebenso großen Pionieren vollbracht wurden. Wenn es um die Ikonen der deutschen Industriegeschichte geht, ist man verführt, ein Heldenepos auszubreiten: darüber, wie Wundernaturen aus dem Nichts heraus umwerfende Erfindungen gelangen, allein kraft ihres Genies und ihres Fleißes. Gottlieb Daimler: vom Bäckersohn zum Autoerfinder. Robert Bosch: Ein Wirtssohn aus einem Bierbrauergeschlecht begründet einen Weltkonzern.

Tatsächlich wird niemand bestreiten, dass hinter dem Motor, der Zündkerze, dem Automobil oder der Glühbirne jeweils ein kluger Kopf steckt. Doch all diese technischen Revolutionen haben ihren Anfang nicht im luftleeren Raum genommen. So schufen die Regenten bessere Rahmenbedingungen, um den Standort Deutschland voranzubringen, der Markt wurde liberalisiert.

Diese Entwicklung entfesselte ungeahnte Kräfte. Im Acker- und Bauernland blühte die Technikkultur auf. Städte verwandelten sich in Großstädte, Großstädte in Metropolen.

Bei diesem deutschen Industrialisierungswunder folgte jedoch keineswegs ein Durchbruch auf den nächsten: Auf ein erfolgreiches Start-up-Unternehmen kamen zwei Pleiten, auf einen erfolgreichen Erfinder zehn Tüftler, die sich in technischen Irrwegen verliefen.

Koscher lief die Nummer auch nicht immer: In den Werkstätten und Forschungslaboren wurde probiert, kopiert, geschmiert – es menschelte überall, und die Herren Pioniere gönnten einander oft nicht das Schwarze unter dem Fingernagel. In atemberaubendem Tempo konnten aus Weggefährten erbitterte Konkurrenten werden.

Dieses Buch begleitet zwei deutsche Gründerväter auf ihrem Lebensweg: Gottlieb Daimler und Robert Bosch. Ihre Unternehmen prägen heute maßgeblich die Wirtschaft des Landes, sie beschäftigen weltweit mehrere Hunderttausend Menschen. Aber wie hat das alles seinen Anfang genommen? Die Büsten der beiden Erfinder und Unternehmer werfen im Licht der Berühmtheit auch Schatten: Anhand von Tagebüchern, Briefen, Selbst- und Fremdbeschreibungen schälen sich zwei komplexe Charaktere heraus, die in ihrem Ehrgeiz unnachgiebig waren – gegen sich selbst und gegen andere.

Die Erfolge und die Niederlagen der beiden Technikpioniere lassen sich kaum verstehen, wenn ihr gesellschaftliches Umfeld unscharf bleibt. Ihre Ideen gediehen auf einem speziellen Nährboden.

Die Kultur spielt die Begleitmelodie im großen Sound einer Zeit, bei der oft nur die Trompeten des Fortschritts herausgehört werden. Kaum ein anderer steht heute so markant für das rasante Tempo dieser Epoche wie der französische Autor Jules Verne. Er hetzte seine Romanhelden in 80 Tagen um die Welt und ließ sie zum Mittelpunkt der Erde wandern, schickte sie in die Tiefsee und auf den Mond.

Der historische Stoff der Gründerjahre ist erstaunlich aktuell. Bereits in den Anfangsjahren des Industriekapitalismus liegt all das auf dem Tisch, was bis heute nachhallt: Großprojekte, die von oben herab durchgesetzt werden, spalten die Gesellschaft. Beim Eisenbahn- und Kanalbau sowie beim Abbau der Steinkohle geht es rücksichtslos gegen die Umwelt zur Sache. Unterdessen greifen Finanziers und Spekulanten nach florierenden Unternehmen.

Unverkennbar wird in den Jahrzehnten ab der Mitte des 19. Jahrhunderts jene Spur gelegt, auf der sich vieles bis in die Gegenwart hinein bewegt. Gottlieb Daimler und Robert Bosch erleben, wie sich auf den großen Weltausstellungen der Geist der Epoche spiegelt: der Fortschrittsglaube, der Rassismus, die Massenunterhaltung für das wachsende Bürgertum.

Gegen Ende des 19. Jahrhunderts ist die Saat des Fortschritts an den unterschiedlichsten Orten aufgegangen, beispielsweise im Garten von Gottlieb Daimlers Villa. Die Erfolgsgeschichte aus Cannstatt ist nicht die einer Garagenfirma – die Wurzeln des Weltkonzerns liegen in einem zur Werkstatt umgebauten Gartenhaus.

Eigentlich eine ziemlich verrückte Geschichte. Es hätte sich gelohnt, dabei gewesen zu sein – vielleicht mithilfe der Erfindung eines englischen Science-Fiction-Autors. Die Zeitmaschine des H. G. Wells erschließt den Reisenden neue Dimensionen.

Für den Start fehlt nur noch ein Handgriff, man muss ein Datum eingeben: 1895 – genau jenes Jahr, in dem Wells' Roman „The Time Machine" erscheint. Es ist kurz vor Heiligabend, der 21. Dezember 1895. Trotz des leichten Frosts wird es in der Kur- und Bäderstadt Cannstatt wohl keine weißen Weihnachten geben.

In der Fluchtburg – Winter 1895

Gottlieb Daimler steht im Garten seines Anwesens und betrachtet mit bitterem Stolz sein Lebenswerk. Er sieht eine Pferdekutsche, die keine mehr ist. Sie wurde von einem Wagenbauer hergestellt, der sich wohl kaum hätte vorstellen können, dass sein Gefährt jemals anders als durch Muskelkraft fortbewegt wird. Gottlieb Daimler jedoch hat die Kutsche völlig neu gedacht, ihr einen Benzinmotor eingebaut und damit den pferdeapfelfreien Antrieb entwickelt. Zum Erstaunen des Publikums, zu dessen Entsetzen oder Vergnügen, je nach Geschmack. In der Presse wird geraunt, der Wagen fahre, als ob er von Geisterhand angeschoben würde.

Es sind nur noch wenige Tage bis Weihnachten. An diesem Wintertag im württembergischen Cannstatt des Jahres 1895 blickt Gottlieb Daimler vermutlich genauso sehr zurück wie nach vorn. Er ist 61 Jahre alt und sowohl physisch als auch psychisch oft am Ende seiner Kräfte. Der Tod seiner ersten Frau Emma und der schwere Unfall seines Sohnes Wilhelm, der seither an einer Rückgratverkrümmung leidet, haben Narben hinterlassen. In seinem eigenen Unternehmen sieht er sich von Raubtieren bedroht, die nur auf eine Schwäche lauern. Besser noch auf seinen Tod. Seit Langem ist Gottlieb Daimler ein kranker Mann: Ein Herzleiden setzt ihm sein ganzes Leben lang zu, aber seit einigen Jahren häufen sich seine Schwächeanfälle. Er muss ahnen, dass er nicht mehr miterleben wird, wie all seine Visionen Gestalt annehmen.

Es ist kalt, aber es liegt kein Schnee vor seiner im Cannstatter Kurpark gelegenen Villa. Gottlieb Daimler sieht schon am Morgen, dass im Garten Vorbereitungen für den Abend getroffen werden. Neben einer Motorkutsche steht ein Laufrad, dazwischen ist ein Bild aufgestellt. Es zeigt die bescheidene Fabrik, in der Gottlieb Daimler gemeinsam mit Wilhelm Maybach seit 1887 an der Motorisierung der Welt arbeitet. Abends soll im Kurpark ein rauschendes Fest stattfinden, zu dem Daimler all seine Mitarbeiter eingeladen hat – an diesem Tag ist der tausendste Motor hergestellt worden. Einer seiner Mitarbeiter wird sich Jahre später an diese Feier erinnern: „Es war ein frohes Fest, das da gefeiert wurde, und auch das Gemisch war, wie es sich für Autofachleute geziemte, von bester Art und Güte. Kein Wunder, dass daher mächtig aufgedreht wurde."

An jenem 21. Dezember sieht Gottlieb Daimler in seinem Garten nicht nur all jene motorisierten Gefährte, die den Menschen vor zehn Jahren völlig unbekannt waren. Er blickt auch auf eine Tafel, die den Zusammenhalt in seinem Unternehmen beschwört: „Füllt die Gläser bis zum Rande, weihet sie dem Arbeitsstande. Hoch die Firma, sie soll leben, Einigkeit nur führt zum Segen."

Der Spruch muss Gottlieb Daimler bitter aufstoßen. Er ist nicht nur von seiner Herzerkrankung gezeichnet, seit vielen Jahren kämpft er auch um sein Vermächtnis. Gottlieb Daimler sieht sich von Geschäftspartnern betrogen, von Weggefährten enttäuscht. Ein skeptischer Zug hat sich tief in sein Wesen eingegraben. Jahrzehntelang hat er ein rastloses Leben geführt, sich selbst und seine Gesundheit am wenigsten geschont. Seit einigen Jahren jedoch spürt er, dass er immer öfter an Grenzen stößt, wenn er von sich selbst abverlangt, das Beste zu leisten. Das Beste oder nichts.

Am Abend bleibt Gottlieb Daimler das Bad in der Menge nicht erspart. Im Cannstatter Kursaal sind bereits die Tische für das Bankett eingedeckt. Man feiert ja nicht nur den tausendsten Motor. Es geht um viel mehr als nur einen symbolischen Akt: Gottlieb Daimler, der vor einiger Zeit von seinen Geschäftspartnern mit juristischen Winkelzügen aus dem eigenen Unternehmen gedrängt wurde, tritt wieder in dasselbe ein. Der 21. Dezember ist auch so etwas wie ein Friedensgipfel. Neben den Arbeitern der Daimler-Motoren-Gesellschaft werden die Mitglieder des Aufsichtsrates kommen, auch wichtige Staatsbeamte. Man wird Gottlieb Daimler hochleben lassen, seine Verdienste würdigen und über all die schmutzigen Machtkämpfe, die untereinander ausgefochten wurden, kein Wort mehr verlieren.

Dieser vorweihnachtliche Frieden passt zur Stimmung in der württembergischen Residenzstadt Stuttgart. Während König Wilhelm II. Amtsgeschäften nachgeht, einen Generalmajor und einen Kommandeur zu einer Unterredung trifft, tourt seine Gattin von einer Charity-Veranstaltung zur nächsten: Erst nimmt sie gemeinsam mit Prinzessin Pauline an der Weihnachtsbescherung der Charlottenheilanstalt für

Augenkranke teil, anschließend besuchen die beiden die Weihnachtsfeier im Diakonissenkrankenhaus.

Für vorweihnachtliche Besinnlichkeit bleibt den Geschäftsleuten in Stuttgart keine Zeit. Die Wirtschaft wächst, das hat Geld in die Stadt gespült. Geld, das nun ausgegeben werden kann, nein, muss. Die Anzeigenspalten der Zeitungen quellen über. Weihnachten wird in diesem Jahr durch feinste Tafelliköre auf den Gabentischen versüßt, für die Herren stehen Schlafröcke und Anzüge in allen Größen zur Auswahl. Zu Spottpreisen! Verspricht zumindest die Werbung. Die Damen wiederum könnten mit edlen Uhren beglückt werden oder – aus Sicht der Männer weniger uneigennützig – mit einem Küchenkalender inklusive praktischer Kochrezepte. All diese Geschenke sind selbstredend billig, einzigartig, in höchstem Maße zeitgemäß. Was vor Jahren für viele Menschen undenkbar war, wird nun normal: Man gönnt sich was, man hat ja was.

Während immer noch Tausende von Jungen und Mädchen in Textilfirmen arbeiten oder auf Kindermärkten rund um den Bodensee als billige Hütejungen und Dienstmägde angeboten werden, vollzieht sich in den bürgerlichen Haushalten ein Sinneswandel: Eltern sehen ihre Kinder als schutzbedürftig an. Das gilt auch für die Kinder des vermögenden Fabrikanten Gottlieb Daimler aus Cannstatt. Aus seiner ersten Ehe mit Emma Daimler stammen seine Töchter Emma und Martha sowie seine Söhne Paul, Adolf und der kränkliche Wilhelm. Seine zweite Frau Lina hat ihn mit 60 Jahren noch einmal zum Vater gemacht. Sein nach ihm benannter Sohn Gottlieb ist erst ein Jahr alt.

Die Daimler-Kinder wachsen in einer Zeit auf, in der die Kindheit neu erfunden wird. Dank des wachsenden Wohlstands gehören Weihnachtsgeschenke dazu. Damit lässt sich Geld verdienen, das denkt sich auch der Besitzer eines Stuttgarter Spielwarengeschäfts, der am 21. Dezember im *Neuen Tagblatt* eine Anzeige schaltet: „Liebes Christkindchen! Bitte, bitte, bringe mir doch zu Weihnachten einen von diesen wunderschönen Gummibällen, die ich noch nirgends gesehen habe als bei Herrn Nordhof im Königin-Olga-Bau. Dort sind auch sonst noch hübsche Sachen, die ich gut gebrauchen kann. Deine Anna."

In diesem Weihnachtsgeschäft mischt ein Unternehmen mit, das vor den Toren Stuttgarts liegt und mit dem Verkauf von Puppenküchen seine ersten Erfolge feiert. In Göppingen treten die Gebrüder Märklin an, um das Familienunternehmen in der zweiten Generation auf Vordermann zu bringen. Ihr Spielzeug folgt dem letzten Schrei des aufkommenden Maschinenzeitalters: Die Märklin-Brüder erweitern ihr Sortiment um bewegliche automatische Spielsachen. So fahren bald immer mehr Miniatureisenbahnen durch Bürgerhäuser. Der Firmenkatalog des Jahres 1895 wirbt für eine Lok, die auf zusammensteckbaren Schienen durchs Wohnzimmer braust. Das Spielzeug spiegelt den Fortschritt im Land wider.

Für Miniatureisenbahnen sind einige von Gottlieb Daimlers Kindern aus erster Ehe schon zu alt und der einjährige Gottlieb Junior noch viel zu jung. Aber an das bevorstehende Weihnachtsfest wird der Fabrikant ohnehin erst in Ruhe denken können, wenn er die abendliche Feier und den Empfang überstanden hat.

Unterdessen wogen in Stuttgart die Menschenmassen durch die Königstraße, am Bahnhof türmen sich die Weihnachtspakete. Nach und nach ist das Warensortiment auch im Deutschen Kaiserreich immer umfangreicher geworden – inspiriert von berühmten Kaufhäusern wie dem Bon Marché aus Paris, der Welthauptstadt des guten Geschmacks. Während in Stuttgart am frühen Abend viele Läden bereits schließen, leuchtet das Kaufhaus Eduard Breuninger zum Großfürsten noch taghell: Bogenlampen erleuchten die bunte Warenwelt mit elektrischem Licht. Wer kann es sich noch leisten, auf diesen Fortschritt zu verzichten? Die Kaufhäuser zuletzt. Sie müssen mit der Mode gehen oder sie verschwinden. Das Volk stimmt mit den Füßen ab. Auch die Warenwelt im Kaufhaus Conrad Merz strahlt im elektrischen Licht, das allmählich die Dunkelheit aus den Nächten vertreibt. Die Zeiten, in denen es in deutschen Städten nachts nach dem Verlöschen der Laternen zappenduster und öde war, neigen sich unweigerlich dem Ende entgegen.

Im Kaufhaus Conrad Merz arbeitet ein junger Lehrling im Weihnachtsgeschäft mit, der sich später daran erinnern wird, wie in jenen Tagen das Haustelefon in die Geschäftsräume eingebaut wurde. Wenige Jahre vor der Jahrhundertwende handelt es sich beim Telefon um ein exotisches Kommunikationsmittel, das die Menschen zwar kennen, das aber in den meisten Haushalten noch nicht installiert ist. In der Regel hat man keine lange Leitung – man hat gar keine.

Ein Mann mit kurz gestutztem Bart betritt das Kaufhaus Conrad Merz. Der Mann mag in den Dreißigern sein, er trägt Wollkleidung von einem Zuschnitt, der seiner Erscheinung eine asketische Note verleiht. Schon optisch fällt er aus der Reihe. Selbstsicher wirkt der Mann, zupackend auch. Er leitet eine elektrotechnische Werkstatt im Stuttgarter Westen. Der aufmerksame Lehrling sieht den ungewöhnlichen Besucher bei dessen merkwürdigen Installationsarbeiten bald auf einer Leiter stehen. Der Ältere scheint auf den Jüngeren Eindruck zu machen: Das Bild des Technikers wird sich ihm so sehr einprägen, dass sein eigener Berufsweg ihn später selbst einmal in dessen Betrieb führen wird. Der Betrieb wird dann allerdings keine Werkstatt mehr sein, sondern eine Fabrik. Aber an diesem Tag der ersten Begegnung der beiden ist davon noch keine Rede. Hinter dem Mann, der auf der Leiter steht, liegen harte Jahre. Es ist Robert Bosch.

Fast ein Jahrzehnt lang hat Robert Bosch zu diesem Zeitpunkt schon als selbstständiger Unternehmer geschuftet, ohne dass ihm dabei Geld und Anerkennung in den Schoß gefallen wären. Im Gegenteil, über seiner Werkstatt kreiste mehrfach der Pleitegeier. Wenn ihm seine Mutter nicht mit Geld ausgeholfen hätte, würde Robert Bosch schon seit Längerem nicht mehr als Chef auf der Karriereleiter stehen. Dreieinhalb Jahre ist es erst her, dass er zu Ostern 1892 von 24 Mitarbeitern 22 entlassen musste, weil infolge einer Wirtschaftskrise die Aufträge ausgeblieben waren.

Seine Familie litt unter der existenziellen Unsicherheit, unter der Ungewissheit, ob sich die Dinge wirklich zum Guten entwickeln würden. Robert Bosch ist verheiratet mit Anna, der Tochter eines Holzhändlers aus Obertürkheim. Das Paar wohnt in einer Mietwohnung im Stuttgarter Westen, von Gottlieb Daimlers Villa aus gesehen, auf der anderen Seite des Neckars. Die beiden kennen einander schon. Der alte Daimler blickt misstrauisch auf den 27 Jahre jüngeren Bosch, der mit einer Erfindung von sich reden gemacht hat, die seinen Automobilen zugutekommen könnte. Aber Gottlieb Daimler sperrt sich dagegen, er sträubt sich mit aller Macht. Der wahre Fortschritt? Ist immer auch eine Ansichtssache.

Gottlieb Daimler will diesen Herrn Bosch nicht in ein noch helleres Licht rücken. Dabei könnte Robert Boschs Zündapparat Gottlieb Daimlers Automobile sicherer machen, einige Geschäftspartner drängen ihn dazu, den Bosch-Zünder unbedingt einzubauen. Daimler kommt dieses Anliegen äußerst ungelegen, dennoch wird er sich weiter mit ihm auseinandersetzen müssen, genau wie mit diesem jungen Emporkömmling, der sein Sohn sein könnte. Ob er will oder nicht.

Während Gottlieb Daimler dieses Weihnachtsfest 1895 mit gemischten Gefühlen erlebt, hat Robert Bosch einen Grund, zu feiern. In diesem Jahr hat endlich das neue Elektrizitätswerk in Stuttgart seinen Dienst aufgenommen. Andere Städte waren schneller, hier wie dort gab es hitzige Diskussionen darüber, ob man diese Elektrizität denn wirklich brauche: Würden sich wirklich genügend Menschen elektrisches Licht leisten wollen und können? Reicht die Gasbeleuchtung in den Städten nicht völlig aus? Die Politiker, die über solche Zukunftsfragen diskutieren, müssen Robert Bosch wie vernagelt vorkommen. Er hat längst erkannt, welches Potenzial in der Elektrizität schlummert, er kennt den Mann persönlich, der die Glühbirne erfunden hat und mit ihr berühmt geworden ist. Robert Bosch hat über Thomas Alva Edison nicht nur in Zeitungen und Magazinen gelesen, er hat in dessen Betrieben am Hudson River in New York gelernt und gearbeitet.

Seit dem Herbst 1895 steht das neue Elektrizitätswerk in Stuttgart unter Dampf. Es verändert beinahe über Nacht den Alltag der Menschen, es stellt auch die Weichen für einen Aufschwung im Betrieb von Robert Bosch. Zuvor kroch durch die Straßen der Stadt nur die Pferdestraßenbahn – eine lahme Angelegenheit schon auf ebener Strecke, die auf den vielen Hügeln der Stadt überhaupt nicht zum Einsatz kam, weil es den Pferden an Pferdestärken mangelte. Doch kurz vor der Jahrhundertwende nimmt eine verkehrstechnische Revolution ihren Lauf: Gottlieb Daimler hat den Benzinmotor an die Stelle des Pferds gesetzt, und dank des Elektrizitätswerks laufen nun auch die Straßenbahnen mit unsichtbarer Kraft. Zur Jungfernfahrt der ersten elektrischen Straßenbahn versammeln sich die geladenen Gäste in den fünf Wagen. Als die Bahn am späten Nachmittag eine wenige Kilometer lange Strecke unfallfrei und ohne Störungen zurücklegt, verfolgt am Straßenrand „ungemein zahlreiches Publikum … mit großer Aufmerksamkeit den elektrischen Betrieb“. Am Ende der Fahrt lassen die Mitreisenden den württembergischen König hochleben. Der habe den technischen Durchbruch entscheidend gefördert.

Robert Bosch ist von dieser Jungfernfahrt vermutlich weniger elektrisiert als die technischen Laien, sie ist keineswegs sensationell. Aber erfreulich ist sie dennoch. Das Kraftwerk versorgt nicht nur die neue Straßenbahn mit Elektrizität. Von der Elektrizität können die Menschen gar nicht genug bekommen: Die Schwimmbäder werben nicht nur mit Abreibungen und Massagen, sondern auch mit elektrischer Beleuchtung. Im Theater sieht man berühmte Schauspieler im elektrischen Licht, in den besseren Hotels genießen die oberen Zehntausend diesen neuen Luxus. Das ist doch formidabel, das will man doch auch!

Das Elektrizitätswerk macht die Elektrizität salonfähig und verfügbar für alle. Aber zuerst müssen Leitungen verlegt und Anschlüsse installiert werden, dafür benötigt man Fachleute und Experten. Zuverlässige Techniker wie Robert Bosch, für den dieser technische Quantensprung zum Glücksfall wird. Bosch kann sich mit seiner Werkstatt bald vor Aufträgen kaum mehr retten, er weiß schließlich, wie die moderne Technik in Bürgerhäusern und Hotels zu installieren ist. Jahrelang hat er mit Klingeln, Blitzableitern, Haustelegraphen und Haustelefonen ein mühsames Geschäft betrieben. Jetzt zahlen sich seine Erfahrung und seine Kontakte erst richtig aus. Robert Bosch bringt den Menschen auch das künstliche Licht in ihre Häuser. Die Sache wird lukrativ für ihn. Wo eben noch Löcher in seiner Kasse klafften, sammeln sich nun Finanzpolster an. Zudem erfasst der Wirtschaftsaufschwung nicht nur das Königreich Württemberg, das ganze Deutsche Kaiserreich brummt. Paris? London? Berlin!

Nur der Auftrag im Kaufhaus Merz geht für Robert Bosch gründlich in die Hose. Das Haustelefon will nicht so, wie er es will. Da hilft ihm kein Hantieren und kein Mitarbeiter-Dirigieren von der Leiter herab. Das Haustelefon ist eine junge Erfindung, die mit tückischen Kinderkrankheiten zu kämpfen hat, die auch ein erfahrener Techniker wie Robert Bosch nicht in jedem Fall in den Griff bekommt. Der Kaufhauschef grollt, doch Robert Bosch verteidigt empört seine Arbeit. Wer deren Qualität in Zweifel zieht, der zweifelt an ihm als Person, der stellt seine Ehre infrage. So sieht er das. Mitten im Kaufhaus zieht ein heftiges Gewitter herauf. Die beiden Herren poltern, es donnert zwischen ihnen, und es kommt zu lautstarken Entladungen. Robert Bosch sieht sich zu Unrecht schlampiger Arbeit bezichtigt. Wenn er etwas nicht ertragen kann, dann Ungerechtigkeit.

Auch seine Familie leidet manchmal unter seiner aufbrausenden Natur. Mit seiner Frau Anna hat Robert Bosch drei kleine Kinder – Margarete ist mit sieben Jahren die Älteste, Paula ist sechs Jahre alt, Robert, sein Jüngster, gerade vier. Margarete wird sich später gut an den schillernden Charakter ihres Vaters erinnern, an einen Mann, der sich ihr als „hagere, knorrige Gestalt mit scharf geschnittenem Gesicht und schwarzem Bart“ einprägt. Wenn der Vater sich nicht um den Betrieb kümmert, ist er viel in der Natur, die er seit seinen eigenen Kindertagen liebt. Einmal im Jahr wandert die ganze Familie gemeinsam mit Freunden vom nahe gelegenen Esslingen durch das Remstal bis nach Strümpfelbach zum Kirschenpeter. Als Margarete beim Blumenpflücken vor sich hin träumt und den Anschluss zur Familie verliert, muss Robert Bosch lange nach seiner Tochter suchen. Als er sie findet, wartet er, bis er mit Margarete wieder bei den anderen ist, um sie dann mit einer Ohrfeige zu bestrafen. Dem Mädchen bleibt diese Strafe lange in Erinnerung, sie fühlt sich gedemütigt, weil sie vor ihren Freundinnen und Geschwistern erfolgte. Für die Mutter ist die Szene kein Einzelfall: „So ist’s halt mit meinem Mann, er ist sehr jäh … jetzt tut’s ihm leid, aber geschehen ist geschehen.“

Der strenge Robert Bosch erklärt seinen Kindern viel von der Welt, aber er erklärt es nur einmal – wer nicht aufpasst, hört es kein zweites Mal. Er hasst jegliche Verschwendung, schimpft bereits, wenn jemand unnötig das Licht brennen lässt, und predigt seinen Kindern, dass sie vorsichtig mit ihren Kleidern und Schuhen umgehen sollten: Jede Arbeit, die recht getan sei, sei ehrenhaft und wertvoll, und niemand solle ein Erzeugnis der menschlichen Arbeit mutwillig beschädigen.

Manchmal jedoch beschädigt der Erfolg einer Arbeit seinen Schöpfer. Es ist beinahe gespenstisch, wie sehr Gottlieb Daimler unter seinem eigenen Erfolg auch leidet. Er sieht sich umzingelt von Neidern und

Fallenstellern. Sein Vertrauen an das Gute im Menschen ist erschüttert, auch hinter den besten Absichten anderer wittert er nur noch Verrat. Der Erfinder führt Krieg gegen all jene, die anzweifeln, dass seinem Geist wirklich die entscheidenden Durchbrüche zu verdanken sind. Er verheddert sich in Verträgen und Geschäftsberichten, sieht sich aus dem eigenen Unternehmen gedrängt und fremdgesteuert. Im Ausland strahlt sein Stern hell, vor allem die Franzosen feiern ihn als den Vater des Automobils. Zu Hause jedoch verfällt er oft in dunkles Grübeln.

Vor knapp zehn Jahren ist Gottlieb Daimler mit der Hilfe seines Ziehsohns Wilhelm Maybach ein technischer Durchbruch gelungen, der den Lauf der Welt verändert: Der schnelllaufende Verbrennungsmotor hat eine simple Pferdekutsche in etwas völlig Neues verwandelt – in ein Gefährt, das sich ohne Muskelkraft durch die Straßen fortbewegt: das Automobil. Manchmal muss selbst Gottlieb Daimler, dem Techniker und Unternehmer, der Fortschritt im Jahr 1895 wie eine kaum zu bändigende Raserei vorkommen. Erst seit sechs Jahren steht in Paris der stählerne Koloss des Eiffelturms. Gerade vier Jahre sind vergangen, seit im „American Standard Dictionary“ erstmals überhaupt das Wort *skyscraper* aufgetaucht ist. Vor zwei Jahren hatte Lina Daimler mit ihrem Gottlieb die Weltausstellung in Chicago besucht. Dort sah er zum ersten Mal diese Hochhäuser mit eigenen Augen. Es war ihre Hochzeitsreise, doch in Wahrheit war Gottlieb Daimler vor allem wegen der Geschäfte in die Staaten gereist. Die Fahrt über den Atlantik strengte ihn an, trotz all dem Komfort, den der Dampfer bot. Lina schwärmte von einem Luxus, „wie es nur beim König Ludwig von Bayern sein kann. Mir kommt alles wie ein Traum vor, dass ich auf Diwans von Seide und Gold sitze“.

Doch selbst auf dieser Kreuzfahrt der Luxusklasse haben dunkle Vorahnungen die Stimmung getrübt. Immer wieder beobachtet Lina Daimler ihren mehr als 20 Jahre älteren Ehemann voller Sorge: Gottlieb sei erneut sehr aufgeregt gewesen, vertraut sie ihrem Tagebuch an. Er habe sich erst beruhigt, als sie aus dem Trubel entkommen seien: „Er ist immer froh, wenn wir allein sind.“ Wenn viele Menschen zusammenkommen, fühlt sich Gottlieb Daimler mitunter doch allein. Fast wie ein Fremdkörper. Lina Daimler kennt das Hausmittel, das ihrem

Mann hilft, wenn ihn die Unruhe befällt: Ein Cognac an der Bar beruhigt ihn. Wenn es allein die Schwankungen in seinem Gemüt wären. Vor allem seine Herzschwäche setzt Gottlieb Daimler immer stärker zu, mit zunehmendem Alter verkraftet er Anstrengungen schlechter. Als er mit Lina eine Ausstellung besucht, fühlt er den Schwindel übermächtig stark, seine Frau stützt ihn im letzten Moment. Ganz weiß habe ihr Mann ausgesehen, klagt Lina Daimler. So elend, dass sie ihm ihre eigene Angst unmöglich habe zeigen können. Lina Daimler sieht Tag für Tag nicht den Erfinder Gottlieb Daimler, sie sieht einen Mann, dessen Kräfte fast aufgezehrt sind, der nun mühsam durchs Leben geht. Auf Reisen wartet sie nach getrennten Ausflügen in der Vorhalle des Hotels auf ihren Gottlieb, „denn er findet immer den Weg nicht in sein Zimmer“.

Für den alten Gottlieb Daimler gibt es einen Ort, der für ihn immer wichtiger wird. Einen Ort, der ihm eine Gegenwelt zu seiner Arbeit öffnet, unter der er zunehmend leidet. Die Taubenheimstraße ist eine ruhige Straße in der Bäderstadt Cannstatt. Gottlieb Daimler fühlt sich hier heimisch, seit er die Villa und das Gartengrundstück 1882 von einer Kaufmannswitwe erwarb. In der Nähe der Villa, in der Gottlieb Daimler mit Lina und den Kindern lebt, liegt ein alter Steinbruch in den weitläufigen Gartenanlagen. Hierhin kehrt Gottlieb Daimler immer wieder nach getaner Arbeit zurück, um Streit und Misserfolge zu vergessen. Sein Perfektionismus und seine hohen Ansprüche an sich selbst und an andere quälen ihn, aber im Garten kommt er zur Ruhe. Im Steinbruch entdeckt der Ingenieur, der bei seiner Arbeit stets den Naturgesetzen folgt, eine Welt, in der ihm nur seine Fantasie die Grenzen setzt. Sie wirkt still im Vergleich zum Getöse der modernen Zeit.

Am höchsten Punkt des Parks hat er im Vorjahr einen Turm errichten lassen, der nichts mit den kalten Wolkenkratzern Amerikas gemein hat. Der Turm ähnelt einer Burg mit Schießscharten, gekrönt von einem Umgang mit Zinnen. Von hier oben aus sieht Gottlieb Daimler sein ganzes Anwesen und auch das Gartenhäuschen, in dem ihm die größte Erfindung seines Lebens gelungen ist. Seinen Frieden findet er, wenn er den Garten sieht, den er in jahrelanger Arbeit umgestalten ließ: das solide eiserne Gartenhaus, den luftigen Pavillon, den Springbrunnen und die Tränke, an der sich die Vögel versammeln.

Der mittelalterlich anmutende Turm ist für ihn auch zu einer Fluchtburg geworden. Über diese erzählen sich Angestellte und Nachbarn Geschichten, in denen sich mal ein Körnchen und mal ein ganzes Pfund Wahrheit verbirgt: So führt ein unterirdischer Gang von der Villa aus zum Turm, der für Gottlieb Daimlers Frau Lina offensichtlich Sperrgebiet ist. Der Herr wolle hier allein in Ruhe sein Viertele Wein trinken, heißt es. Er zeige anderen Damen gerne vom Turm aus die schöne Aussicht, tuscheln Klatschweiber und Herren. Und wenn auch diese Geschichte nicht zündet, dann erzählt man sich auf den Straßen Cannstatts von einem geheimen Burgverlies, in dem der werte Herr Erfinder mitten im Königreich Württemberg zwei junge Löwen gefangen halte.

Verbürgt ist hingegen, dass Gottlieb Daimler in seiner Fluchtburg Bilder aufhängen lässt. Sie zeigen die ersten Benzinkutschen und Motorboote vor der Kulisse großer Segelschiffe. Ein Bild jedoch erinnert Gottlieb Daimler nicht an seine Erfindungen, es erinnert ihn an seine Kindheit und seine Jugendjahre – an den Duft von frischem Brot, an seine Eltern und seine Brüder. Das Bild zeigt seine Heimatstadt Schorndorf.

Der Herculeskäfer – 1845

Die Kauwerkzeuge des Herculeskäfers verzweigen sich auf ausladende Weise. Sie ähneln Scherenhänden, jederzeit bereit, zuzupacken. Feine Striche zeigen auf dem Papier die Beine des Käfers, seine Schuppen – bei keinem Körperteil hat der Zufall Regie geführt. Der Käfermaler ist elf Jahre alt. Der Junge zeichnet gern, er zeichnet präzise, er will, dass die Dinge, die er aufs Papier bringt, ihren Platz haben. Genau wie in der Natur. Gottlieb Daimler erkennt in den Beinen, Klauen und Füßen des Käfers Teile eines Gesamtbauplans. Dieser versetzt das Tier in die Lage, zu krabbeln, seine Nahrung klein zu schneiden und sie zu fressen. Der Junge zeichnet präzise, das Bild, das auf dem Papier entsteht, verrät sein Talent, sich Dinge dreidimensional vorstellen zu können.

Gottlieb Daimler besucht 1845 in seiner Geburtsstadt Schorndorf die Lateinschule. Immer sonntags nimmt er zudem Zeichenunterricht. Diese Stunden füllen bald ein Skizzenbuch, auf dessen Seiten Tiere aus der Alten und der Neuen Welt lebendig werden: ein Elch, ein Känguru, ein stolzer Sumpfhirsch, ein von seinem mächtigen Geweih schier erdrücktes Rentier, sowie eine Gottesanbeterin, die ihren Körper bedrohlich aufrichtet. Gottlieb Daimler zeichnet auch einen Erdhügel, den er als „Wohnungen der Termiten" beschreibt, nicht ohne deren Königin Gestalt zu verleihen. Schon in diesen Kindheitstagen gibt er sich nicht damit zufrieden, nur die bloße Hülle eines Gegenstands oder eines Lebewesens zu sehen. Der Junge forscht in seinen Zeichnungen danach, wie Einzelteile eines Körpers als Teil eines Ganzen zusammenwirken. An einem Tierkörper lassen sich Gesetzmäßigkeiten erkennen, alles scheint einer Ordnung zu folgen. Es fällt dem Jungen leicht, sich davon ein Bild zu machen. Es wird ihm später ungleich schwerer fallen, sich

Der junge Gottlieb Daimler nimmt Zeichenunterricht. Sein Skizzenbuch zeigt, wie viel Wert er auf Genauigkeit legt – und wie viel Talent er besitzt.

vom Wesen der Menschen ein ähnlich genaues Bild zu machen. Sie bleiben für ihn oft unberechenbar und entziehen sich seinem logischen Verstand.

Der Junge wächst in einem Fachwerkhaus in der Höllgasse 7 auf. Das Haus ist von bescheidener Größe, im Untergeschoss ist die Back- und Weinstube untergebracht, die Gottliebs Vater, der Bäcker Johannes Daimler, betreibt. Das schmale Haus steht unauffällig in der Gasse: Fensterläden, Butzenscheiben, Fachwerkbalken und nur ein gut armlanger Abstand zu den beiden Nachbarhäusern. Das Elternhaus ist keineswegs das stolzeste Gebäude im Viertel, das bescheidenste ist es auch nicht. In krummen Gassen stehen Giebelhäuser mit Sockeln aus Sandstein, über denen sich Fachwerkgeschosse erheben. Die Kinder, die hier aufwachsen, erleben die Stadt als Abenteuerspielplatz: Zwischen den Häusern öffnen sich versteckte Winkel, in denen die Jungen und Mädchen ihre Schlupflöcher finden. Die Kelter bietet Gottlieb Daimler und seinen Freunden, mit denen er sich nach der Schule trifft, Platz für Verstecke. Im Wallgraben vor dem Stadttor hüpfen Frösche herum, die sich den feuchten Lebensraum mit Salamandern teilen. Für die Kinder gibt es neben dem geheimnisvoll plätschernden Schorndorfer Höllbrunnen viel zu entdecken.

Gottlieb ist der zweitälteste von vier Brüdern, eine Schwester stirbt früh, sie wird nur ein halbes Jahr alt. Für die meisten Einwohner des Städtchens hält das Leben ein hartes Los bereit: In der ersten Hälfte des 19. Jahrhunderts ist Schorndorf zu einer unbedeutenden Provinzstadt herabgesunken, eingezwängt in einen Festungsbau. Wie Plagen kommen Hungerjahre über die Stadt, verursacht auch durch Missernten. Oft deuten die Menschen diese als biblische Strafen – was sich mit dem Verstand nicht erklären lässt, wird als apokalyptisches Zeichen gesehen. Gottlieb Daimlers Vater Johannes ist 14 Jahre alt, als 1815 auf der indonesischen Insel Sumbawa der Vulkan Tambora ausbricht und eine gewaltige Staubwolke in die Atmosphäre emporschleudert. Beim stärksten Vulkanausbruch der jüngeren Geschichte sterben Zehntausende von Menschen in der näheren Umgebung – doch die Folgen der Eruption spüren Millionen von Menschen: Nordamerika und Europa erleben 1816 das „Jahr ohne Sommer“ – die Klimakatastrophe trifft vor allem die Bauern. Auch in Schorndorf verschärft die schlimmste Hungersnot des 19. Jahrhunderts das ohnehin bestehende Elend.

Ein durchreisender Chronist jener Jahre beschreibt, dass die kärgliche Ernährung die Menschen in Schorndorf krank mache. Vor allem jene, die in den „ziemlich krummen, engen und schlechten Straßen" unmittelbar hinter der Mauer wohnen. Immer wieder leiden die Menschen unter Infektionskrankheiten, Kinder werden von der Brechruhr heimgesucht. Noch 1844 ist die Lage so schlimm, dass fast in jedem Haus ein Kranker zu finden ist. Auch die Wirtschaft liegt auf der Intensivstation – mit ungewissen Aussichten auf Besserung. Der Mangel gehört zum Alltag, das räumt auch das Schorndorfer Oberamt ein: „daß … die Mehrzahl der Einwohner nicht mehr als ihr Auskommen hat, daß eine große Zahl um dasselbe mehr oder weniger kämpfen muß und daß eine bedeutende Zahl, welcher es gänzlich oder größtenteils fehlt, die öffentlichen Kassen namhaft in Anspruch nimmt".

Die Heimat des jungen Gottlieb Daimler ist ein Armenhaus. Mehrmals zwingt die Hungersnot die Stadt dazu, eine öffentliche Suppenküche einzurichten. Die Jahre zwischen 1800 und 1860 sind für Schorndorf verlorene Jahre. Der einst blühenden Stadt bescheinigt ein Amtsarzt: „Schorndorf gehört zu den ärmsten Bezirken im Land." Bei den Feldarbeiten müssen die Kinder mithelfen, weshalb sie die Schule versäumen. Die Hände zählen, nicht das Hirn.

Der aus Reutlingen stammende Volkswirtschaftler Friedrich List berichtet, dass die „Nahrung der arbeitenden Classen" in Deutschland die „roheste von der Welt" sei. „An Weizenbrod und frisches Fleisch ist da nicht zu denken." Wer sich dem Schicksal nicht ergeben will, sucht verzweifelt nach Auswegen. An einen Aufstieg durch Bildung denken die wenigsten. Viele sehen ihre einzige Chance darin, die karge Heimat zu verlassen. Im Südwesten beginnt ein Massenexodus, infolgedessen ganze Dörfer aufgegeben werden, weil ihre Bewohner in den Vereinigten Staaten noch einmal ganz von vorn anfangen wollen. Auch viele Schorndorfer verlieren die Hoffnung, dass sich das Blatt jemals wieder wenden wird, und wandern nach Amerika aus.

Amerika präsentiert sich auf Werbeplakaten für die Auswanderer als Gelobtes Land: Aus einem goldenen Füllhorn quellen Bananen,

Ananas und Trauben. Kalifornien, so verheißt es die Botschaft, biete nicht nur Land für eine Million Farmer, es biete auch ein gesundes Klima für Reichtum. Die Botschaft kommt an. Aus dem Südwesten strömen die Menschen über Jahrzehnte hinweg den Häfen am Atlantik und an der Nordsee entgegen. Von dort aus geht es weiter nach Westen, zuerst mit Segel-, in späteren Jahren immer öfter mit den schnelleren Dampfschiffen: volle Kraft voraus, dem amerikanischen Traum entgegen. Allein zwischen 1845 und 1854 wandern zehn Prozent der in Baden und Württemberg lebenden Menschen aus.

Diesem Elendskreislauf will Gottlieb Daimler entgehen, auch wenn seine Familie die schlimmste Not nicht selbst erleiden muss. Vor dem Jungen liegt ein Leben voller Höhen und Schlaglöcher. Sein Schulweg wird zum Beginn eines längeren Bildungswegs, bei dem sich Theorie und Praxis ergänzen. Wenn sich Gottlieb Daimler morgens auf den Weg zum Unterricht macht, läuft er über buckliges Kopfsteinpflaster und durch enge Gassen, in die nur im Sommer für längere Zeit die Sonne einfällt. Sie sind gerade breit genug, damit eine Kutsche durchfahren kann. Aus dunklen Winkeln kommend erreicht er nach wenigen Minuten den Marktplatz, wo sich all die krummen Straßen endlich zu einem Platz hin öffnen, auf dem das 1726 erbaute Rathaus steht. Autorität strahlt auch die Gaupp'sche Apotheke aus, die noch einige Jahrzehnte älter ist. Vom Marktplatz aus sieht Gottlieb den Turm der evangelischen Stadtkirche. Dort, gleich am Kirchplatz, beginnt morgens der Unterricht in der Lateinschule. Niemand ahnt, dass der Schüler viel später mit einem Apparat Furore machen wird, den sich jetzt noch kein Mensch vorstellen kann. Diese Erfindung wird den Namen Gottlieb Daimler weit jenseits der Befestigungsmauern von Schorndorf bekannt machen, über die Grenze des Königreichs Württemberg hinaus. Sie wird einen weltweiten Siegeszug antreten, der zuerst außerhalb des Deutschen Kaiserreichs in Frankreich Fahrt aufnimmt.

Eine schwäbische Erfolgsgeschichte? Ja – und nein, wie ein Blick auf den Stammbaum der Schorndorfer Familie Daimler zeigt. Im Jahr 1657 packte der 24-jährige Zimmermann Friedrich Teumler in einem Dorf in Thüringen seine Siebensachen, ließ seine Mutter und einen Bruder zurück und brach zu einer Wanderung auf, von der er nie wieder zurückkehren sollte. Er lief durch den Frankenwald und sah viel ödes und ausgeblutetes Land, das gebrandmarkt war von den Zerstörungen des Dreißigjährigen Krieges. Nach vielen Tagesmärschen erreichte er einen hügeligen Landstrich, der ihn womöglich an die heimatlichen Berge im Vogtland erinnerte. Friedrich Teumler war im Dörfchen Schorndorf angekommen, das einst mit Schaufel und Spaten aus dem Schwäbischen Wald ausgerodet worden war. Hier, wie überall in Württemberg, standen zerstörte Häuser leer. In diesen harten Wiederaufbauzeiten brauchte das Land nichts dringlicher als tatkräftige junge Männer und Frauen, die bereit waren, für einen Neubeginn mit anzupacken. Zimmerleute standen besonders hoch im Kurs. So ließ sich Friedrich Teumler nieder und heiratete bald die Tochter eines Weingärtners und Ratsherren. Mit diesem Schritt begründete er eine Daimlerlinie, die fünf Generationen und rund 150 Jahre später zu den Eltern von Gottlieb Daimler führt.

Im Mai 1831 heiraten Johannes Daimler und Wilhelmine Friederike Finsterer – knapp drei Jahre später kommt Gottlieb am 17. März 1834 als zweiter Sohn des Paares auf die Welt. In der Ahnenreihe der Daimlers stehen brave Bäcker, Hutmacher und andere Handwerker, unter ihnen findet sich kaum einer, der sich besonders hervorgetan hat.

Nur zwei tanzen aus der Reihe. Dass es eine aufregende Welt jenseits der Höllgasse und der Schorndorfer Lateinschule gibt, erfährt der junge Gottlieb Daimler, wenn ihm seine Eltern von seinem Großvater erzählen. Johann Friedrich Daimler (1757–1825) hatte Schorndorf im Alter von 22 Jahren den Rücken gekehrt. Das Bäckerhandwerk, das er gelernt hatte, konnte warten. Johann Friedrich war die Welt in Schorndorf zu klein geworden, ihn zog es hinaus in die Ferne. Im Sommer 1779 heuerte er auf der holländischen *Prinzeß Luisa* an, einem stolzen Kriegsschiff mit 350 Matrosen und Soldaten. Wer der *Prinzeß Luisa* in den Weg kam, musste 54 Kanonen fürchten. Die erste Fahrt ging hinaus aufs Mittelmeer, und bald stellten sich jene Abenteuer ein, von denen Johann Friedrich daheim in der Höllgasse geträumt haben mag: An Deck stachen Matrosen mit Messern aufeinander ein, Seeräuber kreuzten den Weg und mussten mit Kanonendonner vertrieben werden.

In seinem Tagebuch schrieb der Maat, der in der Bordkantine Dienst tat, über Hafenstädte, die er vorher nur vom Hörensagen kannte. Was dem jungen Mann voller Abenteuerlust beim Landgang alles auffiel? Marseille: „Der Wein ware so roth als Blut und die französischen Jungfern so weiß als der Schnee.“ Malaga: Der süße Wein war so stark, dass „die größten Menschen auf den Boden geworfen“ wurden. Es blieb nicht beim Mittelmeer.

1782 heuerte Johann Friedrich Daimler erneut auf einem holländischen Kriegsschiff an, das gen Surinam in See stach, später weiterfuhr nach Venezuela, wo „die Mohren, sowohl Manns Leute, als Weibs Leute wie das Vieh nackend laufen, doch haben sie die Scham noch bedeckt“. In der Neuen Welt sah der Schorndorfer Bäcker auch den tropischen Regenwald, der ihm so undurchdringlich wie gefährlich vorkam: „lauter Wald, worinnen sich gräßliche wilde Tiere aufhalten, nämlich wilde Schweine, Tiegern, Affen, Papagayen, große Schlangen, Hirsche, Wölfe, Bären, Löwen und noch allerhand Sorten wilde Tiere“. Womöglich trug die Hitze das Ihre dazu bei, dass Johann Friedrich Daimler neben realen Tieren beim Tagebuchschreiben einige Trugbilder in die Zeilen gerutscht sind. „Es ware hier so grässlich warm, daß es nicht auszusprechen ist.“

Schließlich ging der schwäbische Seemann doch noch endgültig vor Anker – als Bäckermeister, Wirt und Ehemann. Nicht in Marseille oder Malaga, sondern in der Höllgasse in Schorndorf. Dort wird er später in weinseliger Runde von den Jugenderlebnissen erzählt haben. Seinen Enkelsohn Gottlieb lernt der weltläufige Opa nicht mehr kennen: Er stirbt 1825, neun Jahre vor Gottlieb Daimlers Geburt. Aber manche seiner Geschichten überleben ihn und machen im Wirtshaus weiter die Runde, auch der kleine Gottlieb hört von ihnen. Es sind Geschichten, die seine Fantasie anregen, die unglaublich klingen. Wie diese „gräßlichen wilden Tiere“ wohl aussehen mögen, die der Großvater alle gesehen hat? Sie bewohnen das Skizzenbuch des Schorndorfer Schülers. Grässlich sehen sie nicht aus. Gottlieb Daimler verfremdet beim Zeichnen die Hirsche und Käfer nicht, sein exakter Strich weicht nicht vom Vorbild ab – dem Jungen geht es darum, die Wirklichkeit abzubilden.

Neben dem abenteuerlustigen Großvater sticht ein weiterer Verwandter aus der Reihe der Daimlers hervor: Ein Onkel Gottlieb Daimlers beginnt zwar, wie so viele aus der Familie, ebenfalls als Bäcker.

Schließlich sucht er sich jedoch einen anderen Broterwerb. Der Onkel wird Geometer, bringt es zum Stadtbaumeister und steckt seinen jungen Neffen mit seiner Vorliebe für alles Technische an. Im Taufbuch ist er als Taufzeuge vermerkt.

Wenn Gottlieb Daimler in seiner Kindheit und Jugend durch seine Nachbarschaft streift, entdeckt er überall kleine Handwerksbetriebe. Die meisten davon werden niemals jenseits der Schorndorfer Stadtmauern bekannt. Gottlieb Daimler sieht Küfer und Seifensieder, Schlosser und Dreher, Schuhmacher und Glaser. Die Wohnungen und die Werkstätten sind oft kaum voneinander zu trennen. In den Handwerkergassen herrscht Geschäftigkeit, aber es werden keine großen Geschäfte gemacht. Im stillen Remstal fehlt eine moderne Infrastruktur, ein Verkehrsweg, der den Handel mit weiter entfernten Städten in Schwung bringen könnte. Zwischen Nürnberg und Fürth verkehrt gut anderthalb Jahre nach Gottlieb Daimlers Geburt die erste Eisenbahn. Überall wachsen Bahnhöfe fast aus dem Nichts, werden Schienen verlegt. In Schorndorf geschieht nichts dergleichen: Man hat doch die „Königlich Württembergische Post“ für den Transport von Briefen und Menschen – und private Kutschen gibt es auch.

Rückständigkeit und Fortschritt geben sich die Hand. Während Gottlieb Daimler auf der Lateinschule sein erstes Jahr verbringt, wird unweit von seiner Heimatstadt in Stuttgart ein blutiges Schauspiel aufgeführt. Doch das Drama findet nicht auf der Bühne statt, es ist real: Es handelt vom tragischen Fall eines Mannes, der sich in diesen Zeiten des Aufbruchs zum Erfinder berufen fühlt. Dass er dabei scheitert, hat für ihn tödliche Folgen. Und für seine Mörderin ebenfalls.

„Diese Schlange in Menschengestalt“ – Sommer 1845

Für die Presse bietet der Mord ein gefundenes Fressen. Das *Neue Tagblatt* schreibt sich im Stil eines Boulevardblatts in Rage: „Stuttgart, das gegenwärtig so rasch voraneilt und bald in Nichts mehr den großen

Städten Deutschlands nachsteht, hat leider nun auch eine Giftmischerin … Wer diese Schlange in Menschengestalt sieht, hält es für unmöglich, dass so viel Schlauheit in ihrem Schädel wuchert, so viel Bosheit in ihrem Herzen und ein solcher Grad an Verworfenheit in ihrem ganzen Wesen."

Der Fall, der den Zeitungsmann moralisch durchschüttelt, hat eine verschlungene Vorgeschichte, er ereignet sich im Herzen Stuttgarts. Dort leben der Goldarbeiter Eduard Ruthardt, seine Frau Christiane und ihr gemeinsamer Sohn. Christiane Ruthardt ist als uneheliche Tochter bei einer Pflegefamilie aufgewachsen. Ihre Herkunft ist über Jahre hinweg in einem Dickicht abenteuerlicher Gerüchte verborgen geblieben. Sie solle, so heißt es zwischenzeitlich, die Tochter eines Seiltänzers sein. Die junge Frau arbeitet als Dienstmädchen. Als sie von einer Dienstherrin 400 Gulden erbt, heiratet sie dank dieser Mitgift.

Doch der Mann, der sie vor den Traualtar führt, erweist sich für ihre Träume von einem geregelten bürgerlichen Leben als Fehlbesetzung. Eduard Ruthardt, angestellt in einer Stuttgarter Fabrik, strebt nach Höherem: Er kauft Bücher und Geräte, er will als Erfinder ein Teil jenes Fortschritts sein, von dem in diesen Jahren so oft die Rede ist. Doch seine Tüftlergeschichte ist eine, die nur vom Scheitern erzählt. Eduard Ruthardt bringt das Geld seiner Frau mit seinen hochfliegenden Plänen durch. Ruthardt macht Schulden, seine Frau verzweifelt an ihm, sie wähnt sich an der Seite eines Taugenichts. Not macht erfinderisch? Bei den Ruthardts hat der Mann nichts anderes als die Not erfunden.

Christiane Ruthardt sieht keinen anderen Ausweg, als den Gatten umzubringen. Die unglückliche Frau besinnt sich auf List und Tücke. Sie besucht mehrere Ärzte, gibt dabei vor, gegen eine Rattenplage ankämpfen zu wollen und bittet um ein geeignetes Mittel: Arsen. Einer der Ärzte stellt ihr schließlich den Giftschein aus, mit dem sie das Mittel in einer Apotheke erhält. Die Ruthardt mischt das Arsen ihrem Mann bald in kleinen Dosen in die Suppe, was die gewünschte Wirkung nicht verfehlt. Erst leidet der Gatte, dann befindet er sich kurzfristig auf dem Weg der Besserung, nur um doch noch an den Folgen der Vergiftung zu sterben. Der Tod hat ihn auf Raten ereilt. Die Gattin kann nicht lange die trauernde Witwe spielen: Sie wird nur wenige Stunden nach dem Tod ihres Mannes von einem Polizeidiener festgenommen und auf das Kriminalamt Stuttgart gebracht, weil sich ihr Interesse an Arsen herumgesprochen hat.

Die Hauptverhandlung findet vor dem Criminal-Senat des Königlichen Gerichtshofs in Esslingen statt. Dort spricht die 40 Jahre alte Frau offen über ihre Motive und darüber, wie sie innerlich erst vom Scheitern ihres Mannes und dann von den daraus resultierenden Schulden gequält wurde: „Mir war es eine Pein, einem Menschen unter die Augen zu treten, dem ich, was ich schuldete, zu rechter Zeit nicht geben konnte. Begegnete mir ein solcher auf der Straße, und war es mir nicht möglich, auszuweichen, so drückte mich sein Anblick fast zu Boden. Ich war es nie gewöhnt, Schulden zu haben und mich von Gläubigern verfolgt und gedrängt zu sehen."

Christiane Ruthardts Gattenmord wirft einen Schatten auf einen schillernden Mythos: auf den, des heldenhaften und ruhmreichen Erfinders. Die Geschichte vieler Erfinder handelt keineswegs von Durchbrüchen und Welterfolgen, sie erzählt von Fehlversuchen und Irrwegen. Und oft davon, dass eine gute Idee nichts wert ist, wenn sie nicht vermarktet werden kann. Am Ende steht für viele Erfinder die Erkenntnis: aus, ohne Applaus.

Warum sollte auch ausgerechnet dem biederen Schwaben Eduard Ruthardt das Kunststück gelingen, mit Erfindungen reich zu werden? Mitte des 19. Jahrhunderts ist der Schwabe der technischen Brillanz gänzlich unverdächtig – im Königreich Württemberg gilt die harte Feldarbeit etwas und nicht zweifelhafte gedankliche Turnübungen. Der typische Schwabe ist kein Erfindergenie – er ist Kuhbauer. In zeitgenössischen Kommentaren lässt man diesem schwäbischen Mängelexemplar seine Fortschrittsvergessenheit gerade noch durchgehen: „Sein hartnäckiges Festhalten an dem Alten und Herkömmlichen", lässt sich „zwar nicht leugnen, aber leicht entschuldigen."

Als Eduard Ruthardt vergeblich nach dem Fortschritt fahndet, ist der schwäbische Erfinder noch nicht erfunden worden. Wohl aber die Lachnummer. Niemand kann so tief fallen wie derjenige, der sich zu Höherem berufen fühlt und mit dem Alten und Herkömmlichen radikal bricht. Während die Geschichte der Meuchelmörderin Christiane Ruthardt gerade zu neuem Legendenstoff wird, erzählt man sich im Württemberg des Jahres 1845 immer noch gerne die Geschichte eines

Mannes, der als Erfinder die Bodenhaftung verlor: Sie handelt von Albrecht Ludwig Berblinger, besser bekannt als der Schneider von Ulm.

Berblinger wuchs in bescheidenen Verhältnissen in einem Waisenhaus auf, nachdem er früh seinen Vater verloren hatte. Er begann eine Schneiderlehre, stellte sich außergewöhnlich geschickt an und legte bereits mit 21 Jahren die Meisterprüfung ab. In seiner Heimatstadt Ulm hätte aus ihm ein allseits geachteter Bürger werden können. Doch Berblinger wollte mehr, und er konnte auch mehr. Er war fasziniert von der Technik künstlicher Gelenke und stellte für das Ulmer Hospital Prothesen her. Als der Schneider aus den Zeitungen erfuhr, dass in ganz Europa tollkühne Männer versuchten, mit Apparaten den Himmel zu erobern, war es um ihn geschehen. Berblinger wollte der fliegende Schneider von Ulm werden, dieser Traum beherrschte ihn.

Am 24. April 1811 setzte er eine Ankündigung in die *Schwäbische Chronik*: „Nach einer unsäglichen Mühe in der Zeit mehrerer Monate, mit Aufopferung einer sehr beträchtlichen Geldsumme und mit Anwendung des rastlosen Studiums der Mechanik hat der Unterzeichnete es dahin gebracht, eine Flugmaschine zu erfinden, mit der er in einigen Tagen in Ulm seinen ersten Versuch machen wird." Berblinger zweifelte nicht im Geringsten am Gelingen des Projekts. Mehrere Kunstsachverständige hätten ihn in seiner Auffassung bestärkt. Er stellte seine Flugmaschine im Gasthof „Zum Goldenen Kreuz" aus. Jeder, der dies wollte, sollte sich dort ein eigenes Bild von seinem Apparat machen und diesen prüfen.

Gut einen Monat später kam es zum Showdown. Die Stadt verbot dem Schneider, von einer Plattform des noch unvollendeten Münsters hinabzuspringen. Berblinger sollte stattdessen an der Donau abheben. Der Schneider ließ sich ein Holzgestell als Rampe bauen. Am entscheidenden Tag legte er seine mechanischen Flügel an, erblickte unter sich eine enorme Menge an Zuschauern und trippelte nervös auf und ab. Als er nach einigem Hin- und Herrudern mit seinen künstlichen Flügeln endlich absprang, landete er wie von einem Mühlstein hinabgezogen im Fluss. Schiffer zogen den Unglücksraben aus der Donau. Der Absturz überlebte er zwar, nicht aber die Häme seiner Zeitgenossen. Berblinger musste zahllose Spottgedichte und Lieder ertragen, die

Schneiderzunft schloss ihn aus. Am Ende blieben ihm Gelegenheitsarbeiten, er flüchtete sich in den Alkohol und das Kartenspiel. Albrecht Ludwig Berblinger starb einsam und verarmt. Niemand sah in ihm einen Flugpionier, der Schneider von Ulm galt allen nur als Luftikus.

Aber lagen sie damit wirklich richtig? Berblingers Flugversuch war eine riskante One-Man-Show. Der Schneider von Ulm arbeitete auf eigenes Risiko und eigene Rechnung, er hatte keinen Sponsor und kein Team aus kompetenten Mitarbeitern, das ihn unterstützte. 150 Jahre nach Berblingers Plumps in die Donau bauten die Ulmer dessen Flugapparat entsprechend den alten Skizzen nach. Sie stellten fest, dass der Schneider mit dem Gerät durchaus hätte fliegen können – wenn nur bei seinem Jungfernflug die Windverhältnisse günstiger gewesen wären. Seine Zeitgenossen hielten ihn wegen des Flugversuchs für verrückt. Ähnlich wird es vielen Menschen 200 Jahre später ergehen, als ein Mann ankündigt, im freien Fall aus dem Weltraum auf die Erde herabzuspringen. Der eine scheitert, der andere triumphiert. Und oft fehlt dem Gescheiterten nur ein wenig Glück zum Triumph. Zu Lebzeiten des Schneiders von Ulm sauste über dem Mann das Fallbeil der öffentlichen Meinung herab: Er starb einen Tod auf Raten, sein Leben wurde vergiftet durch die gesellschaftliche Ächtung.

Grenzen zu überschreiten ist mitunter lebensgefährlich. Wer etwas wagt, das noch kein anderer vor ihm gewagt hat, etwas denkt, das noch keiner vor ihm gedacht hat – der bewegt sich auf dünnem Eis. Dennoch: Nicht jeder gescheiterte Erfinder muss damit rechnen, von der eigenen Frau umgebracht zu werden. In Württemberg lockt der Prozess gegen die Giftmischerin Christiane Ruthardt die Massen an. Weil sich am Verhandlungstag eine Unmenge von Fremden einfindet, kommt es in den umliegenden Wirtshäusern zu einem schwunghaften Handel mit Eintrittskarten. Das Publikum verlangt nach Sühne, und es wird nicht enttäuscht. Im Namen des Königs verurteilt das Gericht Christiane Ruthardt zum Tode durch Enthauptung und zur Bezahlung der Prozesskosten. Zum letzten Mal wird ein Todesurteil vor den Toren Stuttgarts öffentlich vollstreckt.

Am Abend vor der Hinrichtung stellt sich die Stadt auf das Blutgericht ein. Man gibt öffentlich bekannt, dass niemand seine Kinder vor und nach der Hinrichtung der Ruthardt auf die Straße lassen solle. Die Bevölkerung fasst dies als Einladung auf. Am frühen Morgen des 27. Juni 1845, einem Freitag, ist die halbe Stadt auf den Beinen. Natürlich stehen viele Menschen genau in jenen Straßen, vor denen sie am Abend zuvor von den Behörden gewarnt wurden. Um vier Uhr morgens wird Christiane Ruthardt durch die Menschenmenge geführt. Ein Chronist beschreibt ihren Auftritt. Sie trägt ein hellgraues Kleid, dazu ein in mattem Rot durchwirktes Halstuch. In der abgemagerten Hand hält sie ein Tuch. Ihr Gesicht: undurchdringlich kalt, blass und wie aus Marmor – so wirkt sie zumindest auf den Beobachter.

Mit erstaunlicher Ruhe, so der Augenzeuge, steigt sie allein die Treppen des Stuttgarter Rathauses hinauf, bis sie in den kleinen Saal im ersten Stock gelangt. Dort wird ihr zum letzten Mal das Urteil verkündet, bevor ihr der Stab symbolisch zu Füßen geworfen wird: „Ihr habt euer Leben verwirkt, Gott sei eurer Seele gnädig!" Ob sie einen letzten Wunsch habe? Die Giftmischerin wünscht sich einen würdevollen Tod: Ihre Hinrichtung solle still vor sich gehen, sie wolle nicht zur „Schau ausgestellt" werden. Von nun an befindet sie sich in den Händen des in einen roten Mantel gehüllten Scharfrichters. Er führt sie aus dem Saal und besteigt mit zwei Diakonen eine von Stadtreitern flankierte Kutsche. Während das Armesünderglöcklein läutet, setzt sich der Zug langsam in Bewegung. Zahllose Menschen folgen dem Zug der Verurteilten, an dessen Spitze glänzende Uniformen zu sehen sind. Bald erreicht der Tross die Feuerbacher Heide. Eingebettet zwischen zwei Erdhügeln des Militärschießplatzes steht hier das Schafott.

Ein Zeitungschronist des *Schwäbischen Merkur* sieht zu: „Mit festem Schritt bestieg die Unglückliche das Schafott und hielt eine eindringliche Rede an das Volk. Die Zahl der Anwesenden war groß, doch die Haltung ruhig und ernst." Ein anderer Augenzeuge am Richtplatz beschreibt später die letzten Minuten im Leben der Christiane Ruthardt. Sie faltet die Hände, steckt sie schließlich „wie es schien, mit einigem Unwillen in die Bande" hinein, bevor ihr eine Ledermaske um das Gesicht gebunden und sie durch einen Riemen am Stuhl befestigt wird. Nun fasst der Gehilfe des Vollstreckers ihren Kopf, während jener selbst das Schwert anhebt. Ein letzter Angstschrei aus der Menge: „Halt!, Halt!" Er bewirkt nichts mehr.

Es ist geschehen. Der Scharfrichter zeigt der Menge ihren Kopf.

An diesem Sommertag weht nicht der Wind des Fortschritts durch Stuttgart – vor den Schaulustigen wird ein letztes Mal ein blutiges Spektakel aufgeführt, dessen Traditionen weit in die Geschichte zurückreichen. Darüber reden die Menschen auch in der Back- und Weinstube in der Schorndorfer Höllgasse, in der der Schuljunge Gottlieb Daimler ein- und ausgeht. Wie zeitgemäß ist in Württemberg eigentlich noch die Todesstrafe?

Der Fall Ruthardt bringt keine gute Presse. Er wächst sich zum handfesten Skandal aus, als bekannt wird, unter welchen Umständen der Leichnam der Enthaupteten ins Anatomische Institut der Universität Tübingen gelangt: Auf halbem Weg wird der Sarg geöffnet, Neugierige begaffen den Leichnam. In Tübingen steht der Sarg unbewacht im Hof der Anatomie. Volk dringt ein, wirft Christiane Ruthardts Kopf umher und schneidet ihr die Haare ab. Mit der Giftmörderin kennen die Menschen auch nach der Hinrichtung keine Gnade.

Nach der Schändung wird Kritik laut. Wie passt es zusammen, dass der Staat in die Bildung seiner Untertanen investiert – und gleichzeitig verurteilte Täter vor einem sensationslüsternen Publikum enthaupten lässt?

Gehirnerweichung bei rasanter Zugfahrt – Herbst 1845

Am Schafott enden Geschichten, aber in Württemberg will man jetzt eine neue Geschichte schreiben. Eine, die in die Zukunft weist. Sie erfordert eine gewaltige Mobilmachung, bei der kein einziger Soldat in Marsch gesetzt wird. Zum Einsatz kommt stattdessen ein ganzes Heer von Arbeitern: Die Eisenbahn versetzt Deutschland spätestens seit ihrer Jungfernfahrt von Nürnberg nach Fürth in eine fiebrige Fortschrittserwartung, in der sich Hoffnungen und Ängste vermischen. Doch bevor sich in Stuttgart auch nur ein Rad auf einer Schiene dreht, bricht Streit aus: Braucht die Stadt überhaupt einen Bahnhof? Wo soll man ihn bauen? Wer soll das alles bezahlen? Das Neckartal ist angesichts dieser gewaltigen Herausforderung auch ein Tal der Ahnungslosen. Nach einer jahrelangen Debatte hat der württembergische König Wilhelm I. schließlich doch noch das Eisenbahngesetz unterschrieben und damit einen Schlusspunkt gesetzt: Die Bahn kommt. Basta.

Nun beginnt ein gewaltiges Infrastrukturprojekt, ohne das Stuttgart endgültig von der modernen Wirtschaftswelt abgehängt würde. Davon sind zumindest der König und die Regierung überzeugt. Für den Schienenanschluss der Residenzstadt werden Bäume gefällt, Schienen verlegt und Tunnels gegraben. Was auf die Bauarbeiter im Untergrund alles zukommt, weiß niemand so genau. Nach allem Streit, trotz aller Bedenken, beginnt das große Graben – nicht für Stuttgart 21, sondern für das Großprojekt Stuttgart 1845.

Das Königreich sucht nach externem Sachverstand, nach einem Mann, der sich mit der neuen Technik auskennt. Ein Schwabe scheidet wohl von vornherein aus, schließlich fährt hierzulande noch keine Eisenbahn. Die württembergische Regierung sondiert den Markt und erhält aus Paris und Wien schließlich den entscheidenden Tipp: Die Wahl fällt auf Carl Etzel, der zu diesem Zeitpunkt gerade 33 Jahre alt ist. Der Ingenieur ist zuvor in leitender Funktion beim Bau der Eisenbahnlinie von Paris nach St. Germain beteiligt gewesen, und er ist gebürtiger Stuttgarter. Vor Carl Etzel liegt eine Herkulesaufgabe.

Das Problem ist die Stadt selbst, ihre Topografie ist ein Albtraum. Der Stuttgarter Innenstadt geht es nicht besser, als einem Damenkörper: Sie ist eingezwängt in ein Korsett. Doch im Fall der Stadt sind es keine Korsettstangen, die sie in ihre Form pressen, es sind bis zu 230 Meter hohe Hügel, die Stuttgart nach Süden, nach Westen und nach Osten hin begrenzen. Nur in Richtung Cannstatt, zum Neckartal hin, ist der Weg frei – und genau über jene Schneise will Carl Etzel die Stadt an die Moderne anschließen.

Der Weg dahin ist vertrackt. Eine Aktiengesellschaft beauftragt den Ingenieur mit dem Bau der Eisenbahnlinie von Stuttgart nach Cannstatt, jenem frühen Wellnesszentrum, das als mondäne Bäderstadt ein Publikum aus ganz Europa anzieht. Etzel veröffentlicht eine Denkschrift, die unter anderem klären soll, ob im Schienenbetrieb besser

Dampflokomotiven oder Pferdebahnen eingesetzt werden sollen. Für Württemberg, schreibt Etzel, sei der Pferdebahnbetrieb völlig ausreichend. Dieser Schluss ist für ihn beinahe unumgänglich, wenn man weiß, wer ihn zu dieser Denkschrift angestiftet hat: eine Pferdebahngesellschaft. Wird die Muskelkraft die Maschinen schlagen?

Noch tickt im Königreich Württemberg die Uhr nicht so laut, noch hat der Zeitgeist sich nicht mit dem Spruch „time is money" verheiratet. So darf Carl Etzel in seiner Denkschrift zum Tempo der Eisenbahnen ungestraft behaupten: „Dem Passagier, welcher zu seinem Vergnügen reist, wird eine Geschwindigkeit von zwei teutschen Meilen [15 km/h] in der Stunde durch das fruchtbare, blühende Württemberg eher zu groß als zu klein dünken. Die Anzahl derer, welche im inländischen Verkehr mit höherer Geschwindigkeit reisen wollen, ist in Wahrheit sehr klein, weil in Teutschland, zumal in Südteutschland, die Zeit unendlich geringeren Werth hat als in England oder Amerika."

Der Irrtum gehört zur Grundausstattung des Fortschritts. Carl Etzel wird in wenigen Jahren klüger sein und lernen, dass die Uhren auch in „Südteutschland" in einem immer schnelleren Takt gehen: im Takt der Maschinen und der Fahrpläne. Unterdessen macht der Bau des neuen Bahnhofs in der Schlossstraße Fortschritte, genau wie die Verlegung der Schienen. Am 3. Oktober 1845 überzeugt sich König Wilhelm I. bei einer Probefahrt mit der Lokomotive *Neckar,* in einem eigens aus Philadelphia herbeigeschifften amerikanischen Musterwagen, persönlich von der Eisenbahn. Fein hierarchisch sortiert folgen nun die Bahnpremieren der übrigen gesellschaftlichen Schichten: Zwei Tage nach dem König unternimmt der Finanzminister gemeinsam mit hohen Staatsbeamten eine Fahrt. Ende des Monats darf endlich das Volk einsteigen: Die Bahnlinie von Cannstatt nach Untertürkheim wird eröffnet.

Um das Neue begreifen zu können, bedienen sich die Menschen des Altbekannten. Kein Wunder, dass die Lokomotiven sich im Volksmund in Dampfrösser verwandeln – was sonst als die Fortbewegung in der Kutsche und auf dem Pferderücken ist den Menschen geläufig? Noch vor wenigen Jahren ist das Wort „Tunnel" im deutschen Sprachraum weitgehend unbekannt gewesen. Wenn man in die Tiefe vordrang, war von unterirdischen Straßen oder Stollen die Rede. Die Menschen müssen sich in diesen Spätherbsttagen 1845 an die Eisenbahn erst gewöhnen. Noch ahnen nur wenige, wie schnell sich ihr Leben und ihr Alltag verändern werden. Was eben noch außer Reichweite lag, liegt plötzlich nur noch wenige Fahrtstunden entfernt.

Von dieser Erfolgsgeschichte werden viele profitieren. Auch König Wilhelm I. sieht eine Chance, sich zeitgemäß und der Zukunft zugewandt zu präsentieren: Ende November 1845 besteigt er, nachdem er die erste Probefahrt unbeschadet überstanden hat, erstmals mit seiner Familie die Eisenbahn. Eine Menschenmenge säumt die Strecke, die Fahrt wird zum PR-Triumph. Als der König in Esslingen die Bahn verlässt und sich ins Rathaus begibt, läuten die Glocken.

Die alte Residenzstadt Stuttgart erwacht zu neuem Leben. Als sich am 26. November 1845 eine frühe Dunkelheit über den Talkessel senkt, finden die Einwohner ihre Stadt verändert vor. In dieser Nacht wird erstmals die Gasbeleuchtung in Betrieb genommen. Die Presse ist beeindruckt: „Die schönen hellen Gasflammen gewähren gegenüber den bisherigen Öllampen eine bedeutend größere Helle."

Schon bald brennen rund 450 Wandlaternen in den Straßen, die Abend für Abend von Laternenanzündern in Betrieb genommen werden. An den ersten Abenden lockt das Schauspiel Hunderte von Zuschauern auf die Straße. Den Anzündern folgt eine johlende Kinderschar.

Ist dieses Licht auch das Licht einer aufgeklärten Zeit? Mit einer Mixtur aus Taschenspielertricks und technischem Schnickschnack lässt sich jederzeit ein Publikum finden. So kündigt das *Neue Tagblatt* den Auftritt des Zauberers Ludwig Winter an, der schon einmal die Menschen in der Stadt begeisterte und nun erneut mit seiner „physikalisch-magischen Bühnenshow" in Cannstatt auftreten soll: „Wir wünschen Herrn Winter nur Glück, dem neunzehnten Jahrhundert anzugehören, das ihn höchstens mit Lorbeerkränzen erdrücken wird", schreibt der Chronist und fügt hinterlistig hinzu: „Wäre er sein Urgroßvater, man würde ihn als Hexenmeister schon längst verbrannt haben."

Magie und Ingenieurskunst scheinen manchmal zwei Seiten einer Medaille zu sein – auch beim Eisenbahnbau. Das bekommt der Ingenieur Carl Etzel zu spüren: Während er noch rechnet, zeichnet und vermisst, melden sich die Herren eines honorigen Medizinalkollegiums zu Wort. Sie haben zur Eisenbahndebatte Wichtiges beizutragen: Die schnelle Bewegung bei der Zugfahrt werde bei den Passagieren „unfehlbar eine Gehirnerkrankung erzeugen". Andere Skeptiker karikieren die Eisenbahn, sie zeichnen sie als eine Spinne, die ihre Opfer zu ersticken droht.

Mit den Befürchtungen der Mediziner kann sich Etzel nicht länger aufhalten. Ihm steht die schwierigste Operation beim Eisenbahnbau bevor: Die Pionierfahrten haben die Eisenbahnlinie am Neckar entlang erschlossen, aber der wichtigste Baustein im großen Masterplan fehlt noch. Stuttgart ist vom Fortschritt noch immer abgehängt. Zwischen dem Cannstatter Bahnhof und dem Stuttgarter Bahnhof, der fast fertig gebaut ist, steht der Eisenbahn ein Hügel im Weg. Was hier aufragt, ist nicht irgendein Hügel, es handelt sich um den Rosenstein, den ein Landhaus des Königs krönt. Carl Etzel hegt einen ungeheuerlichen Plan. Er will die neue Eisenbahnlinie in einem Tunnel direkt unterhalb von Schloss Rosenstein hindurchführen. Der Hofstaat schäumt: Majestätsbeleidigung! So nah darf dieses bürgerliche Projekt dem imperialen Glanz niemals kommen. Und überhaupt – kein Mensch könne die Risiken überschauen. Es schlägt die Stunde der Zweifler und Bedenkenträger. Sollte die Eisenbahn nicht besser oben bleiben?

Carl Etzel beschwichtigt im Tonfall eines kühlen Technikers, der sich von laienhaft argumentierenden Skeptikern nichts vorschreiben lassen will. „Dass dem Schlosse von einem Tunnel keine Schäden drohen, dafür bürgt die Sicherheit und Schnelligkeit, mit der man in neuerer Zeit derartige Arbeiten ausführt." Doch die Bauarbeiten halten für Etzel noch unliebsame Überraschungen bereit. Von beiden Seiten aus beginnen die Grabungen für den Rosensteintunnel: Die Tunnelmünder werden von einem Bretterzaun geschützt, die Ingenieure bestellen 200 Zentner gereinigtes Rapsöl – den Brennstoff benötigen sie, um die Baustelle zu beleuchten. Dann dringen die Arbeiter in den Berg vor. Sie mauern das Tunnelgewölbe aus Sandsteinen direkt gegen das Gestein, die kritischen Stellen sichern sie mit Gusseisenplatten.

Doch im Fortschritt steckt oft der Wurm drin, weil vieles erstmals gedacht und geplant, aber noch nie zuvor gemacht worden ist. So steckt der selbstbewusste Ingenieur Carl Etzel kurz nach den feierlichen Jungfernfahrten zwischen Cannstatt und Untertürkheim im

Schlamassel. Während die Arbeiten an den Außenmauern des neuen Bahnhofs in der Schlossstraße weit fortgeschritten sind, liegen die wahren Probleme im Untergrund verborgen. Die Arbeiten am Prag- und am Rosensteintunnel, die die Stadt der Hügel mit der Außenwelt verbinden sollen, sind ein kompliziertes Stück Ingenieurskunst.

Mit dem Eisenbahnbau bricht eine ganz neue Zeit der Großprojekte an – eindrucksvolle Neubauten zeigen, wie sich die gesellschaftlichen Machtverhältnisse in einigen europäischen Ländern verschieben: Im Mittelalter waren gotische Kathedralen himmelsstürmend emporgewachsen, beauftragt von mächtigen Kirchenmännern. Noch im 18. Jahrhundert hatten weltliche Herren mit neuen Schlössern und Palästen die vermeintlich gottgleiche Rolle des Adels Stein für Stein erlebbar werden lassen. Doch Mitte des 19. Jahrhunderts bröckelt – trotz aller Selbstinszenierungen – die höfische Macht. Es sind die neuen Bahnhöfe, die in allen europäischen Großstädten den Menschen vor Augen führen, wohin die Reise gehen wird. Sie sind nicht nur Kathedralen des Fortschritts. In ihnen flanieren die Herren – und erst mit Jahren Verspätung auch immer mehr Damen – einer gesellschaftlichen Klasse, die nun den Ton angeben will: die des Bürgertums.

Aber kann diese Fortschrittseuphorie gut gehen? Muss nicht bald jemand auf die Bremse treten, bevor sich hinter der nächsten Ecke ein Abgrund auftut, weil die Technik von den Menschen letztlich doch nicht zu beherrschen ist? Vielen wird unwohl zumute, auch einem Journalisten des *Neuen Tagblatts*, den es schaudert, „vor dem herkulischen Muthe, dem unbegreiflichen Unterfangen, mitten durch den Rosensteinberg hindurch und so wenig tief unter dem Schlosse hinweg einen solch weiten und hohen Tunnel anzulegen. Was man sagen mag, es ist und bleibt dieser Tunnel ein Wagstück, das als solches schon kaum verantwortet werden kann". Technik und Risiko, riskante Technik – der Artikel gibt eine leise Vorahnung davon, welche Debatten eine hoch industrialisierte Gesellschaft einmal prägen werden.

Der Ingenieur Carl Etzel hält die Technik für beherrschbar. Doch am 18. Januar 1846 kommen die Dinge beim Schloss Rosenstein ins Rutschen. Unterhalb des Schlosses schreiten die Arbeiten an der Tunnelröhre voran, aber die Ingenieure haben an der Oberfläche etwas Wichtiges übersehen: den Seerosenteich im Innenhof des Schlosses.

Dessen Wasser weicht das Erdreich auf, sodass es im 363 Meter langen Rosensteintunnel zu einem Schlammeinbruch kommt. Die Arbeiter fliehen ans Tageslicht und müssen anschließend mühsam überredet werden, an den Unglücksort zurückzukehren.

Das Unglück bedeutet für die Baustelle: Nichts geht mehr. Carl Etzel muss sich in einem neuen Job beweisen, in dem des Krisenmanagers. Der Ingenieur nutzt seine freundschaftlichen Kontakte zu König Wilhelm I., der ihm eine Audienz gewährt. Etzel sieht nur eine Chance, die Panne zu beheben: Er muss beim König erreichen, dass er vom Schloss aus nach unten graben kann, um den Hohlraum zu versiegeln, durch den immer mehr Schlamm in die Tunnelröhre eindringt. Die Bitte ist gewagt, eigentlich sogar unerhört. Doch Etzel hat Glück, und der König stimmt zu. Vom Souterrain des Schlosses aus dringen Arbeiter bis in den Hohlraum vor – eine lebensgefährliche Operation.

Schicht für Schicht füllen sie eine Mischung aus schwarzem Kalk und Beton in den Hohlraum, schließlich gelingt es ihnen, das Leck abzudichten. Nach einer fünfmonatigen Zwangspause können die Arbeiter die Tunnelröhre endlich weiter vorantreiben. Carl Etzel will jetzt nichts mehr dem Zufall überlassen und mit aller Macht weitere Pannen verhindern. Anfang Juli 1846 schreibt er dem Finanzministerium einen Brief: Bevor das Publikum erstmals mit der Bahn durch Stuttgart fahre, müssten weitere Probefahrten stattfinden, um die Bremsen des Zugs beim Bergabfahren und auch die Brücken zu überprüfen. Weil er nach dem Schlammeinbruch Kritik einstecken musste, will Etzel sicherstellen, dass das Schloss keinen Schaden nimmt, wenn unter ihm Lokomotiven durch die Röhre hindurchdonnern. Etzel stellt im Schloss eine mit Quecksilber gefüllte Schale auf – als sich die Quecksilberoberfläche nur leicht trübt, während ein Zug im Tunnel das Schloss unterquert, atmet der Ingenieur auf: Der Eisenbahnbetrieb wird das Schloss nicht gefährden.

Am 16. Oktober 1846 begünstigt schönstes Wetter die Premierenfahrt der Eisenbahn nach Stuttgart, wie der Journalist des *Schwäbischen Merkurs* anderntags notiert. In Cannstatt, in Esslingen und in Ludwigsburg strömen Menschenmassen zu den Bahnhöfen, um das Schauspiel einer einfahrenden Lokomotive zu bestaunen. In Esslingen spielt die

Stadtmusik, an den Schranken des Bahnhofs wehen die Fahnen der Zünfte und Fabriken im Wind. Medizinische Horrorereignisse werden nicht überliefert: Bei keinem der Fahrgäste kommt es zu den befürchteten Gehirnerweichungen. Als Nebenwirkungen sind nur gelegentliche Anfälle von Poesie zu verzeichnen. Ein Hofrat notiert nach der Fahrt bewegt: „Jetzt bohrt sich das Feuer speiende Ungetüm in den Bauch des Berges, und wir verschwinden in gähnender Nacht“. Wenig später jedoch taucht der Passagier aus der Dunkelheit schon wieder auf, „mit zauberhafter Kraft und Schnelle, die Haare fliegend im Wind, das Herz pochend vor Reise- und Lebenslust“. Derart ergriffen geht es dem Ziel entgegen: Stuttgart.

Nachmittags erreichen die Bahnreisenden die Metropole. In Stuttgart wird im ersten Haus am Platz, unmittelbar neben dem neuen Bahnhof, das Festmahl ausgerichtet. Der erste Toast wird auf den Landesvater ausgesprochen. Man lobt die Einsicht König Wilhelms I. in die Notwendigkeiten des Fortschritts, man würdigt das Durchhaltevermögen. Rund 250 Gäste im Saal des „Hotel Marquardt“ heben die Gläser, bis ihnen die Arme lahm werden: Ein Toast reiht sich an den nächsten. Die Eisenbahn ist ein Versprechen auf eine bessere Zeit. Sie rückt die Kohlevorräte aus dem Ruhrgebiet in greifbare Nähe. Die Menschen nutzen die von Stuttgart aus fortführenden Schienen erst für Vergnügungsfahrten, aber nach und nach wird die Eisenbahnlinie zu einer Nabelschnur für die ganze Region. Noch kann kaum einer der Feiernden im Hotel Marquardt voraussehen, wie das Erfolgsmodell aussehen wird. Es lässt sich in einem Satz verdichten: Rohstoffe werden kommen, Produkte werden die Stadt verlassen.

Dank der Eisenbahn verändert sich der Alltag der Menschen. Die Bahn macht die Massen mobil. In diesen Anfängen eines neuen Transportmittels liegt der Keim für ein Ende: Die Postkutschen, die ihre Fahrten oft mit dem Zusatz „Express“ vermarkten, kommen den Menschen bald sehr langsam vor. Noch spüren das die stolzen Wagenbauer kaum, die in Stuttgart Kutschen für den Hofstaat und die feinen Leute bauen. Bei allem Fortschritts-Tamtam in jenen Jahren – so schnell ändern sich die Dinge nicht. Es werden noch vier Jahrzehnte vergehen, bevor Gottlieb Daimler mit einem geheimen Hintergedanken die Werkstatt eines Wagenbauers im Stuttgarter Bohnenviertel betritt.

Doch Mitte der 1840er-Jahre scheint der Gedanke an eine Kutsche ohne Pferde absurd, obwohl längere Reisen in einer Postkutsche einer Folter gleichkommen können, wie ein weit gereister Verleger notiert: „Das unbequeme enge Sitzen oft bei schwüler Luft, das langsame Fortrutschen mit phlegmatischen und schlaffen Postknechten, der oft pestialische Gestank unsauberer Reisegesellschafter, das Tabakdampfen und die zotigen schmutzigen Reden der ehrsamen bunten Reisekompanie, lassen uns bald das Vergnügen satt werden und verursachen gänzliches Übelfinden an allen Gliedern. Wer acht Tage so gefahren ist, wird fast ein anderer Mensch geworden sein: wunderlich, träge, gelähmt am ganzen Körper, wachend wird er schlafen, die Augen eingefallen, das Gesicht aufgedunsen, der Magen ohne Appetit, der Geist abwesend, und wie im Taumel redend." Eine weitere Nebenwirkung des Reisens in Kutschen: die anschließende Neigung zu Übertreibungen.

Im Zug kann der Reisende weder nach Belieben anhalten noch auf freier Strecke aus einer Eingebung heraus abbiegen. Der Passagier ist einem übergeordneten Strecken- und Fahrplan unterworfen, der an höherer Stelle von den Eisenbahngesellschaften für ihn entworfen wird. Der neue Stuttgarter Bahnhof spiegelt dabei den Blick seiner Planer und Finanziers auf die Gesellschaft: Im Mittelgang befinden sich zwischen den Gleisen die Wartesäle. Der Hofstaat wartet sorgsam abgetrennt vom gemeinen Volk, Durchlaucht hat vom Eingang aus selbstverständlich den kürzesten Fußweg. Es folgen der Wartesaal für die erste, die zweite und die dritte Klasse, jeweils mit eigener „Restauration" – wer in der dritten Klasse reist, der möge sich am Buffet für die Fahrt stärken. Sortiert wird nicht nur nach gesellschaftlichen Schichten, sortiert wird auch der Verkehr: So kommen die einfahrenden Züge auf Drehscheiben an, wo sie auf ein anderes Gleis gesetzt werden, um von dort aus den Bahnhof wieder zu verlassen.

Binnen weniger Wochen spielt sich der Betrieb ein, eine ausgeklügelte Logistik hält alles am Laufen. Die ersten Zehntausend Reisenden sind mit dem Zug gefahren, bald werden sie kaum mehr für möglich halten, dass es jemals anders war. Der Bahnhof und die auf ihn zulaufenden Gleise prägen nun auch das Stadtbild, die Station befindet sich in unmittelbarer Nähe des Neuen Schlosses. Durch den Neubau wird den Einwohnern der Stadt täglich vor Augen geführt, dass moderne

Zeiten angebrochen sind. Mit den Lokomotiven kommen nicht nur die Lokführer: In den Reparaturwerkstätten arbeiten Techniker, die Passagiere begegnen Schaffnern und Bahnwärtern. Die Vernetzung der Welt schreitet immer schneller voran. Sie wird noch exakter vermessen. Bevor Schienen verlegt und Bahnhöfe gebaut werden können, muss das Terrain geprüft werden. Briten und Amerikaner bauen Miniaturmodelle von Brücken, um deren Tragfähigkeit zu testen.

Auf den größten Baustellen der Welt arbeiten Mitte des 19. Jahrhunderts mehr als 15 000 Menschen gleichzeitig. Wenn die Schienen verlegt werden, folgt alles einer festgelegten Choreografie: Hinter den Gleisverlegern rücken Hämmerer und Verschrauber nach – der Bau der Eisenbahnen ähnelt einem Feldzug. Ingenieure und Facharbeiter treiben Tunnel durch Berge, schütten Dämme auf und überwinden Flüsse mit Brückenkonstruktionen. Die Baustellen werden zu komplex, um die Regie dem Zufall zu überlassen. In wenigen Jahren schon wird der Bau der Eisenbahnstrecken in immer entlegenere Gebiete vorrücken, er wird vielen Menschen zu Arbeit verhelfen und etliche Menschenleben kosten. Der Fortschritt hat seinen Preis.

Aber er öffnet den Menschen auch Erlebniswelten, zu denen sie vorher keinen Zugang besaßen: Der junge Gottlieb Daimler wächst in einer Zeit auf, in der die räumliche Distanz zwischen Stuttgart und Tübingen oder zwischen München und Berlin natürlich gleich bleibt – für die Reisenden jedoch schrumpfen die Distanzen zwischen Start- und Zielpunkt dramatisch. Wer seiner Neugier folgt und den Fortschritt nicht nur im heimatlichen Bahnhof bewundern will, der reist nun quer durchs Land, quer durch Europa. Das hat dramatische Folgen: Der Wissensfluss strömt schneller als jemals zuvor.

Die Welt steht unter Dampf. Die Technik treibt Landmaschinen, Eisenbahnen und gewaltige Ozeandampfer an. Die Maschinen stampfen, zischen und toben. Dieses Orchester fasziniert nicht nur Erwachsene, es begeistert auch viele Kinder. Keine Generation zuvor ist mit solchen Wundern groß geworden, wie sie nun der zwölfjährige Gottlieb Daimler in Schorndorf und der zweijährige Carl Benz in Karlsruhe sehen.

Beim kleinen Carl spielt die Eisenbahn 1846 Schicksal: Sein Vater, Lokomotivführer bei der badischen Staatsbahn, zieht sich am Führerstand der Dampflok eine Lungenentzündung zu und stirbt. Carl Benz wächst mit den Erzählungen seiner Mutter über den Vater und über die Eisenbahn auf. Abends steigt der Junge fauchend wie eine Dampflok ins Bett, um morgens ebenso fauchend wieder aufzustehen. Sehr viel später wird sich Carl Benz an seine Kindheitstage erinnern: „Ich bin stolz auf diesen Mann, der auf einer der ersten Lokomotiven Badens einer neuen Zeit entgegenfuhr, jener Zeit, die ein eisernes Schienennetz um den Erdball spannte."

Der junge Carl Benz träumt viel von der Eisenbahn, der zehn Jahre ältere Gottlieb Daimler träumt davon, was aus ihm werden könnte, wenn er die Schule verlassen wird. Seine Kindheitszeichnungen verraten einiges über ihn. Er zeichnet nicht nur akkurat und präzise, er ist auch ein kreativer Kopf. Der Junge denkt Bekanntes weiter und schöpft daraus Neues.

Carl Benz und Gottlieb Daimler wachsen in einer Eisenbahnwelt auf, in der sich die Menschen in festgelegten Spuren von einem Ort zum anderen fortbewegen.

Werden schnelle Fahrzeuge eines Tages ohne Schienen fahren? Davon kann Mitte des 19. Jahrhunderts noch keine Rede sein. Das Königreich Württemberg hat mit dem Bau der Eisenbahnlinien wichtige Weichen gestellt, doch seine Einwohner sind noch längst nicht aus dem Gröbsten heraus. Immer wieder erwächst aus Missernten nur die Not. Viele sehen in der Auswanderung den einzigen Ausweg. Zwischen 1841 und 1865 verlassen 240 000 Menschen Württemberg, weil sie den amerikanischen Traum träumen, der zu diesem Zeitpunkt noch nicht einmal diesen Namen trägt. Der Aderlass schwächt viele europäische Nationen: In Irland werden die Menschen 1845/46 nach einer Kartoffelfäule von einer Hungersnot geplagt, die rund eine Million Todesopfer fordert. Die folgende Massenauswanderung hat vor allem ein Ziel: Nordamerika. Dort ist das Streben nach Glück zum Staatsziel geworden. Für viele liegt das größte Versprechen Amerikas aber nicht in der Aussicht auf Reichtum. Das größte Versprechen lautet: Freiheit und Demokratie.

Haut nicht auf den alten Uhland ein! – 1848/49

„Die linden Lüfte sind erwacht … O frischer Duft, o neuer Klang! Nun armes Herze sei nicht bang! Nun muss sich alles, alles wenden!“ Der Mai 1848 riecht nach Frühling und schmeckt nach Freiheit. In der Frankfurter Paulskirche tagt die Nationalversammlung. Was aus dem Versammlungsort nach außen dringt, scheint zum Erwachen der Natur vor den Toren der Paulskirche zu passen. Die Abgeordneten fordern die unbedingte Presse- und Versammlungsfreiheit, die unbeschränkte Freizügigkeit, und weil ihnen das noch nicht weitreichend genug vorkommt: die Abschaffung des Adels. Das ist natürlich unerhört, weil radikal. Man befindet sich schließlich nicht im aufmüpfigen Frankreich. Hierzulande gibt Preußen den Ton an. Da ist eine stramme Marschmusik erlaubt, aber die Neutöner aus der Paulskirche bleiben unerwünscht. Die Abgeordneten wollen in Frankfurt nichts weniger als die Demokratie und das Ende der Monarchie.

Von Frankfurt aus fegt der Sturm und Drang durchs Land. Er dringt nicht in alle Winkel. In Schorndorf liegt dem Stadtpfarrer wenig an Veränderungen. „Bleibe in dem, was Du gelernt hast und was Dir anvertraut ist“, empfiehlt er dem 14-jährigen Gottlieb Daimler anlässlich seiner Konfirmation. Was aber lernt der, während man in Hessen mit Demokratie experimentiert, die Gesellschaft durchgerüttelt wird und nur wenig so gewiss ist wie die Ungewissheit? In einem Schulaufsatz sucht Gottlieb nach der Wahrheit in den Naturwissenschaften: Seine Gedanken folgen der Logik, nicht dem Aufruhr. Es gebe feste und flüssige Körper, notiert der begabte Schüler, den Zustand von Körpern nenne man Aggregatzustand. Im Übrigen sei ein Körper undurchdringlich: Da, wo ein Körper sei, könne nicht zugleich ein anderer sein. Wenn zwei feste Körper zusammenstießen, so entstehe in der Regel Schall. Am stärksten wirke dieser bei Körpern aus Silber, Glockenmetall, bei gespannten Saiten, bei Messing, Glas und Porzellan. Es sei möglich, so schreibt Gottlieb weiter, Genaueres über den Zustand der Körper zu erfahren, von denen der Schall ausgehe. Zu diesem Zweck müsse man nur einen Streifen Papier in die Nähe der Körper halten, dieser gerate daraufhin in Schwingungen.

In Gottlieb Daimlers Aufsatz findet sich kein Zweifel, Worte, wie „vielleicht“ oder „vermutlich“ fehlen. Die Naturwissenschaften versprechen Klarheit. Sie folgen vermeintlich unumstößlichen Gesetzen, während in der Frankfurter Paulskirche die Verhältnisse ins Tanzen geraten. Doch so weit ist die Politik des Jahres 1848 von der Physik gar nicht entfernt: Meinungen prallen aufeinander. Da, wo eine revolutionäre Meinung geäußert wird, bleibt oft kein Platz für eine gegensätzliche Meinung, weil die Ansichten von Demokraten und Monarchisten zu verschieden sind. Beim Aufeinanderprallen der Argumente entsteht Schall, der nach außen wirkt. Die Schwingungen sind bald in der ganzen Gesellschaft zu spüren.

Sie erreichen auch Schorndorf, wo die Bürger ihren König auffordern, ihre politischen Rechte zu erweitern. Dazu zählt die „allgemeine Volksbewaffnung, damit der Bürger das Bewusstsein habe, daß er es ist, welchem die Erhaltung der Ruhe und der öffentlichen Ordnung obliegt.“ Als ihnen dies tatsächlich gewährt wird, gründen die Schorndorfer eine Bürgerwehr, die bereits im Frühjahr 1848 Mustergewehre von der Gewehrfabrik Oberndorf erhält. Gottlieb Daimlers Vater zieht aus den paramilitärischen Umtrieben in seiner Heimatstadt seine Schlüsse: „Die allgemeine Volksbewaffnung muß das Gewerbe der Büchsenmacher zum einträglichsten unter allen machen, und wer in diesem Handwerk gründlich ausgebildet, nicht faul, sondern anstellig und regsam ist, der hat sich seine Zukunft gesichert.“

In der Höllgasse arbeitet, unmittelbar neben der Backstube, ein Büchsenmacher. Das Haus des Johann Christoph Wilke ist geringfügig niedriger als Gottlieb Daimlers Elternhaus und scheint sich an dieses anzuschmiegen. Bei Wilke beginnt Gottlieb Daimler seine Lehre, als er 1848 die Schule verlässt. Für den 14-jährigen Bäckersohn sind es jeden Morgen nur wenige Schritte nach nebenan – und doch führen diese ihn in eine neue Welt. Die Lehre wird für den wissbegierigen Jungen zu einer Grundlage für vieles, worauf er in den nächsten Jahren aufbauen kann. Er feilt, hobelt und misst – nur wenn er exakt arbeitet, erreicht er sein Ziel: Die Maschine verzeiht keinen Fehler. Waffentechnik ist Präzisionstechnik. Ein Schritt folgt auf den anderen. In seinen Freistunden liest der Lehrling viel und eignet sich theoretisches Wissen über das Handwerk an. Für Gottlieb Daimler wird es eine Lehre fürs Leben – er lernt, Geduld mit Genauigkeit zu verbinden, und er erfährt viel über ein technisches Prinzip: Wie brennt das Pulver ab? Wie kommt es eigentlich zu einer Explosion?

In Schorndorf, in Stuttgart, in Frankfurt – überall stellt sich 1848 die Frage, ob sich jetzt alles friedlich wenden wird oder ob eine Explosion der Demokratie ein Ende setzt. Die zeitgenössischen Literaten sind für die Schwingungen in der Gesellschaft besonders empfänglich. Zu ihnen zählt Ludwig Uhland, von ihm stammen die schwärmerischen Frühlingszeilen mit den linden Lüften und frischen Düften, das Gedicht hat er einige Jahre zuvor geschrieben. Die Zeilen waren damals ganz auf die Jahreszeit gemünzt und nicht auf politisches Tauwetter. Jetzt, im Frankfurt der Jahre 1848 und 1849 sieht sich Uhland nicht mehr als Literat, sondern als Politiker. Er sitzt in der Paulskirche als württembergischer Abgeordneter. Die Macht soll künftig vom Volk ausgehen, das sein Reichsoberhaupt selbst wählen soll! Vermessen und verrückt klingt das nicht nur in den Ohren des Preußenkönigs, Friedrich Wilhelm IV. lässt in Berlin auf Aufständische schießen. Auch die Habsburger im benachbarten Österreich schmerzt dieser Aufruhr von unten. Gekrönte Häupter fürchten um ihre Kronen und um ihre Macht. Unterdessen bläst der saubere Herr Uhland, dieser überaus populäre Volksdichter, in Frankfurt mit vollen Backen in die aufglimmende Glut: „Gewiß, meine Herren, es wird kein Haupt über Deutschland leuchten, das nicht mit einem vollen Tropfen demokratischen Öles gesalbt ist."

Der Stachel sitzt tief im Fleisch der Adligen. Ein Jahr lang haben sie die Nationalversammlung in der Paulskirche nun schon ertragen, aber was diese Demokraten Mitte Mai 1849 fordern, ist nicht mehr hinnehmbar: Alle deutschen Heere sollen sich auf die demokratische Verfassung verpflichten. Damit stellen die Abgeordneten endgültig die Machtfrage: Geht diese nun von den Fürstenhöfen aus oder vom Parlament? Ist die Zeit reif für einen Frankfurter Frühling? In Hessen spitzt sich die Lage zu. Die Regierungen mehrerer deutscher Länder ziehen wegen der radikalen Beschlüsse des Paulskirchen-Parlaments ihre Abgeordneten zurück, dafür schicken sie Soldaten, die sich rund um Frankfurt sammeln. Es ist eine Drohkulisse für die verbliebenen

Abgeordneten. In der Paulskirche ist die Stimme des Volks bereits leiser geworden: Von 568 Abgeordneten ist nur ein Bruchteil geblieben. Es debattiert sich schlecht, wenn draußen vor den Toren die Säbel rasseln. Ein letztes Mal treffen sich die Abgeordneten in der Paulskirche. Sie beschließen, künftig in Stuttgart zu tagen. Dort erwarten sie ein liberaleres Klima, kein Säbelrasseln und kein hartes Durchgreifen gegen die Volksvertreter. Ludwig Uhland hält das für keinen guten Plan, er stimmt dagegen. Hinterher werden auch die anderen klüger sein.

Ein kümmerlicher Rest trifft in der württembergischen Residenzstadt ein. Die einst stolze Zahl an Abgeordneten ist in Stuttgart auf 103 Aufrechte zusammengeschmolzen, Liberale und Konservative sind kaum mehr darunter. Die Demokratie wird nun von ihrem radikalen Kern aus verteidigt. Kein Wunder, dass die Beschlüsse dieses „Rumpfparlaments" noch verwegener ausfallen als zuvor. Das bleibt dem württembergischen König, Wilhelm I., nicht verborgen. Die Abgeordneten haben ihn als vergleichsweise liberal eingeschätzt, aber seine Liberalität kennt Grenzen: Am 17. Juni 1849 setzt seine Regierung dem in Stuttgart tagenden deutschen Parlament ein Ultimatum. Die Versammlung dürfe in der Stadt nicht mehr tagen, sie habe diese umgehend zu verlassen. Das Schreiben lässt an Deutlichkeit nichts zu wünschen übrig. Im Revolutionsdrama 1848/49 läutet nun die Glocke vor dem letzten Akt. Auf der Bühne geht es noch mal zur Sache, das Schauspiel lockt zahlreiches Publikum an.

Präsident des Rumpfparlaments ist der sächsische Arzt Wilhelm Löwe. Als er am 17. Juni das Papier in den Händen hält, das ihn und die anderen Demokraten auffordert, Stuttgart zu verlassen, reagiert er unverzüglich: Löwe beruft schon für den nächsten Tag eine weitere Versammlung in der Stadt ein. Damit scheint eine Konfrontation unausweichlich, die Stimmung ist aufgeladen. Es steht Spitz auf Knopf. Noch einmal warnt die Regierung Wilhelm Löwe ausdrücklich davor, sich in der Stadt zu versammeln. Der Ton ist scharf, doch Löwe ignoriert die Warnung. Demokratie bedeutet schließlich mehr, als dass das Volk nur frei darin ist, mit der Eisenbahn von Nürnberg nach Fürth zu fahren oder von Ludwigsburg nach Stuttgart. Der Fortschritt ist nicht nur eine Frage des Bahnverkehrs, der Mobilität und Technik. Was wird aus Einigkeit und Recht und Freiheit?

Am 18. Juni strömt alles auf die Straßen. Infanterie und Kavallerie besetzen den Versammlungsort der Parlamentarier, sie riegeln die Zugangsstraßen ab. Viel Volk strömt herbei. Die Geschichte nimmt ihren Lauf, als die Abgeordneten sich auf den Weg zum Tagungsort machen, vorweg der Präsident Löwe und der Dichter-Politiker Uhland. Kein Hauch von Frühling. Schließlich stehen sich Soldaten und Abgeordnete gegenüber, niemand weicht zurück, das Publikum hält für einen Moment den Atem an. Womöglich folgt auf die Ruhe Sturm.

Aus den Reihen der Soldaten tritt ein Mann hervor, der eine weiße Schärpe trägt. Er ist bleich im Gesicht. Unter Stottern bringt er seinen Text hervor: Im Namen des Württembergischen Gesamtministeriums seien die Sitzungen der Parlamentarier verboten! Das bedarf der Widerworte, schärfere Waffen besitzt die Demokratie in dieser Stunde nicht. Für die Parlamentarier ergreift Wilhelm Löwe das Wort. Der Arzt kritisiert lautstark das Versammlungsverbot: Dieses sei Hochverrat am deutschen Volke! Doch Löwes Diagnose dringt nur noch halb durch den anschwellenden Lärm – in seine Worte mischt sich bereits Trommelwirbel, dann reitet die Kavallerie in die Reihen der Abgeordneten hinein und drängt die Volksvertreter auseinander. Soldaten brüllen: „Haut ein!"

Was folgt, ist Legendenstoff. Im Nachhinein lässt sich schwer entwirren, was in dem Gewebe aus Erzählungen und Erinnerungen Dichtung und was Wahrheit ist. Im Tumult, heißt es, reißt einer der Abgeordneten vor den Soldaten sein Hemd auf, legt seine Brust frei und schreit: „Stoßt zu, wenn ihr einen deutschen Volksvertreter morden wollt!" Der Aufforderung leistet niemand Folge, alles geht blitzschnell, das Tohuwabohu dauert vielleicht zehn Minuten. Später erzählt ein Offizier, wie er trotz der Aufwallung kühlen Kopf behalten habe: Er habe eben einhauen wollen, da sei ihm in der wogenden Menge ein kahles Haupt mit weißen Locken aufgefallen, woraufhin er im letzten Moment innegehalten habe. Das Haupt sei jenes des Dichters Ludwig Uhland gewesen.

Aus den Straßen der Stadt weicht rasch die Hitze, auch weil die Abgeordneten fliehen. „Nach dem Hotel Marquardt!", rufen sie einander zu. Dort will man eine Protestnote formulieren und sich in Ruhe neu besprechen. Es wird ein Rückzug, nicht nur für den Augenblick: Wenig später reisen die meisten Abgeordneten aus Stuttgart ab. Damit zerstreut sich das Rumpfparlament in alle Winde. Von echter Demokratie wird man lange nichts mehr hören zwischen Stuttgart, Frankfurt und Berlin.

Die Gedanken sind frei, alles andere muss warten. Zucht und Ordnung sollen wieder einkehren, dafür braucht es eine harte Hand. Wie praktisch, dass unweit von Stuttgart die Festung Hohenasperg liegt, hinter deren dicken Mauern schon öfter politisch unliebsame Stimmen verstummt sind. Der Volksspott preist den Hügel als Württembergs höchsten Berg: Es dauere nur fünf Minuten, um auf ihn hinauf-, aber oft Jahre, um wieder von ihm herunterzukommen. Nach der Deutschen Revolution sind die Zellen auf dem Hohenasperg besonders gefragt. Das württembergische Innenministerium installiert ein eigenes Untersuchungsgericht auf der Festung – zahlreiche Häftlinge verschwinden vorübergehend hinter dicken Mauern, die den Schall schlucken.

Ein Jahr hat die Demokratie geblüht, nun haben die alten Autoritäten das Schlimmste überstanden. Man befindet sich noch im Amt – aber auch in Würden? Ein Jahr später, im Mai 1850 steht Ludwig Uhland vor einem Fotografen. Das Porträtbild zeigt ihn, kahl in der Mitte des Hauptes, weiß gelockt an den Seiten, kein Lächeln – genau so, wie ihn der Offizier im Jahr zuvor nach den Straßentumulten beschrieben hat. Auf der Rückseite des Fotos notiert Ludwig Uhland das Datum vom 10. Mai 1850. Einen einzigen Satz fügt er hinzu: „Der Dienst der Freiheit ist ein strenger Dienst." Und der Drang zur Freiheit, der ist stark.

Ein Bosch auf dem Hohenasperg – 1853

Im Schädel von Servatius Bosch haust ein unruhiger Geist. Der Bauer und Gastwirt der „Krone" in dem Dorf Albeck bei Ulm ist ein tüchtiger Mann – und ein Stachel im Fleisch der Gesellschaft. Beim Bier macht der 37-Jährige Dorfpolitik. An langen Winterabenden sitzen die Männer in den Wirtshäusern, in denen reihum politische Abende veranstaltet werden. Von denen, die in der Krone ihr Bier trinken, sprechen nur wenige gut über den preußischen Militarismus. Dessen Säbelrasseln befremdet hier im Süden. Im Alltag reibt sich Servatius Bosch jedoch weniger an den Preußenkönigen, sein Groll richtet sich gegen die Obrigkeiten vor Ort. Auf den Schultheiß des Dorfes ist er besonders schlecht zu sprechen. Die Abneigung beruht auf Gegenseitigkeit, die beiden sind einander in Feindschaft verbunden. Als demokratisch gesinntem Mann muss es Servatius Bosch missfallen, dass der Gemeindevorstand nach württembergischem Recht auf Lebenszeit gewählt ist. Eines Abends geht die Staatsmacht in den Augen von Servatius Bosch einen Schritt zu weit: Ein Dorfpolizist macht in einer Wirtschaft die Runde. Die Polizeistunde ist bereits vorbei. Der eifrige Mann notiert die Namen all derjenigen, die zu dieser Uhrzeit noch zusammenhocken und möglicherweise Dinge besprechen, die der Obrigkeit nicht gefallen. Am nächsten Morgen stehen etliche Bauern und Handwerker auf dem Zettel des Polizisten, der die Sünderliste umgehend weiterreicht. Der Schultheiß bestraft jedoch nur das schwächste Glied in der Kette – ein Besenmacher kommt in den Arrest.

Als Servatius Bosch von der Geschichte erfährt, kocht in ihm die Wut hoch. Vieles kann er ertragen, Ungerechtigkeit nicht. Er muss wissen, ob die Geschichte stimmt, und wenn sie stimmt, muss er handeln. Er kann nicht anders. Der Polizist ist nicht zu Hause, nur dessen Frau, die er sofort unter Druck setzt: Sie möge ihm die Schlüssel zum Arrestlokal aushändigen, er werde für Gerechtigkeit sorgen! Aufgewühlt von der Gewissheit, das Richtige zu tun, schließt Servatius Bosch die Zelle auf und befreit den Besenmacher. Daraufhin sieht der Albecker Schultheiß die Chance gekommen, sich am ewig quertreibenden Bosch zu rächen. Der steht bald vor Gericht, der Akt der Selbstjustiz hat Folgen. Am 13. Dezember 1853 fällt das Oberamtsgericht Ulm das Urteil: Herrn Bosch seien zwar ehrenhafte Motive bei seiner Tat zu unterstellen, dennoch sei er zu bestrafen. Der Richter hält zwei Monate Festungshaft für angemessen. Der Gemeinderat scheitert mit einem Gnadengesuch. Die Familie des Bauern Bosch muss vorübergehend auf ihn verzichten. Die Festung, in der er einsitzen wird, besitzt Tradition darin, Freigeister gegen deren Willen zu beherbergen: Servatius Bosch wird Gefangener auf dem Demokratenbuckel, dem Hohenasperg.

Nur wenige Jahre nach der Deutschen Revolution von 1848 wird Servatius Bosch infolge seines Aufbegehrens Teil der Geschichte des Hohenaspergs. Die Haft empfindet der Bauer nicht als Makel im Lebenslauf. Er ist stolz darauf, für seine Überzeugungen eingesperrt zu werden. Servatius Bosch hat politischen Widerstand geleistet, auch wenn sein Beitrag unbedeutend wirken mag. Die Festungshaft bricht ihn nicht, weder duckt er sich weg noch passt er sich übermäßig an. Im Gegenteil: Servatius Bosch schwimmt weiter gegen den Strom, wenn er von einer Sache überzeugt ist.

Aufgewachsen ist er in einer Großfamilie. Seine Mutter hatte 13 Kindern das Leben geschenkt, aber elf davon früh an den Tod verloren. Leben, das heißt Überleben in Albeck, einem Bauernstädtchen, dessen Name das „Eck" der „rauen Alb" verrät. Servatius Bosch hatte sich früh gebunden. Als er Maria Margaretha, die Tochter des „Adler"-Wirts aus dem Nachbardorf zur Frau nahm, war sie 18 Jahre alt und er selbst kaum älter. Bald bekamen die beiden ihr erstes Kind, dem viele weitere folgten. Das war keine Seltenheit, es war die Regel.

Servatius Bosch ist kein Mann, der sich vom Schicksal treiben lässt. Hunger und Not leidet niemand in seiner Familie, was keineswegs selbstverständlich ist. Der bescheidene Wohlstand ist das Ergebnis kluger Investitionen, die immer im richtigen Moment erfolgten: Die Krone ist vor einigen Jahren neu gebaut worden, das Gasthaus bietet den Reisenden mehr Platz als zuvor. Vor allem steht es näher an der neuen Straße, die die Höhen der Alb erklimmt. Wenig später ist die Wirtschaft um Stallungen erweitert worden, in denen die durchreisenden Händler ihre Pferde über Nacht ausruhen lassen können.

Harte Arbeit steckt im Wirtshaus, harte Arbeit wartet auch auf dem Feld. Und doch vergisst Servatius Bosch nicht, dass er eingesessen hat – es sollen ruhig alle wissen. Im Wohnzimmer der Familie hängt der Bauer einen Stich auf, der die Festung Hohenasperg zeigt. Er hat ihn eigens rahmen lassen. Manchmal erzählt er die Geschichte, wie er den Besenbinder befreite. Es war seine kleine Rebellion gegen das Establishment, er handelte aus Überzeugung und überschritt die Grenze des Erlaubten. Auch seine Kinder kennen die Anekdote, die den Vater als weltoffenen und rebellischen Sturkopf zeigt. Maria Margaretha Bosch wird vielen Jungen und Mädchen das Leben schenken.

Es werden noch acht Jahre vergehen, bis sie ihr elftes Kind auf die Welt bringen wird. Der Sohn wird in seinem Temperament dem Vater ähnlich sein. Die Eltern werden ihn auf den Namen Robert taufen.

Daimler und die Datenkrake – 1853

Auf dem Amt wird der junge Mann vermessen und beäugt, jedes Detail könnte wichtig sein. Die Größe? 5,9 Fuß. Das Angesicht? Oval. Der Begutachtete – das wird schriftlich festgehalten – sei von mittlerer Statur, die Stirn gewölbt, die Augenfarbe sowie seine Haare braun, die Zähne in gutem Zustand, das Kinn rund und die Beine gerade. Besondere Kennzeichen könne man an seinem Äußeren nicht feststellen. Als die Vermessung endlich abgeschlossen ist, bezeugt ein Stempel, dass alles korrekt ablief. Der Stempel zeigt Hirsch und Greif, es handelt sich um die Wappentiere des Königreichs Württemberg. Der neue Besitzer dieses Dokuments, ein Büchsenmacher, stammt aus der Oberamtsstadt Schorndorf, sein Geburtstag ist auf den 17. März 1834 datiert.

Gottlieb Daimler unterschreibt das Dokument in einer leserlichen Schrift, die sich sonst nur selten in seinen Briefen findet. Er ist 19 Jahre alt, als ihm in der königlichen Residenzstadt Stuttgart dieses Dokument überreicht wird, das alle Handwerksgesellen mit auf ihren Weg bekommen. Das amtliche Wanderbuch ähnelt einem Reisepass, es wirkt wie ein Dokument der behördlichen Furcht. Einer Furcht davor, dass die Demokratiebewegung wieder wachsen und die Revolution neue Nahrung erhalten könnte. Man will unbedingt verhindern, dass junge Handwerksgesellen wie Gottlieb Daimler Flausen in den Kopf gesetzt bekommen und dem umstürzlerischen Gedankengut politischer Aufrührer verfallen. Die Stuttgarter Behörde will sich im Namen von König Wilhelm I. ein genaues Bild von dessen Untertanen machen. Dieses Bild fußt noch auf offensichtlichen äußeren Merkmalen. Einige wenige Daten müssen genügen, um Gottlieb Daimler zu beschreiben. Von biometrischen Bildern kann man noch in keiner Amtsstube träumen, aber die Datenkrake zeigt sich schon.

Wenn Gottlieb Daimler in den 64 Seiten seines Wanderbuchs blättert, entdeckt er neben der Beschreibung seiner Person etliche Seiten, auf denen künftige Meister und Obrigkeiten Zeugnisse seiner Leistungen und seines Verhaltens eintragen können. Der junge Büchsenmacher liest auch einen Erlass König Wilhelms I., der ihm eine Warnung sein sollte „Das Verbot von Vereinen mit kommunistischer Tendenz“. Im Ausland, namentlich in der Schweiz, bestünden zahlreiche organisierte Verbindungen, die gegenüber den gesellschaftlichen Einrichtungen eine feindselige Stimmung verbreiteten. Ferner würden diese Gruppierungen Religion und Sittlichkeit untergraben und es sich zur Aufgabe setzen, das Privateigentum abzuschaffen. Bei dem vielen Verkehr der wandernden Handwerksgesellen zwischen der Schweiz und Württemberg sei die öffentliche Ordnung des Staates gefährdet.

In diesem königlichen Erlass offenbart sich der Blick der Obrigkeit auf den politischen Aufruhr der 1848er-Revolution: Der Kommunismus und überhaupt jegliche Kritik an den bestehenden Verhältnissen müssen eine Seuche sein, die aus dem Ausland eingeschleppt wurde. Wandernde Handwerksgesellen wie Gottlieb Daimler gelten als potenzielle Überträger dieses politischen Virus. Jeder Württemberger, der sich einer solchen gefährlichen wie gesetzeswidrigen Verbindung anschließe, müsse mit Strafe rechnen. Den Anführer erwarte Kreisgefängnis bis zu einem Jahr, die übrigen Genossen würden bis zu vier Wochen ins Gefängnis gesteckt oder hätten eine empfindliche Geldbuße zu leisten. Wer sich des hochverräterischen Angriffs auf den König schuldig mache, der müsse mit dem Tode rechnen.

Dieser Erlass möge den wandernden Arbeitern von den Polizeibehörden der Grenzorte in besonderer Weise bekannt gemacht werden. Im Übrigen stünden auch die Eltern der Handwerksgesellen in der Pflicht, ihre Pflegebefohlenen vor dem Eintritt in eine der verbotenen Verbindungen zu warnen. Was die Behörden im Jahr 1853 allerdings nicht ahnen: Die „politische Krankheit“ wird sich nicht ausrotten lassen – zehn Jahre später wird der Jurist Ferdinand Lassalle in Leipzig den Allgemeinen Deutschen Arbeiterverein gründen. Und drei Jahrzehnte später wird ein junger deutscher Arbeiter namens Robert Bosch von New York aus seiner Verlobten in Untertürkheim per Brief gestehen: „Ich bin also Sozialist.“

Solche Gedanken hat der 19-jährige Gottlieb Daimler im Jahr 1853 nicht, und dennoch wird er nicht nur politisch gemaßregelt, sein Wanderbuch appelliert auch an seine Tugendhaftigkeit: In den folgenden Jahren solle er sich sittlich verhalten und bescheiden geben. Jeder Wandernde habe sich vor zweckwidrigem Umherlaufen und insbesondere vor dem Betteln zu hüten und mit demjenigen zu begnügen, was er aus den Handwerksläden und den Ortskassen als Lehrpfennig erhalte. Seine Reise dürfe er nur auf die Städte und Ortschaften ausrichten, wo sich Meister seines Handwerks niedergelassen hätten. Überall dort jedoch, wo Gottlieb Daimler Arbeit finde, müsse er zum Zeitpunkt seiner Weiterreise ein Zeugnis in sein Wanderbuch eintragen lassen.

Auf diese Weise versucht das Königreich Württemberg ein Bewegungsprofil von all denjenigen anzulegen, die als politische Störenfriede für Unruhe sorgen könnten. Der König hat die Zügel für die Jugend angezogen, das Justiz-Departement und das Ministerium des Innern übernehmen die Überwachung. Wer nicht spurt, wird noch strenger gemaßregelt: Wenn sich Handwerksgesellen eines Vergehens schuldig machen, wird ihnen nach überstandener Strafe eine Reiseroute vorgegeben. Fortan werden sie in ihrem Heimatstaat „unter besonderer Aufsicht gehalten".

Tod im See – Frühjahr 1856

Zwischen Werbung für frisch gewässerte Stockfische und Rippchenbraten finden die Leser des *Stuttgarter Anzeigers* am 20. März 1856 ein in wenigen Zeilen skizziertes Familiendrama. In der Anzeige ergeht eine „Bitte an edle Menschenfreunde": Es gehe um drei vater- und mutterlose Knaben im Alter zwischen vier und zwölf Jahren. Die Mutter dieser Waisenkinder sei bereits vor drei Jahren gestorben, nun habe auch der Vater in einem nahe gelegenen See den Tod gefunden. Die Lage der Kinder sei desolat, „da sie nun gar keine Mittel zu ihrer Erhaltung haben, auch an Kleidung und Weißzeug sehr entblößt sind". Aus diesem Grund „ergeht daher die herzliche Bitte an wohltätige

Menschen, sich der armen Kinder durch Liebesgaben annehmen zu wollen, auch die kleinste Gabe ist willkommen".

Einer der drei Jungen, die über Nacht durch den Tod des Vaters ihren Halt im Leben verloren haben, heißt Wilhelm Maybach. Er ist zehn Jahre alt. Was ihm bisher widerfahren ist, taugt nicht für eine Bilderbuchgeschichte. Als Wilhelm gerade zwei Jahre alt war, litt das Land unter Missernten und Hunger, die im sogenannten Stuttgarter Brotkrawall mündeten. Steine flogen gegen das Militär, der König musste sich von seinem eigenen Volk wüste Flüche anhören. Wilhelm Maybachs Vater Carl tat sich als Schreiner schwer. Als sein Sohn sechs Jahre alt war, musste der Vater aufgrund der desolaten Wirtschaftslage seine Schreinerei aufgeben und den Hausstand auflösen. Die Familie zog von Heilbronn nach Stuttgart, wo drei Jahre später die Mutter starb.

Der Vater verkraftet diesen Verlust nicht, die Familie ist erschüttert. Was genau an jenem Frühjahrstag 1856 an einem See bei Stuttgart passiert, wie und warum Carl Maybach dort ertrinkt – diese Umstände bleiben unklar. Wahrscheinlich hat er aus Verzweiflung den Freitod gesucht. Auf diese Weise beider Eltern beraubt, stehen der zehnjährige Wilhelm und seine beiden Brüder vor dem Nichts.

Gustav Werner schickt ihm in diesem Moment der Himmel. Der 48-jährige Unternehmer stammt aus einer Beamtenfamilie, er hat in Tübingen Theologie studiert und ist den evangelischen Kirchenoberen bald durch seine sozial engagierten Predigten unangenehm aufgefallen. Politik, Wirtschaft, Glaube – all das gehört für ihn auf eine praktische Weise zusammen. Nur der christliche Gemeingeist könne die drohenden Gefahren des Kommunismus und des Sozialismus überwinden. Die Arbeit werde die Menschen mit sich selbst und miteinander versöhnen, sie werde „die gesellschaftlichen Verhältnisse, die fast unrettbar krank sind" wieder ins Gleichgewicht bringen. Gustav Werners Ideen und Wertvorstellungen werden bald in einem ungewöhnlichen Projekt münden: Werner wird in Reutlingen eine Maschinenfabrik aufbauen, das Bruderhaus, dessen Name auf die christliche Bruderliebe verweist. Doch noch ist es nicht so weit – im Jahr 1856 beweist Gustav Werner seine Nächstenliebe dadurch, dass er einen zehnjährigen Waisenjungen in Reutlingen bei sich aufnimmt.

Der Prediger wird für Wilhelm Maybach nach dem Tod seines leiblichen Vaters zu einer neuen Vaterfigur. Die Jahre in Reutlingen sind für Wilhelm Maybach ein Ankerpunkt in seinem unruhigen Leben: Nach der Schule folgen Hausaufgaben, anschließend hilft er auf dem Feld, im Stall oder im Garten. Am Wochenende fährt Gustav Werner mit seiner Familie und seinem Ziehsohn manchmal in den Schwarzwald – es geht auf Wanderungen hinaus in die Natur, aber die Werners und Wilhelm Maybach besichtigen auch Fabriken, beispielsweise die Gewehrfabrik in Oberndorf. Das neue Leben in geregelten Bahnen gibt Wilhelm Rückhalt. Von jungen Jahren an lernt er den Wert handfester Arbeit kennen, nicht nur, wenn in seiner Adoptivfamilie darüber gesprochen wird. Wilhelm Maybach geht früh zu Bett und steht auch früh wieder auf. Er wird Teil einer Gemeinschaft, die sich nicht durch Egoismus definiert, sondern dadurch, dass sich der Einzelne einordnet. Erfolg stellt sich ein, wenn alle Räder eines Wagens rundlaufen. Diese Erfahrung prägt den Jungen, sie wird ihm helfen, wenn er später einmal in das Umfeld eines Alphatiers geraten wird, dem es schwerfällt, andere auf der gleichen Stufe neben sich zu dulden.

Es kommt der Tag, an dem sich entscheidet, was aus Wilhelm Maybach werden soll. Die Lehrer empfehlen ihm eine Lehre im Bäcker- und Konditorhandwerk. Daraus wird jedoch nichts, genauso wenig wie Jahre zuvor bei Gottlieb Daimler, der auch in der Backstube seines Vaters dort hätte weitermachen können, wo seine Vorfahren schon einen Grundstein gelegt hatten. Es ist ein besonderes Talent, das Wilhelm Maybach den Weg weist – er zeichnet außergewöhnlich gut. Gustav Werner bleibt das nicht verborgen. Er kann den Jungen nicht in der Backstube gebrauchen, er soll eine Lehre im technischen Büro anfangen, das zum Bruderhaus der Maschinenfabrik gehört.

Ob der Waisenjunge seine Chance nutzt? Wilhelm Maybach wird während der nächsten fünf Jahre alles Wissen wie ein Schwamm in sich aufsaugen. Abends besucht er bei der städtischen Fortbildungsschule Kurse in Physik und Freihandzeichnen. Dort entstehen auf dem Papier die ersten technischen Anlagen und Apparate, die Wilhelm Maybach perspektivisch korrekt zeichnet. Damit gibt er sich jedoch nicht zufrieden. Der junge Maybach weckt morgens noch vor der Arbeit einen Angestellten der Fabrik, um bei diesem Sprachunterricht zu nehmen. Bei Maybach trifft die Begabung auf einen unbedingten Willen, etwas zu erreichen. Sein Talent fällt auf, es ist so offensichtlich, dass es nicht im Verborgenen bleiben kann. Noch hat Gottlieb Daimler, der zwölf Jahre älter ist, diesen Wilhelm Maybach nicht kennengelernt.

Dämonische Experimente – Sommer 1860

Die Technikfachwelt leidet an Fieber. Es wird verursacht durch die Erfindung eines Mannes, der in einem Dorf in Belgien in bescheidenen Verhältnissen aufgewachsen ist und mit 16 Jahren seine Heimat verlassen hat. Der junge Mann wurde angezogen von der Strahlkraft einer Metropole: Paris. An der Seine ist Jean-Joseph Étienne Lenoir eine erstaunliche Karriere gelungen: vom Kellner zum gefeierten Technikpionier. Sein „Moteur Lenoir“ kreuzt die bekannte Dampfmaschine mit einem Gasmotor – neu ist vor allem die Zündkerze, die ein Gemisch aus Luft und Leuchtgas durch einen Induktionsfunken zur Explosion bringt. In Technikerkreisen ist von einem Wundermotor die Rede – in Europa beginnt die Jagd nach ihm.

Es schlägt die Stunde der Kopisten. Ihr Werk ist keineswegs billig und unkompliziert. Im Stuttgarter Stadtteil Berg versucht die stolze Maschinen- und Kesselfabrik Kuhn, immer auf der Höhe der Zeit zu bleiben. Der Firmenchef Gotthilf Kuhn liest im württembergischen *Gewerbeblatt* den Aufsatz „Über den Motor als Ersatz der Dampfmaschine“. Er wittert, dass es sich womöglich um einen technischen Durchbruch handeln könnte, um eine entscheidende Verbesserung der bisherigen Motorentechnik.

Kuhn schwant, dass jene Betriebe bald erledigt sein könnten, die jetzt den Anschluss an die neuen Entwicklungen verpassen. Er muss unbedingt wissen, wie dieser phänomenale Motor funktioniert, nein besser: Er muss ihn selbst besitzen und ihn sich zunutze machen. Für diese Mission braucht der Firmenchef einen Mitarbeiter, der gedanklich nicht im Saft des Altbekannten und Bewährten schmort. Er benötigt einen Mann, der Neuland betreten will, der noch nach Ruhm strebt und seinen erworbenen nicht nur verwaltet. Seine Wahl fällt auf den 24-jährigen Max Eyth.

Kuhn beauftragt Eyth, den Lenoir-Motor in seinem Werk in Stuttgart-Berg nachzubauen. Die Aktion gerät zu einem geheimen Kommandounternehmen. Auf dem Fabrikhof errichten die Arbeiter eine fensterlose Bretterbude, zu der neben Max Eyth nur noch zwei weitere Mitarbeiter Zutritt haben. Nach Monaten des Probierens, Verbesserns und Verwerfens, wagen Max Eyth und Gotthilf Kuhn einen ersten Versuch. Später erinnert sich Max Eyth an diese „unvergessliche Stunde", als alle anderen Mitarbeiter schon das Firmengelände verlassen haben: „Dagegen waren wir in völligem Dunkel darüber …, ob die Maschine sich wie eine toll gewordene Kanone oder wie ein toter Eisenklumpen benehmen würde. Dazu die knisternde elektrische Zündung, von der wir alle nichts verstanden. Es war dämonisch. Die Türe der Geheimbude wurde weit geöffnet, um sich im entscheidenden Augenblick wenn möglich retten zu können. Kuhn stand im Freien, in der, wie er hoffte, sicheren Entfernung von fünfzehn Schritten. Fünfzehn Meter hinter ihm stand seine treue, aber neugierige Frau, die ihren Gatten in dieser ernsten Stunde nicht verlassen wollte. Ich und einer der zwei Monteure waren bereit, uns zu opfern, und drehten das Schwungrad … Bei der zehnten Umdrehung erfolgte ein furchtbarer Knall, den ein teuflischer Geruch begleitete. Das Schwungrad entriss sich unseren Händen, die Maschine machte zwei zuckende Umdrehungen und blieb dann stehen, als ob nichts geschehen wäre."

Der Misserfolg stinkt in Stuttgart im Sommer 1860 zum Himmel – und er ist kein Ausnahmefall. In die Geschichtsbücher schaffen es immer nur die Gewinner, jene hellen Köpfe, denen als Erstes ein Durchbruch gelingt. Aber die Geschichte der industriellen Revolution wimmelt auch vor Pleiten, Pech und Pannen. Da knallt und scheppert es in Hinterhöfen und in frühen Fabrikhallen, es brennt, verpufft und explodiert, auf jeden Durchbruch kommen zahllose Misserfolge. Gotthilf Kuhn und Max Eyth geben sich keineswegs beeindruckt von der auf dem Hof unter lautem Toben verendeten Höllenmaschine. Aufgeben verboten.

Irgendwie muss dieser Monsieur Lenoir zum Ziel gekommen sein, schließlich hat sein Motor vor 20 Zeugen in der französischen Patentbehörde anstandslos funktioniert. Wie praktisch, dass die Wundermaschine im Herbst 1860 auf einer Ausstellung in Paris gezeigt wird. Schon am Morgen nach dem spektakulären Fehlversuch in Berg weist Kuhn seinen jungen Mitarbeiter an, nach Frankreich zu reisen, um „die dortigen Maschinen, wenn irgend möglich, in Augenschein zu nehmen“. Verharmlosend könnte man von einer beruflichen Weiterbildungsreise für Max Eyth sprechen. Nüchtern betrachtet hat ihn sein Chef zur Industriespionage angestiftet.

Alle, die in der deutschen Industrie etwas zu melden haben, geben sich in diesen Monaten in Paris die Klinke in die Hand. Die Herren lustwandeln staunend auf den großen Boulevards, sie spazieren über den sonnigen Hügel des Montmartre. Ihr eigentliches Interesse gilt trotz aller netten Ablenkungen am Wegesrand dem Viertel Faubourg St. Antoine. Dort leben Büchsenmacher, Juweliere, Schlosser und Uhrmacher, Handwerker fertigen Präzisionsgeräte für die Seefahrt, die Medizintechnik und die Wissenschaft an. Es ist genau jenes Gemisch aus perfekter Handarbeit und freiem Unternehmergeist, in dem sich ein Mann wie Jean-Joseph Étienne Lenoir aus bescheidenen Verhältnissen emporarbeiten kann.

Neben Max Eyth reisen etliche andere Deutsche nach Paris – unter ihnen befinden sich zwei junge Männer, bei denen sich Eigenwilligkeit und Ehrgeiz paaren: Es sind Nikolaus August Otto, der im Hessischen aufgewachsene Sohn eines Bauern und Gastwirts sowie Gottlieb Daimler, der im Schwäbischen groß gewordene Sohn eines Bäckermeisters. Das Ländliche und die Landwirtschaft haben die Ahnenreihen beider Familien bisher bestimmt, doch das ändert sich nun. Otto und Daimler setzen auf den technischen Fortschritt, aber ihr Weg könnte unterschiedlicher nicht sein. Gottlieb Daimler, Mitte 20, hat beim Waffenbau praktische Erfahrungen gesammelt und an der Polytechnischen Schule in Stuttgart theoretisches Wissen angehäuft. In seiner Karriere folgt ein Schritt auf den nächsten.

Der Lebensweg von Nikolaus August Otto, Ende 20, ähnelt hingegen einem Zickzackkurs. Nach einer dreijährigen Lehre bei einem Weinhändler war er längere Zeit als Handlungsreisender eines Kolonialwarengeschäfts unterwegs gewesen. Mit bescheidenem Erfolg:

Sein Verdienst war ähnlich gering wie seine Motivation, in dieser Branche weiterzuarbeiten. Er suchte nach Neuem, nach etwas, für das er brennen würde, das ihn begeisterte. So fand Otto zur Technik. Gemeinsam mit seinem Bruder Wilhelm sammelte er in Köln alle Informationen über den Lenoir-Motor, die er finden konnte. Vielleicht ließe sich dieser großartige Apparat noch verbessern?

Der Zauberkasten des Jean-Joseph Étienne Lenoir steht in seiner Werkstatt in der Rue de la Roquette im elften Pariser Arrondissement. Zahllose Neugierige umringen die Maschine, viele von ihnen machen sich Notizen und skizzieren das Äußere des Apparats. Unter ihnen befindet sich der junge Gottlieb Daimler. Nun sind es nicht mehr die Kauwerkzeuge eines Herculeskäfers, die der 26-Jährige zu Papier bringt, sondern die technischen Details einer Maschine. Doch ungeachtet des öffentlichen Trubels um den Gasmotor bleibt Daimler sachlich und kühl. Er sieht auch die Schwierigkeiten: Der Kolben wird bei der Verbrennung enorm heiß, der Motor verbraucht eine Unmenge an Treibstoff. Wird jener Apparat, der in diesem heißen Sommer die Welt bewegt, wirklich ein weltbewegender Motor? Gottlieb Daimler bleibt skeptisch. In der Technikwelt ist er trotz seines jungen Alters ein Vollprofi, die allgemeine Begeisterung vernebelt ihm nicht den Verstand. Der zwei Jahre ältere Nikolaus August Otto ist aus anderem Holz geschnitzt, er fängt sofort Feuer. Otto fehlen die langjährige Ausbildung und die praktischen Erfahrungen, die Gottlieb Daimler auszeichnen. Aber auch ihm bleiben die Schwächen des Lenoir-Motors nicht lange verborgen: Sobald er wieder in Köln ist, will er mit seinem Bruder den Motor so weiterentwickeln, dass sich damit Geld verdienen lässt. Viel Geld.

In diesem Pariser Sommer liegt es fern, dass der Amateur Otto und der Profi Daimler einmal gemeinsame Sache machen könnten. Für Daimlers Karriere stehen die Sterne günstig, der Amateurbastler Otto steht vor einer ungewissen Zukunft. Aber seit Otto auf einem Kölner Maskenball die neunzehnjährige Tochter eines aus Frankreich stammenden Kaufmanns kennengelernt hat, treibt ihn diese Liaison an, die Wirkung von Frauen auf die Motivation von Männern ist nicht zu unterschätzen. Und jene Anna Gossi muss auch im Kostüm eine Verlockung gewesen sein. Nikolaus August Otto setzt nun alles dran, sein in finanzieller Hinsicht kümmerliches Handelsvertreterdasein hinter sich zu lassen und mit dem Motorenbau durchzustarten. Seine Braut hält er schriftlich über seine Bemühungen auf dem Laufenden: „Ich vertiefte mich immer mehr im Denken, und vor lauter Denken dachte ich schließlich nicht mehr und verblieb so in diesem fürchterlichen Zustand circa drei Stunden. Ich kann nun nicht sagen, daß ich, nachdem ich wieder auf meinen Füßen stand, etwas abgemattet war, auch ging ich zu keinem Arzte, sondern half mir selbst, indem ich mit meinen Armen und Gesichtsmuskeln einige bekannte gymnastische Übungen machte." Mit entspannten Gesichtsmuskeln und nicht nachlassendem Ehrgeiz wird Nikolaus August Otto an der Motorentwicklung festhalten und etliche Jahre später mit Gottlieb Daimler geschäftlich ein Tandem bilden. Dass beide dann ständig in eine andere Richtung fahren wollen, wird der Beziehung der beiden gar nicht gut tun.

Und Max Eyth? Der wird mit diesem Schlamassel nichts zu tun haben. Er betrachtet seine Parisreise als vollen Erfolg – er glaubt, endlich das Geheimnis des Moteur Lenoir entschlüsselt zu haben und notiert zufrieden: „Ich habe mit allen Waffen unserer argen Zeit eine Schlacht gewonnen; die Maschine samt allen ihren Teilen ist nicht mit den Händen, aber mit dem Kopf fortgetragen, sie ist, wenn man will, glücklich – gestohlen." Was jedoch Theorie und Praxis voneinander trennt, wird Eyth schneller erfahren, als er es für möglich hält. In Stuttgart bastelt er, gerüstet durch die in Frankreich gesammelten Details, erneut an einem Gasmotor. Doch auch die zweite Kopie misslingt und Max Eyth schreibt zerknirscht: „Man macht keine Erfindungen, indem man um die Bude anderer herumschleicht."

Aber ohne sich in den Werkstätten und Fabriken der anderen umzusehen, geht es auch nicht voran. Weit mehr noch als Frankreich steht Großbritannien Mitte des 19. Jahrhunderts im Blickpunkt. Im Vereinigten Königreich hat sich eine Technikkultur etabliert, die immer neue Erfindungen hervorbringt. Überall in Großbritannien tüfteln und probieren Feinmechaniker und Werkzeugmacher, aus Rinnsalen des Fortschritts entwickelt sich ein Strom an Innovationen. England ist die Lokomotive eines Fahrt aufnehmenden Fortschrittszugs, in den immer mehr Waggons eingehängt werden.

Wie weit es das Land gebracht hat, war bereits 1851 überdeutlich geworden, als bei der Weltausstellung in London der spektakuläre Kristallpalast seine Tore öffnete. Die Ausstellung diente als gewaltiger Showroom für tatsächlich und vermeintlich Fortschrittliches – für Erfindungen, die die Welt bewegen sollten und für einige, die bald als Irrweg erkannt und aufgegeben wurden. Auch das kleine Königreich aus dem Süden Deutschlands beteiligte sich, es war aus seinem Dornröschenschlaf aufgewacht: König Wilhelm I. von Württemberg versprach sich viel von dieser Ausstellung. Die Völker der Welt sollten sehen, dass es aufwärtsgeht mit dem deutschen Armenhaus. Der Auftritt in London wurde von langer Hand geplant: Wilhelm I. bewilligte 18 000 Gulden, mit deren Hilfe mustergültige Produkte aus seinem Land aufgekauft wurden. Er selbst besichtigte die Waren, die sein Reich und dessen Industrie in London bekannt machen sollten. Der König sprach mit Professoren der neuen polytechnischen Schule, die nach London reisten, um Ideen zu sammeln.

Zur Weltausstellung schickte Wilhelm I. auch seinen Chef-Wirtschaftsförderer. Ferdinand von Steinbeis berichtete dem König aus erster Hand darüber, wie sich das Land schlug, über vielversprechende Trends und über die Bedeutung der Schau: Die Ausstellung, schrieb von Steinbeis, überbiete an Sehenswürdigkeit weitaus alles, was je aus dem Felde der Industrie hervorgegangen sei. Fast sämtliche Völker der Erde, welche sich einer gewerblichen Tätigkeit rühmen könnten, seien an dieser Ausstellung lebhaft beteiligt. Der württembergische Gesandte wurde Teil einer gewaltigen privaten Berichterstattungslawine über die Weltausstellung – das angereiste Publikum schrieb in zahllosen Briefen über die neuesten Entwicklungen. In das Staunen über die gewaltigen Fortschritte mischten sich Fantastereien und Hirngespinste. Die Resonanz auf die Londoner Weltausstellung verfehlte nicht seine Wirkung: Deutsche, Franzosen und Italiener waren beeindruckt vom Muskelspiel des United Kingdom.

Für den industriellen Maschinenbau gibt es keinen Urknallmoment. Auch der im Sommer 1860 in Paris präsentierte Motor besitzt eine Vorgeschichte. Jede Erfindung hat einen evolutionären Vorlauf. Im Stammbaum des Maschinenbauers stehen Büchsenmacher und Schmiede,

Uhrmacher und Mühlenbauer, Steinmetze und die Hersteller von Navigationsgeräten für die Seefahrt. Neben den Maschinenbauer tritt der Bauingenieur. Die Welt wird zur Großbaustelle: Häfen, Brücken, Kanäle, Bahnhöfe und Deiche entstehen. Nach und nach tauchen an den größten Baustellen Maschinen auf, deren Dampfkraft Menschen und Pferden die Arbeit erleichtert.

Auf nach England! So lautet der Marschbefehl für europäische Ingenieure, die sich in den 1860er-Jahren den Boom aus nächster Nähe ansehen wollen. Jenen Technikern, die nicht nur Maschinen und Werkbänke im Blick haben, sondern auch Menschen, bleiben die hässlichen Seiten der Industrialisierung nicht verborgen. Im Sommer 1861 besucht Max Eyth Manchester, bald fühlt er sich wie betäubt vom „Rauchmeer dieser Riesenstadt", in der Millionen von Spindeln die Baumwollindustrie antreiben. Noch ist das abwertende Schlagwort vom Manchester-Kapitalismus nicht in aller Munde, doch Eyth entdeckt einen „bodenlosen Fortschritt", der die Menschen vergisst: „Nirgends in England habe ich bis jetzt eine so bleiche, kranke, von Elend und Unglück angefressene Bevölkerung gesehen, wie sie hier aus den niederen, rauchigen Häusern herausgrinst oder auf den engen staubigen Gassen der ärmsten Viertel herumliegt. Freilich ist das nur die Hefe des Volks, aber die Hefe umfasst drei Viertel des Ganzen."

Manchester, das Zentrum der britischen Baumwollindustrie, wird zu einem Sinnbild für Ausbeutung und die unmenschliche Seite der Industrialisierung. Das macht die Stadt zu einem Wallfahrtsort der europäischen Intelligenz, die hier ihr Klagelied anstimmt. Neben dem französischen Politiker Alexis de Tocqueville, der 300 000 Menschen unter einem dämmrigen Tageslicht „unaufhörlich bei der Arbeit" sieht, besucht auch ein junger Deutscher die Stadt. Er ist selbst der Sohn eines Fabrikbesitzers. Friedrich Engels schreibt anschließend über eine Begegnung, die ihm nicht mehr aus dem Kopf gehen will: „Einmal fuhr ich mit einem Bourgeois nach Manchester und redete mit ihm über die ungesunde Bauweise, die grauenvollen Lebensbedingungen in den Arbeitervierteln und äußerte, daß ich noch nie eine so schlecht gebaute Stadt gesehen hätte. Der Mann hörte mir gelassen zu, und an der Ecke, an der wir uns verabschiedeten, meinte er: ‚Und trotzdem wird hier eine Menge Geld verdient. Guten Morgen!'"

Die Zeit schafft ihre eigenen Widersprüche. Und ihre eigenen Karrierewege. Max Eyth und Gottlieb Daimler trennen lediglich zwei Jahre voneinander. Beide stammen aus einer Tüftlergeneration, in der kein ausgewiesener Trampelpfad von der Schulbank in einen Hörsaal und von dort in die Kaderschmiede eines Topunternehmens aus der Technologiebranche führt. Die meisten müssen ein klassisches Gesellenstück liefern, bevor ihre Meisterjahre anstehen. Max Eyth wird über diese Gründerjahre später in seinem Buch „Im Strom unserer Zeit" schreiben. Es habe noch keine „Ecksteine, Wegweiser und Warnungstafeln" gegeben, die ihm den Weg gewiesen hätten.

Viele junge Gesellen beginnen Anfang und Mitte des 19. Jahrhunderts in einer Schmiede – und nur Fleiß und Geist helfen ihnen dabei, ein mehr oder weniger unförmiges Werkstück in einen funktionierenden Apparat zu verwandeln. Die großen Lehrbücher werden erst noch geschrieben, standardisierte Verfahren sind weitgehend unbekannt. Max Eyth schreibt rückblickend über den Gesellen in der Frühzeit des Maschinenbaus: „Vielleicht stand er schon nachdenklich vor dem ersten, mit Löchern und Blasen geschmückten Gußstück der künftigen Maschine und überlegte sich, ob er es wegwerfen müsse oder von einem neuen Gesellen ausflicken lassen könnte. War der Geselle ein geschickter Bursche, so begann er zu bohren und zu meißeln, zu feilen und zu schaben, und wurde schließlich einer der großen Ingenieure."

Die DNA eines Querkopfs – Herbst 1861

Die neue Zeit hat das kleine Dorf Albeck im Nordosten von Ulm erreicht. Dort erwarten der Bauer und Gastwirt Servatius Bosch und seine Frau Maria Margaretha ihr elftes Kind. Die Frau ist bereits hochschwanger. So lastet in diesen Tagen noch mehr Verantwortung auf den Schultern von Servatius Bosch, der sich neben der Feldarbeit um das Gasthaus Krone kümmern muss. Das Wirtshaus liegt verkehrsgünstig an einer wichtigen Handelsstraße, die von Ulm nach Nürnberg führt. Es ist eine beliebte Raststätte für erschöpfte Durchreisende. Die

Krone ist aber weit mehr als nur ein Übernachtungsquartier, sie ist auch ein Umschlagplatz für Geschichten und Neuigkeiten aller Art. Hier wundern sich die Menschen zunächst über den Siegeszug der Telegraphie, und bald wird am Stammtisch auch von einem Gerät die Rede sein, das ein deutscher Physiker 1861 erfindet und in Anlehnung an die bereits bekannten Telegraphen als Telefon bezeichnet.

Bauern, Gastwirte und Biersieder prägen die Ahnenreihe der Boschs. Eine Generation baut auf den Fundamenten der anderen auf, wenig scheint diese Linie zu erschüttern. Bierbrauer folgt auf Bierbrauer – ähnlich wie bei den Daimlers: Bäcker auf Bäcker. Servatius Bosch entstammt einem Geschlecht, dessen Wurzeln sich bis ins Jahr 1522 zurückverfolgen lassen und das stets in einem räumlich eng beschränkten Umkreis in den Oberämtern Ulm, Geislingen und Heidenheim lebte.

An manchen Abenden macht im Dorf immer noch die Geschichte von der Guerilla-Aktion des Servatius Bosch die Runde, der einen Besenbinder aus dem Gefängnis befreite. Doch der Querkopf Servatius Bosch gibt nicht nur den Dorfrebell, im Alltag handelt er bauernschlau. Als einer der ersten Landwirte interessiert er sich für die künstliche Düngung. Wenn er sich davon lohnende Geschäfte verspricht, blickt Bosch auch über die Grenzen Ulms hinaus: In der Residenzstadt Stuttgart erschließt er sich einen weiteren Absatzmarkt, auf dem er sein „Ulmer Bier“ verkauft. Servatius Bosch ist Mitglied einer Freimaurerloge, er liest Zeitungen und besitzt eine Bibliothek mit sämtlichen deutschen Klassikern. Sie dienen ihm nicht nur zur Dekoration, er liest sie auch. Im Regal findet sich unter anderem eine 40-bändige Goethe-Ausgabe von Cotta. Servatius Bosch tritt als selbstbewusster Bürger auf – und nicht als Untertan. Er ist geschäftstüchtig, an Technik interessiert und politisch aktiv. Servatius Bosch führt ein Leben jenseits der ihn vermeintlich beschränkenden Standesgrenzen. Diesen freien Geist im Haus spüren auch seine Kinder, der Horizont ist weiter gesteckt, als bei anderen Bauernfamilien.

Lange kann es nicht mehr dauern, bis bei Maria Margaretha Bosch die Wehen einsetzen. Am Abend des 22. September 1861 ist in der Krone in Albeck viel vom bevorstehenden Schaf- und Viehmarkt in Ulm die Rede. Beim Bosch sitzen Gäste, in deren müden Gesichtern sich arbeitsreiche Tage spiegeln. Plötzlich wird der Feierabend erschüttert:

Um Viertel nach acht bebt die Erde für einige Sekunden. Am nächsten Tag wird dieses Erdbeben in der Zeitung als unerklärliche, beinahe mystische Erscheinung geschildert: Zuerst habe man an den dumpf polternden Fall eines sehr schweren Körpers gedacht, schreibt der Reporter. Diesem lauten Geräusch habe ein „Erzittern des Bodens" gefolgt. „Der Stoß schien von Nordosten her zu kommen; der Himmel war bedeckt, es fiel ein feiner Regen." Im ganzen Königreich Württemberg sei diese Erderschütterung bemerkt worden.

Am 23. September 1861 versuchen sich die meisten Ulmer noch einen Reim auf diese Urgewalt der Natur zu machen, aber in der Krone in Albeck rückt dieses Ereignis, das viele Menschen noch lange beschäftigen wird, in den Hintergrund: Maria Margaretha Bosch bringt einen Jungen zur Welt. Mit ihm wird für die Familie eine ungeschriebene Regel enden, die besagt, dass der Sohn eines Steinmetzes wieder Steinmetz wird. Die Eltern nennen ihren Jungen Robert. Robert Bosch. Von Gottlieb Daimler, der in diesen Tagen England bereist und dort alles aufsaugt, was der Maschinenbau an neuen Entwicklungen hervorbringt, trennen ihn 27 Jahre. Genau eine Generation. Viel später werden beide einander kennenlernen. Zu diesem Zeitpunkt wird sich Gottlieb Daimler als Erfinder und Fabrikant schon einen Namen gemacht haben und Robert Bosch noch ein ambitionierter Nobody sein. Dem Älteren wird es schwerfallen, die Leistungen des Jüngeren anzuerkennen. Der Jüngere wird glauben, dass ihn der Ältere deswegen hasst. Aber das alles ist noch Zukunftsmusik.

In der Tretmühle der Arbeit – 1861

Als sich in Albeck der kleine Robert Bosch durch seine ersten lauten Schreie auf der Welt bemerkbar macht, brütet der 27-jährige Gottlieb Daimler in Oldham darüber, wie er vorankommen könne. Endlich ist er in England, wo sich das große Schwungrad des Fortschritts dreht. Die Kathedralen der Hochtechnologie stehen in Manchester, neben den Fabriken rückt auch London wieder in den Mittelpunkt, wo nach dem Spektakel im Kristallpalast bald wieder eine Weltausstellung Besucher in ihren Bann ziehen wird. Wie frei könnte sich Gottlieb Daimler hier fühlen im Vergleich zu seiner Heimat! Keine Steuer, keine Strafe, keinen Krankenkassenzwang kenne man hier, schreibt er. Allein die Wirklichkeit ist kein Gedicht.

Gottlieb Daimler hockt nordwestlich von Manchester in einem Kaff, er arbeitet in einem von zwei Deutschen und einem Engländer geführten Unternehmen, das für ihn nicht mehr darstellt, als eine „Miniaturfabrik". Der Werktag vergeht unter stetem Feilen und Hämmern und viel weniger Geistesarbeit als erhofft. Man fabriziert Ventilatoren und Turbinen, aber der Beitrag des ehrgeizigen jungen Deutschen bleibt bescheiden. Auf Dauer kann er das nicht ertragen, die Ziele, die er sich gesteckt hat, liegen höher. Er will mindestens als Zeichner arbeiten und bitte schön bei einer Fabrik, von der man in seiner württembergischen Heimat schon etwas gehört hat. Oldham, das kennt doch kein Mensch. Solange er in der Provinz ausharren muss, jenseits der glanzvollen Namen der britischen Industrie, will er niemandem schreiben. Gottlieb Daimler schämt sich, man soll seine Briefe erst von Manchester erhalten, wenn er wirklich etwas zu erzählen habe von seinem Aufstieg fern der württembergischen Werkbänke.

Aber dann schreibt er doch. Der Brief geht an seinen Freund Wilhelm, den er bei seiner ersten beruflichen Auslandsstation kennengelernt hat – beide arbeiteten bei einer Lokomotivenfabrik im Elsass. „Teurer Freund!" Daimler schreibt, er wohne derzeit ganz allein bei einem englischen Gießer in Pension. Man behandle ihn dort nobel, und seit er mit dem Gießer und dessen Familie näher bekannt sei, gefalle es ihm immer besser. Allabendlich müsse er zu ihm und mit ihm auf Englisch plaudern. Die, nebenbei bemerkt, wunderhübsche Tochter seines Hauswirts, gebe ihm Stunden im Englischen. Er revanchiere sich bei ihr mit Deutschunterricht … Auch das Essen sei nicht unerfreulich: morgens Kaffee und Ei, mittags Beefsteak, Kartoffeln und Pudding. Abends stärke er sich mit Fisch oder erneut mit Eiern, dazu trinke er eine gute Tasse englischen Tees. Das Essen sei recht schmackhaft, vor allem der Pudding, und auch das Fleisch schmecke nicht wie von Napoleons altem Schimmel. Wilhelm erinnere sich bestimmt noch an das Pferdefleisch im Elsass.

Die Arbeit in Oldham ähnelt einer gut geölten Tretmühle. Der Werktag endet nach zehneinhalb Stunden Arbeit, auch samstags ist Gottlieb Daimler bis zum Mittag in der Werkstatt anzutreffen. Am Ende der Woche kommt er auf mehr als 58 Arbeitsstunden und erhält dafür einen Lohn, der ihm „kein Loch in den Beutel drückt“, weil er bescheiden ausfällt und davon die Kosten für Logis, Gas, Seife und seine Wäsche bestritten werden müssen.

Im August 1861 meldet sich Gottlieb Daimler bei seinem Onkel in Schorndorf, trübe Gedanken beschweren seit einiger Zeit seine Tage auf der britischen Insel: „Nur eines … wird mir wohl mein ganzes Leben hindurch im Weg sein: ich kann nämlich nicht lesen und studieren, so lange ich will, sondern sobald ich des Abends zu lange sitze oder mich nur ein wenig anstrengen will, so bekomme ich Schwindel. Das Blut steigt mir in den Kopf und trübt mir den Verstand, daß ich nicht mehr klar denken kann und ich muß es wider meinen Willen aufgeben. Schon einige Male wollte ich es durchaus forcieren, da bekam ich geradezu eine Ohnmacht und Herzklopfen und hatte eine schlaflose, schwermütige Nacht … Ich komme mir vor wie ein Vogel, dem die Flügel gegeben sind, der sie aber nicht gebrauchen kann, weil sie ihm gebunden sind.“ Bereits in jungen Jahren leidet Gottlieb Daimler unter Herzproblemen. Mit der Krankheit wird er leben müssen.

Immerhin: Die Arbeitszeit in der Fabrik ist für Gottlieb Daimler dennoch eine Erleichterung im Vergleich zu der gewaltigen Plackerei in Frankreich. Es sei ihm in Oldham zehnmal lieber als im Elsass, notiert er, man ackere „nur zehneinhalb Stunden“, man sei hier doch Mensch. Die englischen Arbeiter seien ordentliche Leute. Und wenn sie noch so grob aussähen, so seien sie ganz anders, wenn man sich mit ihnen unterhalte. Ein echtes Wochenende gebe es auch. Wenn erst der herrliche Samstagmittag komme, heiße es: „Ledig aller Pflicht hört der Bursch halb ein Uhr schlagen, muss sein schweres Geld heimtragen und dann nach Manchester fahren.“

Manchester. Dort hört man überall die Musik der Maschinen, dort will der Ingenieur aus Württemberg im Fortschrittsorchester die erste Geige spielen. Aber die Zeit ist noch nicht reif, zunächst muss er sich mit einem Wochenendausflug begnügen. Großstadtluft, Freiheitsduft – Gottlieb Daimler kostet schon im Zug nach Manchester davon, wie es sich anfühlt, jung zu sein und frei von allen Erwartungen, die er auch selbst an sich stellt. Der Wagen, in dem er seinen Platz sucht, ist überfüllt, bald sitzt er in einem „Hühnerstall“ in Gesellschaft junger Engländer. Noch holpert sein Englisch, aber als Feldflaschen, Wein und Schinken im Abteil die Runde machen und man den Ausländer auffordert, alles mit zu vertilgen, löst sich seine Zunge. Je näher die Gesellschaft der Großstadt kommt, desto mehr entfaltet der Alkohol seine Wirkung. Das Abteil singt nun „wie die Lerchen“, jetzt stimmt auch Gottlieb Daimler in „Rule, Britannia!“ ein. Das Grölen dringt immer noch durch den Wagen, als der Zug unter Scheppern und Quietschen die Vororte Manchesters erreicht.

Anderntags ist er wieder nüchtern. Rasch kreisen Daimlers Gedanken darum, wie es für ihn weitergehen soll. Zweifel nagen an ihm. Selbst wenn er dank seiner Empfehlungen eine Anstellung bei einer der großen Fabriken finden würde, erwarteten ihn dort keine goldenen Tage. Als Zeichner nähme man ihn wohl nicht, folglich müsste er irgendeinem alten Arbeiter als Gehilfe zur Hand gehen. Aus der Ferne hatte England für ihn wie ein einziges großes Versprechen auf eine glanzvolle Karriere ausgesehen. Das Land der Verheißung. Nun jedoch rumort die Ungeduld in ihm, weil es nicht vorangeht. Immerhin läuft es außerhalb der Fabrik besser. Das englische Lagerbier kuriert seinen grimmigen Durst. Auch sein Holperenglisch macht Fortschritte: eine wunderhübsche Tochter – *a wonderful daughter*.

Oldham darf auf keinen Fall seine Endstation werden. Im Herbst 1861 setzt Gottlieb Daimler seine Hoffnungen auf sein deutsches Netzwerk in England. Ein Landsmann soll ihm helfen. Während sich halb Oldham bei einem Dorffest besäuft, fährt Gottlieb Daimler nach Liverpool, um die Chancen auf einen Jobwechsel auszuloten. Sein Bekannter arbeitet als Ingenieur in einer Führungsposition. Er soll ihm raten, was zu tun sei. Schon das Werk an der englischen Westküste beeindruckt Gottlieb Daimler: Er sieht Dampfmaschinen, Kessel, Mühlen, Brückenteile und einen kolossalen Gasometer, der nach Brasilien geliefert werden soll. Das hat Niveau, das ist Weltspitze – was Gottlieb Daimler am Liverpooler Hafen sieht, passt weitaus besser zu seinem Selbstverständnis und seinen ehrgeizigen Plänen. Hier lernt er wieder das Staunen, er muss seinem Freund Wilhelm unbedingt davon berichten: Die Schiffe in den Docks bildeten mit ihren Masten einen Wald, der sich eine ganze Stunde lange hinziehe. So etwas habe er in seinem ganzen Leben noch nie gesehen.

Am meisten aber beeindruckt Gottlieb Daimler ein Schiff im Hafen, das mit keinem anderen vergleichbar ist. Die *Great Eastern* ist das größte Schiff der Welt. Gegen sie nehmen sich für Gottlieb Daimler alle anderen Schiffe aus wie winzige Davids neben dem Riesen Goliath. Das muss er von Nahem sehen, wenn ihm schon die Zeit fehlt, an Bord zu gehen. Gottlieb Daimler zahlt sechs Pence, besteigt ein Dampfboot und umrundet die *Great Eastern*. Viele Menschen sehen in dem Schiff ein modernes Weltwunder, einen schwimmenden Koloss, der von magischen Kräften über das Meer bewegt wird. Gottlieb Daimler jedoch sieht in der *Great Eastern* lediglich ein Beispiel dafür, was der menschliche Geist auf dem Feld der Technik erreichen kann.

Oldham wirkt auf ihn nun noch rückständiger und enger. Als ihn dort der Meister, „ein altes englisches Vieh", eines Morgens wegen einer halbstündigen Verspätung wieder heimschicken will, fasst Daimler einen Entschluss. Er geht für immer. Das Glück sei ihm derzeit nicht gewogen, berichtet er in die Heimat, aber deshalb lasse er den Mut nicht sinken. Sei es nicht in Wahrheit so, dass das Glück einem Werkstück ähnle, an dem man ein ganzes Leben lang feilen und um das man kämpfen müsse? Am Ende werde doch auch ihm einmal die Sonne scheinen und er werde sie dann umso freudiger aufnehmen, wenn sie sich so lange hinter dicken Wolken verborgen habe.

Nach diesem Kurzausflug in die Philosophie wird es Zeit für eine Luftveränderung. Gottlieb Daimler lässt Oldham hinter sich. Ein Empfehlungsschreiben seines Landsmanns aus Liverpool führt ihn im Herbst 1861 in die Lokomotivwerkstätten von Beyer, Peacock & Co. Hier, unweit von Manchester, brummt das Geschäft. Als Gottlieb Daimler seine Arbeit aufnimmt, sind eben aus Spanien, Schweden und Australien Bestellungen für Lokomotiven eingegangen. Gottlieb Daimler selbst scheint es, als habe ihn der Wind gen Manchester geweht. Tatsächlich hat er selbst dabei kräftig geblasen, er lässt sich ungern treiben. Schritt für Schritt baut Gottlieb Daimler nun sein Netzwerk weiter aus und entwickelt in seiner Karriere eine Doppelstrategie: Er wird seine Talente zunächst in den Dienst anderer Menschen stellen –

gleichzeitig wird er sich die Talente anderer zunutze machen, um seine eigenen Pläne zu verwirklichen. Der Weg zum Erfolg wird jedoch kein Sprint, er ähnelt einem Marathonlauf. Wer ins Ziel kommen will, muss Schwächephasen überstehen.

Manchmal ist es zum Haareraufen. Im neuen Job läuft es genauso beschwerlich wie im alten. Gottlieb Daimler würzt die an seinen Freund Wilhelm adressierte Klageschrift mit Selbstironie: Er arbeite hier weder als Konstrukteur noch als Ingenieur, es sei ihm geradewegs so widerfahren, wie er es vorher bereits geahnt habe. Er sei nur der Gehilfe eines älteren Arbeiters, dem er seine Messingpumpen und Sicherheitsventilhebel ausfeile und poliere. Der Mann, der dick sei wie eine Nürnberger Magistratsperson, besitze durchaus seine Achtung. Bei der Arbeit zeichne sein Kollege mit der „Gemütsruhe eines Backofens" jene Löcher an, die er, Daimler, dann bohren müsse. Offensichtlich traue man ihm diese Zeichenarbeit noch nicht zu. Im Übrigen habe er jedoch den Eindruck, dass seine Wertschätzung für den Dicken von diesem erwidert werde. Ab und an klopfe ihm der Alte auf die Schultern und brumme: *„You are a very nice man!"*

Von solchen Komplimenten kann sich Gottlieb Daimler nichts kaufen. Deshalb träumt er sich an öden Arbeitstagen, die nicht enden wollen, wieder fort. In seinen Tagträumen arbeitet er als Chefmonteur oder im Zeichenbüro des Unternehmens. Solange dies jedoch nicht mehr als ein Wunschtraum ist, untersagt er sich mit einer Disziplin, die er zeitlebens unbarmherzig von sich selbst und von anderen fordern wird, jede Nachlässigkeit bei der Arbeit. Er steht von früh bis spät am Schraubstock, der Dicke soll ihn als guten Arbeiter schätzen lernen. Wenn ihm die Geduld auszugehen drohe, schreibt er an Wilhelm, dann beginne er das Wort „Beharrlichkeit" zu buchstabieren. An manchen Tagen jedoch fragt sich Gottlieb Daimler, ob er angesichts der Eintönigkeit seiner Arbeit bald dumpf und stumpfsinnig würde oder dies womöglich schon sei? Aber alles Jammern hilft ihm nichts: In England braucht man Sitzleder, um sich durchzusetzen.

Das besitzt Gottlieb Daimler. Notfalls auch nachts. Doch wenn er lange aufbleibt, beginnt das Gerede. Was der Deutsche wohl in seiner Kammer treibt? Ob er womöglich das tagsüber in der Fabrik Gesehene nachts zu Papier bringt und die Baupläne der Maschinen England per Post verlassen, um irgendwo in Württemberg wieder entrollt zu werden?

Als Gottlieb Daimler der Klatsch zu Ohren kommt, der besonders von seinen Vermietern in Umlauf gebracht wird, besinnt er sich auf eine List. Auf seinem Schreibtisch lässt er absichtsvoll begonnene Briefe liegen, die mit der Anrede *„My dear lady"* beginnen und von seinen Vermietern nicht übersehen werden können. Als er Besuch aus seiner Heimat bekommt, bleibt er abends lange in der Stadt, nicht ohne vorher beim Friseur die Haare machen zu lassen. Jetzt ist man sich im Haus sicher: Herr Daimler sei kein Industriespion, er sei vielmehr verliebt, er müsse irgendwo ein *sweetheart* haben. Dies wiederum ärgert niemanden mehr, als die Tochter seines neuen Vermieters. Diese, schreibt der junge Ingenieur im Vertrauen, mache jedes Mal, wenn sie allein mit ihm sei, ein Gesicht, als ob sie ihm gerade in die Arme fallen wolle.

Richard Wagner auf der Flucht – Frühjahr 1864

Die Gerüchte haben nicht nur am Hof die Runde gemacht. Über das Privatleben des württembergischen Königs Wilhelm I. haben die Menschen an derben Holztischen in Tavernen ebenso derbe Witze gerissen. Zoten am Stammtisch. Seine verstorbene Frau Katharina litt zeitlebens unter den Affären ihres Mannes. Sie hatte den württembergischen Thronfolger in St. Petersburg geheiratet, als der junge Mann auch politisch eine vielversprechende Partie war. In Stuttgart jedoch entpuppte sich Wilhelm nicht nur als ein König, der sich offen für wirtschaftliche Reformen und den technischen Wandel zeigte – auch seine „Privatausflüge" bewiesen seine Aufgeschlossenheit, vor allem gegenüber der Damenwelt. So pflegte Wilhelm I. nähere Bekanntschaften mit einer Frau aus einem alten Genueser Adelsgeschlecht, auch eine Sängerin und die populäre Hofschauspielerin Amalie von Stubenrauch sollen Techtelmechtel mit dem König gehabt haben.

Doch all diese Liebeleien sind im Frühjahr 1864 nur noch Teil der Erinnerungen eines müden alten Mannes. Erneut kursieren Gerüchte am württembergischen Hof, diesmal haben sie jedoch nichts mit Frauengeschichten zu tun, sondern mit der Gesundheit Wilhelms I. Es steht ernst um den 83-Jährigen.

Am 8. März 1864 untersucht ein Arzt den Monarchen. Anschließend informiert er die Residenz, er müsse sie von einem besorgniserregenden Zustand des Königs in Kenntnis setzen. Die Botschaft in dieser Nachricht ist kaum mehr verhüllt: Wilhelm I. hat nicht mehr lange zu leben. Sein Geburtstagsfest im vergangenen Herbst wird wohl sein letztes gewesen sein. Vor einem halben Jahr hatte man noch einmal den königlichen Glanz für alle seine Untertanen sichtbar werden lassen: Über dem Schloss Rosenstein waren am Jubeltag Raketen in den Nachthimmel aufgestiegen. Das Kunstfeuerwerk war eigens aus Paris angefordert worden, es hatte 6000 Francs gekostet. Auch das abendliche Diner für geladene Gäste ließ keine Wünsche offen. Doch nun bereitet sich das Königshaus auf einen Wechsel an seiner Spitze vor: Wilhelms Sohn Karl steht bereit.

Dramen aller Art sind die Spezialität eines 50-jährigen Mannes, der in den späten Apriltagen des Jahres 1864 in Stuttgart eintrifft und im vornehmsten Hotel der Stadt absteigt. Drunter macht er es nicht, er ist schließlich wer, einer der Größten seiner Zunft. Er hat bereits den „Fliegenden Holländer“ auf die Bühnen gebracht, den „Tannhäuser“ und den „Lohengrin“. Doch was Richard Wagner in diesem Frühling nach Stuttgart treibt, sind weniger die großen Tragödienstoffe für die Bühnen, es ist sein persönliches Drama. Der Komponist flüchtet in die württembergische Provinz, weil er finanziell am Ende ist. Wagner ist furchtbar klamm, die Steuerfahndung und seine Gläubiger sitzen ihm im Nacken, zuletzt hatte sich eine Konzertreise mit Stationen in St. Petersburg, Moskau, Budapest und Prag zwar künstlerisch als durchaus befriedigend erwiesen – wirtschaftlich half sie Wagner jedoch nicht aus dem Schlamassel heraus. Er steckt derart tief im Schuldensumpf, dass er seiner geliebten Cosima düstere Zeilen schreibt: „Ich fühle bestimmt, dass es nun bald vorbei sein wird. Noch eine traurige letzte Mühe, und es ist überstanden.“

Nun sitzt Richard Wagner also im zentral gelegenen Hotel Marquardt, wo seit jeher die Prominenz absteigt. Hier speist der König, hier steigt Otto von Bismarck zweimal ab. Eine weit über die Grenzen der Stadt hinaus bekannte Opernsängerin namens Henriette Sontag erfährt im Marquardt von ihrem Publikum eine ganz besondere Würdigung: Nach einem Auftritt spannen ihr Verehrer vor der Oper die Pferde ihrer Kutsche aus, um diese selbst im Triumphzug über den Schlossplatz bis vor das Nobelhotel zu ziehen. An solche Ehrerbietungen verschwendet der in der Patsche sitzende Richard Wagner vermutlich wenige Gedanken. Er brütet schwer – nicht nur über dem ersten Akt der „Meistersinger von Nürnberg", die gerade entstehen. In Stuttgart will er nebenbei mit dem dortigen Kapellmeister über die Uraufführung seiner jüngsten Oper verhandeln: „Tristan und Isolde". Aber wäre sein Werk in Stuttgart überhaupt in guten Händen? Abends hört Wagner in der Oper Mozarts „Don Giovanni", um anschließend einer Freundin brieflich seine Eindrücke zu schildern: „Eine Opernvorstellung, der ich gestern seit langem zum ersten Mal wieder beiwohnte, hat mich tödlich verstimmt."

Wenn Richard Wagner in den frühen Maitagen 1864 aus dem Fenster schaut, sieht er das Frühlingserwachen. Doch in ihm sieht es düster aus. Als er von einem befreundeten Komponisten in Stuttgart besucht wird, vertraut er diesem seine Gemütslage an: „Ich bin am Ende – ich kann nicht weiter. Ich muss irgendwo von der Welt verschwinden." Von dieser lebensmüden Stimmung umwölkt, kündigt sich am Abend des 3. Mai weiterer Besuch bei Richard Wagner an – diesmal unangemeldet. Es kann nur das Verderben sein, das bei ihm so spät an die Zimmertür klopft. Richard Wagner ist kurz davor, die Nerven zu verlieren, er sieht sich schon halb im Schuldturm, verschanzt sich in seinem Zimmer hinter Ausflüchten und lässt den Herrn, der ihn in seinem Exil stört, wissen, er wolle ihn erst anderntags sehen.

In der Früh stellt sich heraus, dass Richard Wagner nicht von einem Gläubiger verfolgt worden ist, sondern von seinen Ängsten. Ihm stellt sich ein Baron vor, der ihn im Auftrag des jungen bayerischen Königs Ludwig II. in Stuttgart aufgespürt hat. Wagner möge ihn nach München begleiten, der König wünsche, ihn um sich zu haben, er verehre ihn sehr. Geld solle fortan nicht mehr Wagners Problem sein. Auf diese wundersame Weise von seinen größten Sorgen befreit, sieht der Komponist keinen Grund mehr, länger in der Stadt auszuharren. Ein letztes Mal fehlt es ihm an den notwendigen Mitteln, als er die Hotelrechnung begleichen muss. Richard Wagner bezahlt mit einer wertvollen Schmuckdose, die ihm auf seiner Konzertreise in Russland geschenkt wurde. Dann entschwindet er in Begleitung des Barons nach München. Ludwig II., aus dessen Spendierhosen sich Richard Wagner künftig kräftig bedienen wird, ist erst seit wenigen Wochen König von Bayern, er hat den Thron nach dem Tod seines Vaters Maximilian im März übernommen. Die Aufgabe, vor der Wagners Mäzen mitten im wirtschaftlichen und gesellschaftlichen Wandel steht, ist gewaltig. Er muss sie im Alter von 18 Jahren schultern.

Auch in Württemberg wird es ernst für den Kronprinzen. Als König Wilhelm I. Ende Juni von seinem Arzt erfährt, dass keine Hoffnung mehr auf eine Genesung bestünde, diktiert er einen Satz, der der Nachwelt erhalten bleiben soll: „Es tut weh, von einem so schönen Lande scheiden zu müssen." Am 25. Juni 1864 stirbt der württembergische König ausgerechnet auf Schloss Rosenstein. Zeitlebens, so sagt es die Legende, soll er diesen Ort gemieden haben, weil ihm einst eine Zigeunerin prophezeit hatte, er werde dort sterben. Noch am selben Tag übernimmt sein Sohn Karl die Amtsgeschäfte. Doch ein letztes Mal führt der Vater nach seinem Tod wie mit unsichtbarer Hand Regie: In einer Verfügung hatte Wilhelm I. seine eigene Beerdigung geregelt. Seite an Seite will er neben seiner früh verstorbenen Frau Katharina in einer Gruft beerdigt werden. Sein Wunsch ist auch eine letzte Ehrerweisung gegenüber der im Volk beliebten Katharina, die ungeachtet der außerehelichen Ausflüge ihres Mannes ihre offizielle Rolle am Hof perfekt gespielt hatte. Die Zarentochter hatte mit ihrem sozialen Engagement den Wandel Württembergs vom Agrar- zum Industrieland begleitet. Sie rief Suppenküchen und Speiseanstalten ins Leben, eröffnete Schulen mit modernen Lehrplänen und gründete die erste württembergische Sparkasse. Wilhelm I. hat Württemberg für die Neuerungen des Industriezeitalters geöffnet – aber ohne das soziale Engagement seiner Frau Katharina wären viele Menschen im modernen Großstadtgetriebe vom Elend empfangen worden.

In der Nacht des 30. September 1864 wird das durch den Tod früh getrennte Paar wieder vereint. In der Dunkelheit bricht ein kleiner Leichenzug mit dem Sarg des Königs auf. Sein Ziel ist der Hausberg des Adelsgeschlechts: der Württemberg. Wie eine federleichte Krone wächst der Rundbau der Grabkapelle aus den Weinbergen empor. Nichts an dem klassizistischen Bau wirkt gekünstelt oder überladen. Fein zeichnet sich das Kreuz auf seiner Spitze gegen den Nachthimmel ab, mit den ersten Strahlen der Morgensonne wird es sichtbar. In diesem Moment, so hat es der König verfügt, erreicht der Leichenzug die Grabkapelle. Über deren Eingang prangt in goldenen Buchstaben ein Bibelspruch, der das Verhältnis von Wilhelm und Katharina noch lange nach deren Tod verklären wird: „Und die Liebe höret nimmer auf". Trotz allem.

Wie die Kindheit riecht – Sommer 1864

Zu Robert Boschs frühesten Erinnerungen gehört unauslöschlich ein Todesfall, der sich in der Familie ereignet. Robert Bosch ist noch keine drei Jahre alt, als im Sommer 1864 sein 24 Jahre alter Bruder Johann Georg an einer Lungenentzündung erkrankt, die seinen Körper derart schwächt, dass jede ärztliche Hilfe zu spät kommt. Alles Hoffen ist vergebens, wie bei vielen schwer erkrankten Patienten in dieser Zeit. Als der Tag der Beerdigung seines Bruders kommt, will Robert auf keinen Fall mitgehen, er habe Kopfweh, er könne nicht. Es ist ein heller sonniger Tag, der Junge steht in einem Zimmer, dessen Fenster und Türen offen stehen, er weint.

Der Tod kommt und geht, wie und wann er will, diese Erfahrung machen viele Familien. Wer mit einem schweren Leiden einen Arzt aufsucht, muss damit rechnen, dass die Ärzte nichts mehr für ihn tun können. Nach größeren Operationen sterben viele Patienten, weil keine antiseptischen Verbände verwendet werden, die Qualifikation vieler Mediziner ist fragwürdig. Auch wer geheilt ist, bleibt mitunter für immer gezeichnet. So sieht Robert Bosch in seinen jungen Jahren auf den Straßen Menschen, auf denen „der Teufel Erbsen gedroschen“ hat – die Gesichter sind von Pockennarben übersät. Noch im zweiten Drittel des 19. Jahrhunderts helfen nur wenige Therapien den Menschen so umfassend, dass sie sich ohne Spätfolgen dauerhaft von ihren Krankheiten erholen. Die Skepsis vieler Menschen mündet in medizinkritischen Bewegungen, die die Wirksamkeit und den Nutzen der Schulmedizin grundsätzlich anzweifeln.

Der Tod hat unterschiedliche Spielarten. Robert Bosch ist noch immer ein kleiner Junge, als sich an einem Wintertag ein bedrohlich großer Vogel im Hof des Elternhauses aus einer Schar von Sperlingen einen herausgreift. Robert sieht es mit Kinderaugen und vergisst es nie. Die vermeintliche Brutalität des Vorfalls irritiert ihn so sehr, dass er sich an seinen nächstälteren Bruder Albert wendet: „Gelt, die Menschen sind doch auch Tiere?“ Robert ist empfindsam, schon als Kind.

Aber die Familie wärmt ihn. Die Eltern sind aufeinander eingespielt. Die Kinder, die seine Mutter auf die Welt bringt, halten sie nur so lange von der Arbeit ab, wie es unbedingt notwendig ist. Im Alter von 18 Jahren bekommt Maria Margaretha Bosch ihr erstes Kind, einen Jungen. Dreißig Jahre später bringt sie ein Mädchen auf die Welt, ihr zwölftes und letztes Kind. Melancholie und Wehmut werden sich in Robert Boschs Erinnerungen weben, wenn er später an die ersten Jahre seines Lebens zurückdenkt. Dann sieht er seinen Vater noch einmal vor sich, der Socken aus weißer Naturwolle trägt, die die Mutter selbst gesponnen hat. Schlaglichtartig erinnert er sich an einzelne Momente. Eines Tages bringt sein Vater eine von Hand zu betreibende Nähmaschine mit nach Hause. Das Gerät ist zweifellos amerikanischen Ursprungs. Was der staunende Junge vor sich sieht, ist der frühe Vorbote einer globalen Exportwirtschaft. Wenn Mitte des 19. Jahrhunderts ein neuer Apparat im Haushalt auftaucht, bleibt das den Menschen lange im Gedächtnis, sie haben sich noch nicht daran gewöhnt. So wird die Nähmaschine zu einer kleinen Sensation im Familienleben.

Im Alltag des jungen Robert Bosch spielt die Technik keine große Rolle. Seine Kindheit auf dem Land riecht nach dem Schweiß der Pferde und der Menschen, die während der Ernte das Heu einbringen. Manchmal sitzt Robert selbst auf einem der Pferde, die jene Wagen ziehen, auf die die Garben hinaufgeschleudert werden. Besonders lebhaft bleiben ihm später jene Tage in Erinnerung, an denen ihn der Vater zur Jagd mitnimmt, er selbst das Wild beobachtet und seinem Vater lauscht. Der erzählt seinem Sohn von Menschen und Tieren auf der Alb und davon, wie in der Natur alles miteinander zusammenhängt. Diese Erlebnisse prägen den Jungen, in der Natur spürt sich Robert Bosch selbst. Je älter er wird, desto wichtiger wird ihm der zeitlich begrenzte Rückzug aus der Stadt.

An den Händen seines Vaters hat die Arbeit Spuren hinterlassen. Servatius Bosch bewirtschaftet rund 100 Hektar Ackerland, zudem besitzt er 50 Morgen Wald, 25 Stück Großvieh und ein halbes Dutzend Pferde. In seiner Freizeit kümmert sich Servatius Bosch um ein Bienenvolk, aber viel freie Zeit hat niemand in der Familie, auch die Mutter nicht. Sie gießt Talglichter und putzt das Zinngeschirr, das auf den Tischen steht, wenn in der Krone wieder eine große Bauernhochzeit gefeiert wird. Dann muss alles Zinn glänzen, von der Suppenschüssel bis zum letzten Teller – Porzellan findet sich noch in kaum einem Haushalt auf dem Land. Robert Boschs Mutter schultert eine Doppelbelastung: Die Arbeit in der Krone fordert sie genauso wie die vielen Bedürfnisse einer Großfamilie. Nachts steht sie zu jeder Uhrzeit auf, wenn hungrige Fuhrleute an die Tür der Krone klopfen. Wenn ihre Kinder krank sind, vertraut sie auf Familienmittel: Als ein Husten Robert so sehr plagt, dass weder er noch seine Eltern schlafen können, steht seine Mutter in der Küche und macht Malzbonbons. Selbstverständlich weiß sie, wie das geht.

Die Rollen in der Familie sind klar verteilt. Doch Servatius Bosch regiert zu Hause nicht wie ein Familienpatriarch, der nur seine eigene Meinung gelten lässt und außerhalb seiner Familie die Ellenbogen ausfährt. Robert Bosch erlebt, wie Mittellose in das Gasthaus Krone kommen, es aber, ohne zu zahlen, wieder satt verlassen. Er wird es sein Leben lang nur schwer ertragen, wenn Menschen Hunger leiden. Seine Eltern versuchen, ihren Kindern trotz der harten Arbeit gerecht zu werden. Angesichts der Vielzahl der Jungen und Mädchen fällt das manchmal schwer. Eines Tages stürzt Robert beim Spielen in den Brunnentrog. Als er aus diesem befreit wird, findet seine Verteidigung, er sei gestoßen worden, keinen Glauben. Zur Strafe muss er den Tag über ins Bett.

Zärtlichkeiten werden in der Familie nicht zur Schau gestellt. Robert Bosch wird sich später nicht daran erinnern können, dass ihn der Vater jemals küsste, bei der Mutter mag es vielleicht zweimal vorgekommen sein, auch bei den Schwestern war es selten. Der Vater, so glaubt sein Sohn, mag dieses Verhalten auch zum Selbstschutz genommen haben, weil er weichherzig war, aber dies vor allen verbergen wollte. So sieht der junge Robert, wie sein Vater jede Gelegenheit gezielt umgeht, die ihn berühren könnte.

Daimler heiratet, Maybach bändelt an – Spätherbst 1867

In der Maschinenfabrik des Reutlinger Bruderhauses beginnt eine komplizierte Männerfreundschaft. Hier lernen sich Gottlieb Daimler und Wilhelm Maybach kennen, und von Anfang an bilden die beiden ein ungleiches Gespann. Gottlieb Daimler ist Anfang 30, hinter ihm liegen Lehr- und Wanderjahre in Frankreich und England, von wo er 1862 nach Deutschland zurückgekehrt war. In Reutlingen steigt er als Konstrukteur und Werkstätteninspektor nun erstmals in die mittlere Führungsschicht eines Unternehmens auf. Daimler hat genaue Vorstellungen davon, was er will. Reutlingen soll für ihn nur eine Durchgangsstation bleiben, die Werkstätten des Bruderhauses stehen nicht an der Spitze des Fortschritts, wie Daimler einem Freund schreibt: „Wir machen Turbinen, Mühleneinrichtungen und Transmissionen … unser Geschäft ist in einem verwahrlosten Zustande, aus dem herauszubringen ich helfen soll."

Gottlieb Daimler ist eine markante Erscheinung. Er trägt die Haare lang über der Stirn zur Seite gescheitelt, über seiner Lippe steht ein Schnurrbart, der sich bald zu einem Vollbart auswachsen wird. Gottlieb Daimler ist in jungen Jahren weit gereist und viel herumgekommen. Eindrucksvoll muss der Horizont dieses Mannes auf den gerade 19-jährigen Wilhelm Maybach wirken, der nach dem Tod seiner Eltern vom Menschenfreund Gustav Werner aufgenommen wurde. Maybach

Ein Charakterkopf: Gottlieb Daimlers Karriere gewinnt früh an Schwung. Der junge Ingenieur tritt selbstbewusst auf.

kennt das Elend, kennt jetzt Reutlingen, den Schwarzwald und vor allem die harte Arbeit, die ihn in seinen fünf Lehrjahren begleitet. Das Auftreten des polyglotten Gottlieb Daimler beeindruckt Wilhelm Maybach: wie sicher der Ältere seine Ziele formuliert, wie selbstbewusst er sich gibt!

Von Anfang an steht fest, wer von den beiden zum anderen aufschaut, wer in diesem Tandem den Ton angibt und die Führungsrolle für sich beansprucht. Gottlieb Daimler wird den Jüngeren nicht mehr aus den Augen verlieren, womöglich entdeckt er in ihm eigene Begabungen wieder: wie geschickt sich Wilhelm Maybach am Zeichenbrett die Welt der Technik erschließt! Wie wendig sein Verstand ist, mit dessen Kraft er sich Apparate dreidimensional vorstellt, um sie dann fehlerfrei zu Papier zu bringen! In Wilhelm Maybach erkennt Gottlieb Daimler ein technisches Ausnahmetalent, das ihm helfen könnte, seine eigenen hochfliegenden Ambitionen zu verwirklichen.

Im Sommer 1867 öffnet sich für Gottlieb Daimler einmal mehr die Tür zur großen weiten Welt. Als Beauftragter der Königlich Württembergischen Regierung reist er auf die Weltausstellung nach Paris. Schon seit Jahren treibt ihn eine Frage um, auf die er unbedingt eine Antwort finden will: Wie sieht der Motor der Zukunft aus? Gottlieb Daimler erinnert sich an eine frühere Reise nach Paris – sie liegt sieben Jahre zurück. Damals sah er an der Seine den vermeintlichen Wundermotor des Belgiers Lenoir, dem er selbst jedoch skeptisch gegenüberstand. Dieser Gasmotor war in seinen Augen höchstens ein Anfang, aber kein Durchbruch. Auf der Pariser Weltausstellung sieht Daimler nun die Weiterentwicklungen des Gasmotors. Neben etlichen französischen Konstrukteuren erhalten auch zwei Deutsche für ihre ausgestellten Gasmaschinen eine Goldmedaille: der Selfmadetechniker Nikolaus August Otto und Eugen Langen. Noch weiß Gottlieb Daimler nicht, dass beide in seinem Leben einmal eine entscheidende Rolle spielen werden.

Gottlieb Daimler ist nun 33 Jahre alt und damit in einem Alter, in dem sich einige seiner Zeitgenossen vielleicht fragen, ob mit dem Mann etwas nicht stimme, weil er immer noch ledig ist. Die Diskussion können sie sich sparen: Gottlieb Daimler führt die Apothekertochter Emma Pauline Kurtz vor den Traualtar. Emma, neun Jahre jünger als ihr Mann, stammt aus dem Klosterstädtchen Maulbronn, wo im Spätherbst 1867 die Hochzeit stattfindet. Am 9. November läuten die Hochzeitsglocken. Zur Feier versammeln sich alle Familienmitglieder. Gottlieb Daimlers Mutter ist vor drei Jahren gestorben, aber sein Vater reist mit seinen Söhnen Johannes, Karl Wilhelm und Christian Albert an – zwei der drei Brüder arbeiten in der Backstube des Vaters. Nur Albert hat, genau wie Gottlieb selbst, den Weg in einen technischen Beruf eingeschlagen. Er arbeitet als Geometer. Emmas Eltern leben beide noch, aber zwei von drei Geschwistern der Braut sind jung gestorben. Der Tod reißt in viele Großfamilien früh Lücken.

Eine Hochzeit ist auch eine Glaubensfrage. Braut und Bräutigam sind evangelisch, doch in Maulbronn heiraten sie unweit von einer der stolzesten Klosteranlagen nördlich der Alpen: Die Geschichte des Zisterzienserklosters Maulbronn geht auf das Jahr 1138 zurück. Der Bau, in dem Emmas Vater Friedrich die Klosterapotheke betreibt, ist nur unwesentlich jünger. In dieser Klosterapotheke ist Emma Kurtz im Jahr 1843 als erstes von vier Kindern des Apothekers auf die Welt gekommen. Nach der Hochzeit wird sie von dieser überschaubaren Welt Abschied nehmen müssen – dem ehrgeizigen Ingenieur Gottlieb Daimler, der mehrere Sprachen spricht und vorwärtskommen will, bieten sich in diesem Umfeld keine Perspektiven. In der Ehe stehen die Spielregeln von vornherein fest: Emma wird ihrem Gottlieb Kinder schenken, so Gott will, und sie wird ihn begleiten, egal wohin, und wenn es in eine Welt ist, die sie bisher höchstens vom Hörensagen kennt und aus den Gesprächen mit ihrem Mann.

Eine Hochzeit ist auch eine Kontaktbörse. In Maulbronn lernt Gottlieb Daimler aus der weitläufigen Familie seiner Braut einen Mann kennen, der in Tübingen als Bibliothekar arbeitet. Man unterhält sich, man schätzt einander und bleibt in Kontakt. Das zahlt sich aus: Später wird Gottlieb Daimler über den Bibliothekar einen anderen Verwandten kennenlernen – den in Stuttgart lebenden Glockengießer und Feuerspritzenfabrikanten Heinrich Kurtz. Eine Glocke zu gießen, verlangt Präzisionsarbeit im Dienste des Herrn. Daran wird sich Gottlieb Daimler erinnern, wenn er eines Tages einen Spezialisten benötigen wird, der ein ungewöhnliches Werkstück anfertigt. Gottlieb Daimler wird bei Heinrich Kurtz keine Glocke in Auftrag geben, sondern einen Motor.

Doch davon ist bei den Tischgesprächen auf Gottlieb Daimlers Hochzeit noch nicht die Rede. Womöglich liefert der Hochadel der Festgesellschaft Gesprächsstoff: Vor einer Woche hat Kaiser Franz Joseph von Österreich die Residenzstadt Stuttgart besucht, die in diesem Jahr etliche illustre Gäste empfangen hat. Im Juni machte Zar Alexander II. der königlichen Familie in Stuttgart seine Aufwartung. Wenig später wurde Kaiser Napoleon III. am Stuttgarter Bahnhof „von einer betörten Schar lebhaft begrüßt“. Sein Zwischenstopp in Stuttgart hatte sich herumgesprochen. Niemand wundert sich mehr, dass die Majestäten per Eisenbahn anreisen. Zugfahrten gehören inzwischen zum Alltag, und auf Komfort müssen die gekrönten Häupter in ihren eigens angefertigten Luxusabteilen auch nicht verzichten.

Noch liefert der Adel mehr als nur Klatschgeschichten. Von ihm geht Macht aus, die jedoch nicht mehr unerschütterlich ist. Das Blutbad der

Französischen Revolution von 1789 ist den europäischen Monarchen noch in schlechter Erinnerung, das parlamentarische Zwischenspiel in der Frankfurter Paulskirche 1848 liegt keine 20 Jahre zurück. Neue gesellschaftliche Kräfte drängen nach vorn. Die Arbeiterbewegung formiert sich, und es bleibt nicht folgenlos, dass nun immer mehr bürgerliche Karrieren ihren Anfang nehmen. Wer etwas erreicht hat, wird selbstbewusst. Wer etwas auf sich hält, will mitreden.

Auf dem Hochzeitsfest von Gottlieb und Emma Daimler begegnen sich einige, die Teil des neuen Bürgertums werden. Natürlich hat Gottlieb Daimler auch Wilhelm Maybach eingeladen. Maybach, 21 Jahre alt, besitzt einen Sinn für Feinheiten. Nicht nur, wenn er in seiner knapp bemessenen Freizeit auf der Zither spielt, die ihm sein älterer Bruder geschenkt hat. In diesem Jahr endet seine Lehrzeit im Reutlinger Bruderhaus. Maybach hat Taten für sich sprechen lassen – so baute er beispielsweise in der Buchbinderwerkstatt des Bruderhauses eine Petroleumheizung ein, die er selbst konstruiert hatte. Gottlieb Daimler spürt womöglich, dass für den Jüngeren nicht nur dessen technischer Verstand spricht. Maybach zeichnet eine Eigenschaft aus, die Daimler fehlt: Er kann sich in einem Team als Nummer zwei unterordnen. Das wird ein entscheidender Vorteil für die weitere Verbindung der beiden Männer.

Das Schicksal schweißt die beiden noch enger zusammen. Auf Gottlieb Daimlers Hochzeitsfeier wird dem jungen Wilhelm Maybach eine Freundin Emma Daimlers vorgestellt. Berta Habermaas ist die Tochter des Posthalters aus Maulbronn – eines Mannes, der Pferde und Kutschen für den Postverkehr zur Verfügung stellt. Die beiden verstehen sich auffallend gut, und es wird mehr daraus: Einige Jahre später wird die Frau Berta Maybach heißen.

Nicht ausgeschlossen, dass der Workaholic Gottlieb Daimler sogar am Tag seiner Hochzeit über seine berufliche Zukunft nachdenkt. In Reutlingen steht er vor dem Absprung. Nächstes Jahr wird er mit seiner Frau nach Karlsruhe ziehen und bei der dortigen Maschinenbaugesellschaft als Vorstand sämtlicher Werkstätten Karriere machen. Viel Zeit wird nicht verstreichen, bis er einen der fähigsten Techniker dieser Zeit in seine neue Firma lotst: Wilhelm Maybach.

Schulbänke und andere Plagen – Herbst 1869

Robert Bosch ist sieben Jahre alt, als aus den feinen Rissen in seinem Albecker Kindheitsidyll Gräben werden. Er spürt am eigenen Leib, wie sich das Leben von einem Tag auf den anderen verändern kann. Viele Jahre lang hat seine Familie gut davon gelebt, dass die Fuhrleute im Wirtshaus Krone Rast machten. Roberts Vater lieh den Kaufleuten seine Pferde aus, damit diese mit ihren Fuhren den beschwerlichen Albaufstieg bewältigen konnten. Das Geschäftsmodell von Servatius Bosch lief nach dem Motto „Rent a horse" – wer bei ihm die Pferde lieh, der aß auch im Gasthaus zur Krone, an den Kaufleuten verdiente er damit doppelt.

Doch nun bricht der Fortschritt mit urwüchsiger Gewalt in das dörfliche Familienleben der Bosch ein: Früh hat Servatius Bosch davon erfahren, dass die neue Eisenbahnlinie von Ulm nach Nürnberg den Ort Albeck und damit auch sein Gasthaus links liegen lassen würde. Er kann sich ausrechnen, was es für seinen Umsatz bedeutet, wenn die Fuhrleute nicht mehr kommen und sich der Strom der Reisenden andere Wege sucht, so wie ein Fluss, der stets den schnellsten Weg durch eine Landschaft findet. Als Geschäftsmann fällt Robert Boschs Vater eine nüchterne Entscheidung: Er verkauft das Anwesen, versteigert seine bewegliche Habe und nimmt dabei mehr als 250 000 Goldmark ein – genug Geld, um von den Zinsen die Familie ernähren zu können und künftig in Ulm zur Miete zu leben.

Als der Vater den Hof aufgibt und die Familie von Albeck nach Ulm zieht, ändert sich schlagartig das Umfeld des achtjährigen Robert Bosch. Der Junge erlebt im Jahr 1869, was Tausenden von anderen Kindern auch widerfährt: Immer mehr Menschen ziehen in die Städte, aus Landarbeitern werden Fabrikarbeiter, aus den Söhnen und Töchtern der Fabrikarbeiter Schüler, die auf eine bessere Zukunft hoffen. Auf ihren Schulwegen sehen sie auf den Bahnhöfen und entlang der Gleise Dinge, die ihre Väter und Mütter nie zu sehen bekamen, als sie klein waren: In Qualm eingehüllte Lokomotiven rasen heulend durch die Landschaft, aus den Fenstern sehen Reisende hinaus, die neuen Horizonten entgegenfahren. Es herrscht reger Verkehr, auch die

Nachrichten strömen dank neuer Technik schneller von einem Ort zum nächsten. In diesem Umfeld muss sich Robert Bosch einen Weg suchen, der abweicht vom Lebensweg seiner Ahnen, der berechenbarer schien.

Der Ort seiner Kindheit ist vorerst abgehängt vom wilden Fortschrittstreiben: Die Gleise der Eisenbahn führen durch Ulm – nicht durch Albeck. Die Trassenführung der Eisenbahn bestimmt entscheidend mit, wo der Aufbruch beginnt und wo die Abgeschiedenheit. Die Welt, in die Robert Bosch nun hineinwächst, beginnt sich immer stärker zu vernetzen, vor allem in den europäischen und amerikanischen Großstädten. Menschen, Waren, Nachrichten – alles rast in einem nie gekannten Tempo. Argwöhnisch und kulturpessimistisch verfolgen einige Intelligenzblätter diesen Geschwindigkeitsrausch. Nur wenige ahnen voraus, was bevorstehen könnte: Der Hunger danach, alles, was auf der Welt geschieht, so schnell wie möglich zu erfahren, ist noch lange nicht gestillt. Was Robert Bosch als Kind erlebt, ist nicht der Endpunkt einer Entwicklung, in diesem Moment erreicht die Beschleunigung nur eine neue Stufe.

Der Zeitenwandel fordert erste Opfer. Die Lehrer an den humanistischen Gymnasien hätten vermutlich nicht damit gerechnet, dass es ausgerechnet ihre Schulen treffen könnte. In den Gymnasien vertiefen sich die Pädagogen in Griechisch, Latein und Geschichte. So war es schon immer, und so soll es weiterhin sein. Doch diese vermeintliche Gewissheit wird erschüttert. Die Eltern, die selbst ein Gewerbe betreiben, stellen laut die Frage danach, was dieser Unterrichtsstoff ihren Töchtern, vor allem aber den Söhnen, nutze? Das Gymnasium mit seinen alten und toten Sprachen vermittle ihren Kindern keinerlei praktisches Wissen. Bei den Humanisten löst diese Denkweise mindestens Erstaunen aus, meist stößt es auf Unverständnis. Auch durch die neue Heimatstadt von Robert Bosch schwappt eine Welle der Empörung, als die Kritik am humanistischen Bildungssystem immer schärfer wird. Der Kulturkampf wird öffentlich ausgetragen. Selbstverständlich sei intellektuelle Bildung unentbehrlich, argumentiert ein Gymnasiallehrer, aber man solle ein Kind lieber nur aus dem Grund lernen lassen, dass es seinem Vater damit eine Freude bereite und bitte schön nicht, damit „man ihm sage, wie man einst gar ein hübsches Stück Geld mit

Robert Bosch wächst in Ulm auf. Außer seiner Schwester Maria hat er zehn weitere Geschwister.

dem Gelernten verdienen und sich damit recht gut durch die Welt bringen könne …". So also argumentieren im frühen 19. Jahrhundert einige Lehrer: Die Schule dürfe vieles leisten, aber nicht die Schüler auf einen Beruf vorbereiten.

Es wird Zeit, dass Staub aus den Ecken der Klassenzimmer gefegt wird. In vielen Städten, auch in Ulm, werden zusätzlich zu den bestehenden Gymnasien Realanstalten gegründet, es beginnt ein öffentlichkeitswirksamer Werbefeldzug für die Naturwissenschaften und dafür, Fächer zu unterrichten, die einen praktischen Nutzen besitzen. Die Bildungsreform schüttelt das Schulsystem kräftig durch. Auf dem Unterrichtsplan finden sich nun praxisnahe Hauptfächer. Sie vermitteln Wissen, das Kaufleute, Handwerker oder Mechaniker später in ihrem Berufsalltag anwenden können. Roberts Brüder Karl und Albert besuchen die Realanstalt in Ulm. Die Bildungswege der meisten Mädchen enden früher, weil viele Familien die Töchter weiter in Haus und Hof sehen wollen. Auch Roberts ältere Schwestern gehen lediglich auf die Dorfschule.

Im Herbst 1869 besteht Robert Bosch die Aufnahmeprüfung an der Realanstalt in Ulm. Hinterher wird sich keiner der Prüfer daran erinnern, einem bemerkenswert intelligenten Jungen gegenübergesessen zu haben. Das Resultat der Prüfung fällt ordentlich aus. Jetzt beginnt die Schulkarriere des Bauernjungen Robert Bosch, der sich in diesem Jahr langsam daran gewöhnt, dass die Sommer nicht mehr nach Heu duften. Das Leben auf dem Hof gehört für ihn genauso zur Vergangenheit wie die Geschichten, die die Durchreisenden abends im Gasthof der Eltern erzählten. Robert Bosch muss sich in Ulm erst zurechtfinden.

Der Junge interessiert sich sowohl für die Naturwissenschaften als auch für die Sprachen. Doch mit der Art und Weise, wie an der Realanstalt gepaukt wird, kommt er schwer zurecht. Von seinen Lehrern trennen ihn Welten. Robert sieht sich Tag für Tag älteren Herren ausgesetzt, die ihn mit ihrer pedantischen Art nerven. Ein besonders furchtbares Exemplar der Pädagogen erkennt Robert Bosch in seinem Geometrielehrer, den er später dafür verantwortlich machen wird, dass er in der Schule mit der Mathematik phasenweise auf dem Kriegsfuß steht. Geometrie, Algebra und Trigonometrie werden für ihn zur Belastung. Den Ausweg aus diesem Dilemma entdeckt er dort, wo ihn Generationen von Schülern finden: Wenn er nicht mehr weiterweiß, schreibt Robert Bosch bei seinen Klassenkameraden ab.

Der Unterricht erscheint ihm uninspiriert und verknöchert. Dass sich Lehrer besonders um ihn kümmern, erlebt er selten. In einem Fach bedauert er es besonders, dass dem Pädagogen jede Autorität fehlt – in der Botanik tanzen die Schüler ihrem Lehrer auf der Nase herum, sodass der Unterricht aus den Fugen gerät. Dabei liebt es Robert Bosch, die Natur zu beobachten, Pflanzen, Bäume oder Käfer zu bestimmen und aus den Beobachtungen Schlüsse zu ziehen. Die Schule stillt seinen Wissenshunger nicht, nur sein Französischlehrer fällt ihm später als positive Ausnahme ein, wenn er sich an seine Schulzeit zurückerinnern wird. Der Mann ist ebenso streng wie gerecht zu allen, sein Ton und sein Gerechtigkeitsempfinden beeindrucken Robert Bosch. Die Menschen sind keineswegs gleich in ihren Möglichkeiten, das spürt der junge Schüler, aber man muss ihnen eine faire Chance geben.

Er selbst ist in der Schule weit davon entfernt, als Wunderkind Aufsehen zu erregen. Robert Bosch befindet sich meist im besseren Drittel der Klasse, aber nie unter den Allerbesten. Vielleicht mangelt es ihm in diesen Jugendjahren an Ehrgeiz, vielleicht fehlt es ihm wirklich an Sitzfleisch – aber möglicherweise geht er später rückblickend mit seinen Schulleistungen zu hart ins Gericht. Die Schule quält ihn jedenfalls öfter, als dass sie Begeisterung in ihm weckt.

So oft es geht, hält sich Robert Bosch in der Natur auf. Seit sein Vater nicht mehr die Landwirtschaft betreibt, sondern als Privatier in der Stadt lebt, treten für Servatius Bosch Freizeitvergnügen an die Stelle der Arbeit. Der alte Bosch hat in Ulm einen Garten gepachtet, in dem er Bienen züchtet. Sein Sohn Robert verbringt dort viele Stunden mit ihm und lässt sich vom Vater zeigen, wie er sein Bienenvolk mit in Wasser aufgelöstem Zucker aufpäppelt. Der Junge bastelt aus alten Zigarrenkisten kleine Tröge, in die er das Zuckerwasser für die Bienen schüttet. Robert erhält von seinem Vater zehn Pfennig für jeden Trog, es ist die erste Handwerksarbeit in seinem Leben, für die er Geld bekommt.

Im Winter, wenn die Donau zufriert, läuft Robert Bosch auf Schlittschuhen am linken Ufer des Flusses, immer an der Stadtmauer entlang. Das Schlittschuhlaufen ist in Mode gekommen, und die Winter sind oft kalt. Die Mutigen auf Kufen drehen nicht nur auf der Donau ihre Kreise, sie wagen sich auch bis zu jener Stelle vor, an der das kleine Flüsschen Blau in die Donau mündet. Hier besteht das Eis oft nur aus zusammengefrorenen Schollen. Die Ulmer nennen die Einmündung Metzgerstrudel. Er trägt seinen Namen, weil die Blau am Schlachthaus vorbeifließt. Dort waschen Arbeiter die Eingeweide des Schlachtviehs mit Flusswasser. An diesen Tagen färbt sich die Blau rot.

Schnee fällt in vielen Wintern reichlich. An einem Sonntag fahren die Eltern mit ihrem Robert und zwei Neffen mit dem Schlitten von Ulm aus nach Jungingen. Dort bewirtschaftet Roberts ältester Bruder Jakob Friedrich den „Gasthof Adler“, indem ihre Mutter groß geworden ist. Während die Erwachsenen im Wirtshaus sitzen, liefern sich Robert Bosch und seine beiden Neffen mit der Dorfjugend eine Schneeballschlacht. Was lustig anfängt, endet derb: Ihre Gegner greifen zu Fassreifenstücken und Bohnenstecken und prügeln auf die fremden

Kinder ein, bis Servatius Bosch aus der Wirtschaft kommt und der Sache ein Ende bereitet. Sein Sohn Robert ist derart vom Zorn gepackt, dass der Vater ihn mit Gewalt aus dem Handgemenge reißen muss. An diesem Wintertag fällt es Servatius Bosch nicht leicht, Robert zu beruhigen. Dem Jungen stehen Tränen in den Augen, er würde sich am liebsten wieder in den Kampf stürzen. Viele Jahre später werden manche Weggefährten erleben, wie Robert Bosch aufbraust, wenn er in Wut gerät.

Über den Rhein marschieren – Sommer 1870

Es geht ein Gespenst um in Europa. Seit Jahren hat sich das Verhältnis zwischen dem französischen Kaiserreich und Preußen verschlechtert. Im Juli 1870 läuft die Sache diplomatisch aus dem Ruder, es geht um Macht, um die falschen Worte zur falschen Zeit und um den fehlenden Willen, einen Konflikt mit friedlichen Mitteln zu lösen. Die Lunte glimmt in Spanien: Als dort der Thron neu zu besetzen ist und aufgrund der Erbfolge Leopold von Hohenzollern-Sigmaringen für diesen in Betracht kommt, fürchtet Frankreichs Kaiser Napoleon III. um den Einfluss seines Landes. In Frankreich schäumt nicht nur die Presse: Leopold sei nicht mehr als eine Marionette der machtgierigen und militaristischen Preußen. Aus Preußen kommen scharfe Gegentöne. Als Frankreich vom preußischen König Wilhelm I. fordert, dieser solle seine Zustimmung verweigern, falls die Hohenzollern für den Thron kandidieren, kommt es zum diplomatischen Eklat: Otto von Bismarck veröffentlicht den von ihm selbst zugespitzten Streit in der Presse. Dieser gezielte Affront führt zu einem Sturm der Entrüstung auf beiden Seiten.

Innerhalb weniger Wochen wird zur Gewissheit, was vorher nur eine Option für die Politik war: Der Krieg kommt, Bismarck hat ihn kühl ins Kalkül gezogen. Am 9. Juli 1870 werden französische Truppen aus Nordafrika nach Europa eingeschifft, Frankreich beginnt mit der Mobilmachung seiner Armee und spinnt gleichzeitig diplomatische Fäden, um eine internationale Koalition gegen Preußen vorzubereiten. Französische Gesandte führen in den süddeutschen Königshäusern geheime Gespräche. Sie fühlen in Stuttgart, in München und in Karlsruhe vor: Ob der Süden wohl im Kriegsfall neutral bleiben würde? Die Einflüsterungen finden kein Gehör: In Süddeutschland wogt der Patriotismus, plötzlich gewinnt der Gedanke vom *einen* Deutschland immer größere Bedeutung. Die süddeutschen Königreiche rücken an die Seite des von Preußen geführten Norddeutschen Bundes. Ausgerechnet die Preußen, die Robert Boschs Vater Servatius so verhasst sind.

Am Morgen des 27. Juli 1870 halten zwei Sonderzüge am Ulmer Bahnhof. Robert Bosch, dessen Familie vor einem Jahr in die Garnisonsstadt Ulm gezogen ist, wird in wenigen Wochen neun Jahre alt. Für den Jungen und seine Klassenkameraden muss es ein Spektakel sein, als die voll beladenen Transportzüge der württembergischen Armee durch Ulm fahren. Im Zug fährt ein 27-jähriger Feldwebel ins Ungewisse, der für die Schaulustigen in den Bahnhöfen vermutlich nur wenige Blicke übrig hat. Der Gewehr- und Schießunteroffizier Jakob Reik reist mit gemischten Gefühlen dem Sammelpunkt seiner Division entgegen, der sich ganz in der Nähe der deutsch-französischen Grenze befindet. Was wird dieser Krieg bringen? Welche Rolle werden Geschütze und andere moderne Waffen spielen? Werden die deutschen oder die französischen Truppen daraus den größeren Vorteil ziehen?

Gut, dass weder der achtjährige Robert Bosch noch der 27-jährige Jakob Reik in die Zukunft blicken können. Sonst würde Jakob Reik jetzt wissen, wie viele Tote er in den nächsten Monaten sehen wird – und Robert Bosch würde die Gewissheit besitzen, dass er bis zu seinem Tod dreimal miterleben muss, wie sich Deutsche und Franzosen im Krieg gegenüberstehen.

Die Züge nehmen Fahrt auf, sie rollen aus allen Winkeln des Landes gen Westen an die Front. Es dauert nicht lange, bis Jakob Reik und seine Kameraden die Residenzstadt Stuttgart erreichen. Von dort aus geht es weiter über Bruchsal, Karlsruhe ist nicht mehr fern. Hier arbeitet Gottlieb Daimler seit zwei Jahren in der Maschinenbaugesellschaft als Vorstand sämtlicher Werkstätten. Seine Karriere gewinnt an Tempo. In diesem Juli 1870, in dem in der Presse immer wieder die Rede von der Erbfeindschaft zwischen Deutschland und Frankreich ist, müssen Gottlieb Daimler auch andere Gedanken in den Sinn kommen: persönliche Erinnerungen und Freundschaften, die ihn mit dem Nachbarland verbinden. In den 1850er-Jahren hatte er zweimal bei einer Lokomotivbaufirma im Elsass gearbeitet. Dank eines Reisestipendiums von Ferdinand Steinbeis sah er 1860 erstmals Paris, jene prickelnde Weltstadt, mit der sich keine der Städte seines Heimatlands messen konnte. Gottlieb Daimler spricht fließend Französisch, er ist ein 36-jähriger Weltbürger – in Frankreichs Kaiserreich zu Hause, genauso wie derzeit im Königreich Baden.

Dort versammelt sich eine gewaltige Armee, die es ohne den technischen Fortschritt niemals geschafft hätte, acht Tage nach der Mobilmachung kampfbereit am Rhein zu stehen. Dank der Eisenbahn haben Preußen und die verbündeten süddeutschen Armeen 460 000 Soldaten und 170 000 Pferde an die Grenze verlegt. Es handelt sich um den bis dahin größten Truppentransport in der Geschichte. Auf der anderen Seite des Rheins stehen ihnen 350 000 Franzosen gegenüber. Frankreichs Plan sieht eine Blitzoffensive über den Rhein vor, Deutschland träumt von einer „großen und schnellen Entscheidung". Aus beidem wird nichts.

Am 4. August 1870 regnet es die ganze Nacht hindurch. Noch graut der Morgen nicht, als Jakob Reiks Einheit geweckt wird, die Männer ihre Ausrüstung zusammensuchen und losmarschieren. Angst, Stolz – alles mischt sich jetzt, aber als sie nach einigen Stunden den Rhein erreichen, regiert nur noch der Patriotismus. Die Truppe überquert auf einer Schiffsbrücke den Fluss, singend machen sich die Soldaten gegenseitig Mut: „Lieb Vaterland magst ruhig sein, fest steht und treu die Wacht am Rhein!" Der Fluss ist längst Mythenstoff: Vor einem Jahr hatte das Königliche Hof- und Nationaltheater in München Richard Wagners „Rheingold" uraufgeführt. In der Tiefe des Flusses hüten die Rheintöchter einen Schatz, der seinem Besitzer zur Macht verhilft, wenn er der Liebe abschwört.

Um die Macht und nicht um die Liebe dreht sich alles in diesem Sommer 1870 entlang des Rheins. Doch Jakob Reik und seine Kameraden hören nicht Wagner, sie hören nach wenigen Stunden in der Ferne bereits ununterbrochenen Kanonendonner. Auf dem Schlachtfeld hat die Technik die Spielregeln verändert. Erstmals kommt auf französischer Seite ein schnell feuerndes Salvengeschütz zum Einsatz, an der Front feuern die Geschütze so weit wie nie zuvor. Bei der Armee lösen sich alte Gewissheiten auf: Der Stern der Kavallerie beginnt zu sinken, die Angriffe hoch zu Ross verlieren angesichts der gewaltigen Feuerkraft der modernen Schusswaffen an Wirkung.

Der Feldwebel Jakob Reik erlebt die ganze Wucht der neuen Kriegsführung. Nach einem der schwersten Gefechte des Deutsch-Französischen Kriegs betritt er das Rathaus eines französischen Dorfs, das sich in ein Lazarett verwandelt hat. In seinem Tagebuch notiert Reik später, was er zeit seines Lebens nie mehr vergessen wird: „Auf dem nackten Fußboden lagen die Verwundeten, Freund und Feind, bunt durcheinander. Die Willensstarken verbissen den Schmerz und waren ruhig, andere jammerten und klagten, wieder andere bewegten Arme oder Beine heftig, stöhnten, röchelten oder stießen unartikulierte Laute aus. Einer der Verwundeten ist ein Offiziersaspirant, der einen Schuss schräg durch den Hals in die Brust erhalten hat. Nun liegt er bewusstlos am Boden und arbeitet krampfhaft mit Armen und Beinen, seine Atmung geht schwer, blutiger Schaum tritt ihm aus Mund und Nase." Ein bedauernswerter Mann, befindet Reik, „anfangs wünschte er sich in jugendlicher Kampfeslust, der Krieg werde hoffentlich noch so lange dauern, dass er wenigstens ein Gefecht mitgemacht hätte. Nun bringt ihm sein erstes Gefecht den Tod."

Am technischen Fortschritt klebt Blut. Das Militär hat in die Entwicklung neuer Waffen investiert. Von den Fortschritten des militärischen Hightechs profitiert auch die zivile Wirtschaft. Der Waffenbau verzeiht keine Fehler – in keinem anderen Bereich muss so präzise gearbeitet werden. Jeder Fehler könnte katastrophale Folgen haben. Gottlieb Daimler kennt das Geschäft mit dem Tod. Schusswaffen sind ihm vertraut, seit er als 14-jähriger Junge bei einem Büchsenmacher in die Lehre ging.

Vier Jahre später legte Gottlieb Daimler vor dem Prüfungsausschuss eine doppelläufige Pistole als Gesellenstück vor. Das Werkstück zeigt seinen Blick für Details. Mit dieser Genauigkeit arbeitet Gottlieb Daimler noch immer, jetzt kommt sie ihm in der Karlsruher Maschinenfabrik zugute. Täglich erreichen ihn im Badischen die Nachrichten von der Front.

Ende November 1870 fällt im Deutsch-Französischen Krieg eine Vorentscheidung: Kaiser Napoleon III. gerät in Gefangenschaft, aber die Kämpfe gehen weiter. Während deutsche Truppen gen Paris marschieren, ruft das *Petit Journal* zum Partisanenkampf auf: „Wir müssen alles töten, wir müssen morden, würgen, aus den Kellerlöchern schießen. Wenn wir keine Gewehre haben, nehmen wir Mistgabeln, Säbel und Piken. Frankreich, das durch diese abscheuliche Invasion entehrt ist, muß in dem Blute germanischer Fürsten eine neue Jungfräulichkeit finden." Hier keimt eine Feindschaft, die diesen Krieg überdauern wird.

Jakob Reik steckt unweit von Paris immer noch im Schlachtenlärm, als er an einem Wintertag 1870 einen tollkühnen Reiter entdeckt, der sich seiner Einheit nähert. Es handelt sich um einen deutschen Generalstabsoffizier, der geradewegs auf ein Ackerfeld zuhält, auf dem kurz zuvor noch französische Granaten niedergegangen sind. Der Reiter schlägt lachend alle Warnungen in den Wind, als plötzlich nur 50 Meter neben ihm eine Granate einschlägt und sein Pferd so erschreckt, dass es sich aufbäumt und in langen Sätzen davongaloppiert. So sieht der Feldwebel Jakob Reik zu, wie der Generalstabsoffizier Ferdinand Graf von Zeppelin an jenem Tag knapp dem Tod entkommt. 30 Jahre lang dient von Zeppelin der württembergischen Armee, berühmt wird er aber erst, als er später aus dem Militär ausscheidet und seine Tollkühnheit in der Luftschifffahrt unter Beweis stellt.

Auf Höhenflüge folgen Abstürze. Der Krieg ist aus, kaum ist das Hurra-Geschrei der deutschen Truppen verstummt, inszenieren die Sieger den totalen Triumph über die Besiegten: Am 18. Januar 1871, einem feuchtkalten Wintertag, wird König Wilhelm I. im mit Fahnen und Standarten geschmückten Spiegelsaal von Versailles zum deutschen Kaiser ausgerufen. Der Akt markiert das Ende der deutschen Kleinstaaterei, man feiert das Deutsche Reich – mit dem Stiefel auf dem Rücken der Grande Nation. Diese Demütigung wird Frankreich nicht vergessen.

Als der neue deutsche Kaiser beim Truppenbesuch die Reihen abschreitet, wechselt er ein paar Worte mit einigen seiner Soldaten –

auch mit dem tapferen Feldwebel Jakob Reik. Zumindest behauptet Reik dies später in seinem Tagebuch. Für ihn folgt der Heimmarsch, er kehrt in den Frieden zurück. In Stuttgart werden die Soldaten von einer jubelnden Menschenmenge empfangen, die die Straßen der Residenzstadt säumt. Blumen und Kränze überdecken alle Zweifel, die Kritik am preußischen Militarismus verstummt. Mit einem Mal befindet sich Robert Boschs Vater Servatius mit seiner Skepsis gegenüber Bismarck und den Pickelhauben der Armee in der Minderheit im Land. Die Bilder von triumphierenden deutschen Soldaten am Ende eines Krieges entfalten eine starke Wirkung. Ein letztes Mal.

Im Kaiserreich bleibt kaum Raum für Nachdenklichkeit und Zwischentöne. Schon in der letzten Kriegsphase entlädt sich der Optimismus in der Wirtschaft in einer gewaltigen Welle von Neugründungen. Es ist die Geburtsstunde vieler Firmen, in denen 150 Jahre später Hunderttausende von Menschen Arbeitsplätze finden werden. Im Deutschen Kaiserreich löst der Staat jetzt Fesseln, er lässt die Wirtschaft von der Leine: Ein neues Aktiengesetz erleichtert die Gründung von Aktiengesellschaften, Handelsschranken fallen, die Währung wird vereinheitlicht. Die Reparationszahlungen der besiegten Franzosen wirken wie eine Kapitalspritze. Dieser Treibstoff bringt die Wirtschaft auf Touren. Nach dem vom Handwerk geprägten frühen Kapitalismus läuft nun der Hochkapitalismus an. Es ist genau der richtige Moment, um eine große Karriere zu starten. Mit allen Chancen. Und allen Risiken.

Auf dem Kriegspfad zu Köln – 1872

In Köln wollen Nikolaus August Otto und Eugen Langen endlich satte Gewinne einfahren. Genau wie viele andere im jungen Deutschen Kaiserreich glauben die beiden daran, dass ihre Zeit nun gekommen ist. Die beiden kennen einander seit acht Jahren, sie betreiben eine Werkstatt, in der Gasmaschinen hergestellt werden. Otto, dem ausgebildeten Weinhändler und Quereinsteiger in die Welt der Technik, ist es mit Hilfe von Langen gelungen, ein Geschäft aufzuziehen. Jetzt aber wollen sie groß werden: Die Werkstatt soll sich in eine Fabrik verwandeln, dafür brauchen sie frisches Kapital. Langen überzeugt zwei Männer von dem Projekt, die im Zuckergeschäft ein Vermögen gescheffelt haben – nun investieren die beiden in Motoren. Es ist nicht mehr nur der Handel mit Rohstoffen, von dem man sich in Deutschland Profit verspricht, Kapitalgeber setzen jetzt auch auf eine andere Karte: die Hochtechnologie. Im Januar 1872 entsteht dank des Geldes aus dem Zuckergeschäft die Gasmotorenfabrik Deutz. Aber es ist nicht Nikolaus August Otto, der die neuen Motoren konstruieren und entwickeln soll. Ottos Mentor Eugen Langen sucht nach einem Mann mit einer fundierten technischen Ausbildung, der als Leiter einer Werkstatt umfassende praktische Erfahrungen gesammelt hat. Langen hört sich um, er sondiert den Markt und folgt schließlich einer Empfehlung, die ihn nach Karlsruhe führt, wo er selbst einst studiert hat. Dort lernt Eugen Langen einen Mann kennen, der seinem Anforderungsprofil exakt entspricht. Sein Topkandidat für die neue Führungsposition im Unternehmen heißt Gottlieb Daimler.

Die Verhandlungen laufen zäh, doch Eugen Langen will Gottlieb Daimler, der noch die Werkstätten der Maschinenfabrik Karlsruhe leitet, unbedingt nach Köln holen. In den ersten Märztagen 1872 reist Gottlieb Daimler zu weiteren Gesprächen nach Köln, es beginnt ein Poker, in dem Geld und Prestige den Ausschlag für Daimlers Entscheidung geben. Bis zu diesem Zeitpunkt nimmt Nikolaus August Otto eine Sonderrolle in der Gasmotorenfabrik ein. Als Einziger im Unternehmen erhält er eine fünfprozentige Gewinnbeteiligung. Eugen Langen will Gottlieb Daimler billiger bekommen. Er bietet ihm nur drei Prozent. Daimler sperrt sich jedoch vehement gegen diese Abstufung zwischen ihm und Otto: Fünf Prozent müssen auch für ihn herausspringen. Er bleibt hart.

Eugen Langen unternimmt alles, um Daimler nach Köln zu lotsen. Er überredet den Aufsichtsrat dazu, Daimlers Forderungen zu erfüllen, und er spielt die weichen Standortfaktoren aus: Falls Daimlers Frau Emma bei der Lage und der Wahl der Wohnung besondere Wünsche habe, so möge Daimler ihm diese umgehend mitteilen. Man werde versuchen, ihr alle zu erfüllen. Gottlieb Daimler solle in die Direktion der Gasmotorenfabrik aufsteigen und die alleinige Leitung der Werkstätten und des Zeichenbüros übernehmen. In seiner neuen Position bestimme er über das Personal und den Materialeinkauf. Das Angebot aus Köln kann Daimler nicht mehr ausschlagen. Mit seiner Unterschrift ist es besiegelt: Gottlieb Daimler, der Sohn eines Bäckermeisters aus Schorndorf, backt künftig große Brötchen. Er ist in der Chefetage angekommen. Auch diesem Anfang mag ein Zauber innewohnen, aber in ihm zeigt sich schon, dass sich Daimler mit Otto misst. Bei dieser Zusammenarbeit ist der Samen für die Konkurrenz bereits gesät.

Nikolaus August Otto, der mit Eugen Langen das Unternehmen aufgebaut hat, übernimmt die kaufmännische Leitung der Fabrik. Die vermeintlich saubere Trennung der Kompetenzen soll auch verhindern, dass sich die beiden Alphamänner künftig in die Haare bekommen. Doch Otto fällt es schwer, auf eigene technische Versuche zu verzichten. Kaufmann ist er auf dem Papier, aber das Leben findet für ihn jenseits der Verlust- und Gewinnzonen statt: in einer eigenen Versuchswerkstatt, die er in einem entlegenen und gut abgeschirmten Bereich der Fabrik einrichten lässt. Hier bastelt und experimentiert Otto in jeder freien Stunde, die er nicht über den Büchern verbringen muss, hier ist er nicht nur mit dem Kopf, sondern auch mit heißem Herzen dabei.

Otto ist von Daimler genervt, bevor der überhaupt in Köln anfängt. Aus Karlsruhe schreibt der Neue schon Briefe: So wie bisher könne es in Köln nicht weitergehen, wenn man wirklich Erfolg haben wolle beim Motorenbau. Man müsse größere Sorgfalt üben, in der Fabrik genauer arbeiten als bisher und überhaupt: Die Arbeiter, die ihm in Köln und Deutz zur Verfügung stünden, genügten seinen Anforderungen nicht, die er an Maschinenbauer stelle. Er müsse wohl erst die einheimische Arbeitsbevölkerung nach und nach zu der Genauigkeit erziehen, die er verlange. Die von der Gasmotorenfabrik geplanten Neubauten seien darüber hinaus in dieser Form für seine Zwecke ungeeignet. Hochachtungsvoll, Gottlieb Daimler.

Für den diplomatischen Dienst wäre Daimler völlig unbrauchbar. Vom ersten Tag an macht er in Deutz klar, wie er seine Rolle im Unternehmen definiert: Er sieht sich als großer Reformer, bereit zu unbequemen, notfalls rücksichtslosen Schritten. Alles, was er tut, ordnet er einem einzigen Ziel unter, dem Erfolg. Wer Gottlieb Daimler nachhaltig verärgern will, muss nur versäumen, zu betonen, dass es vor allem *sein* Erfolg ist. Unmittelbar nach seinem Amtsantritt holt Gottlieb Daimler, genau wie vor einigen Jahren in Karlsruhe, seinen Mastermind nach: Der neue technische Direktor befördert Wilhelm Maybach zum Chef des Deutzer Konstruktionsbüros. Bei der Gasmotorenfabrik weht nun ein anderer Wind: Mit Gottlieb Daimler hält eine andere Unternehmenskultur Einzug. Er stellt Strukturen und Abläufe infrage und erschüttert dadurch die Machtbalance in der Führung. Vieles wird nun davon abhängen, wie sich Otto und Daimler in diesem Spiel der Kräfte miteinander arrangieren.

Die Firmenleitung macht anhand von symbolischen Gesten deutlich, dass Daimler und Otto auf Augenhöhe miteinander stehen. Unmittelbar neben dem Werksgelände errichtet das Unternehmen im Jahr 1872 zwei Häuser mit großen Gartengrundstücken, in die die Familien der beiden Fabrikdirektoren einziehen werden. Wie ein luxuriöses Doppelhaus wirkt das Ensemble, gleich groß und gleich hoch sind die einzelnen Gebäude, die Gottlieb Daimler vor deren Fertigstellung als Zeichnung sieht. Seine Frau Emma lebt noch mit den Kindern in Karlsruhe, aber sie soll sich ein Bild machen können von ihrer künftigen Heimat. Gottlieb Daimler nimmt die Skizze in die Hand und zeichnet oberhalb von jenem Haus, in dem er bald wieder gemeinsam mit seiner Familie unter einem Dach leben wird, ein mehrzackiges Symbol ein. Nur einen einzigen Satz fügt er hinzu. In diesem bündelt Gottlieb Daimler seine Träume von der Zukunft: „Von hier aus wird ein Stern aufgehen, und ich will hoffen, dass er uns und unseren Kindern Segen bringt."

An die Arbeit! Als Daimler in Köln seine Geschäfte aufnimmt, beschäftigt die Gasmotorenfabrik 20 Mitarbeiter, es ist noch viel Luft nach oben. Auch bei der Qualität der Motoren, die Otto nach dem Vorbild des Belgiers Lenoir weiterentwickelt hat. Gottlieb Daimler und Wilhelm Maybach optimieren den Gasmotor nun, sie vertiefen sich in Grundsatzfragen und winzige Details, es geht um Rohstoffe und praktische Anwendungsmöglichkeiten.

Nikolaus August Otto, nun der erste Kaufmann im Unternehmen, muss mit ansehen, wie „sein" Motor ständig weiterentwickelt wird.

Auf Befindlichkeiten nimmt Gottlieb Daimler keine Rücksicht: Ihm geht es um Ergebnisse und nicht um die Verdienste eines Herrn Otto. Bald verschmelzen alle Grenzen: Wie viel von Otto steckt noch in den neu entwickelten Motoren? Und wie viel Geist und Fleiß von Daimler und Maybach? Für die Kunden der Gasmotorenfabrik ist das unerheblich – für Gottlieb Daimler und Nikolaus August Otto entwickeln sich diese Punkte jedoch zu Grundsatzfragen.

Was auf dem Deutzer Fabrikgelände erst hinter vorgehaltener Hand erzählt wird, ist bald allgemein bekannt: Die beiden Herren sind einander spinnefeind. Die Idee, die große Vision, stamme doch von keinem anderem als ihm, argumentiert Otto. „Fortschritte erwachsen nur aus langer Arbeit und mühevollen, kostspieligen Versuchen", erwidert Daimler. Die Lage wird im Laufe der Jahre immer verfahrener: Die Fabrik verkauft mehr Motoren als jemals zuvor, aber im selben Tempo, in

Knochenarbeit: In der Gießerei der Gasmotorenfabrik Deutz brummt das Geschäft. Gottlieb Daimler hat die Firma in Schwung gebracht.

dem die Gewinne wachsen, wächst auch die gegenseitige Abneigung der beiden Direktoren. Wer darf sich nun als Vater des Erfolgs bezeichnen? Ich!, denken und sagen beide.

Dem Meister fehlt es an Spannung – Herbst 1876

Als sich die Lehrer in Ulm zur Zeugniskonferenz einfinden, um das Abschlusszeugnis für Robert Bosch auszustellen, finden sie sein Betragen „wohlgeordnet" und den Jungen stets „löblich bemüht". Er entspreche den allgemeinen Anforderungen. Der Schüler Robert Bosch habe zweifellos Fortschritte gemacht, das Durchgenommene habe er sich „gut angeeignet". Auffällig unauffällig fallen auch die Noten für die einzelnen Fächer aus: Geometrie und Algebra sind nur „ziemlich gut" zu bewerten, in Religion, Französisch und Geschichte halten die Lehrer ein „gut" für angemessen. Das reicht in der Klasse für einen Platz im gesicherten Mittelfeld – unter 30 Schülern reiht sich Robert Bosch im September 1876 auf Position 16 ein. Dass der 15-Jährige mit der Mathematik und vielen Lehrern nie richtig warm wird, erleichtert ihm den Abschied von der Schule.

In der Schulzeit ist Robert Bosch vor allem auf exotischen Nebenschauplätzen Herausragendes geglückt: beim Speerwerfen beispielsweise, auch beim Blasrohrschießen mit der Lehmkugel. Als Robert Bosch mit einer Zimmerflinte hantiert und versehentlich abdrückt, hört er einen hellen scharfen Knall. Der Schuss hat einen Nachhall. Von diesem Tag an begleitet ihn ein singendes Geräusch im linken Ohr.

Aus dieser Zeit bleiben Robert Bosch Erinnerungen, in die sich nur wenige Bilder aus der Schule mischen. Es sind Erinnerungen an den Hof seiner Eltern und daran, wie er bei der Ernte auf einem Pferd sitzt, das den Wagen mit den Garben zieht. Je weiter sich sein eigenes Leben später von Feld und Wald entfernen wird, desto schmerzlicher wird er dies als Verlust empfinden und irgendwann einen anderen Weg einschlagen: zurück zur Natur.

Doch im Herbst 1876 stellt sich ihm zunächst die Frage, was er aus seiner Vorliebe für Pflanzen und Tiere machen soll. Zunächst nicht viel: Seine Noten legen nicht nahe, dass er studieren sollte. Noch vor zwei Jahren hat Robert Bosch in seinem Zeugnis als Berufswunsch „Kaufmann“ eintragen lassen. In seinem Abschlusszeugnis gibt er jedoch bereits ein anderes Ziel an: „Klein-Mechaniker“.

Dieser Wunsch passt in eine Zeit, in der mechanische Getriebe immer mehr Menschen in ihren Bann ziehen. Es sind nicht nur spektakuläre Weltausstellungen wie jene im Londoner Kristallpalast, die die Technik populär machen. Es geht auch eine Nummer kleiner. Als Robert Bosch noch zur Schule ging, entwickelte sich die Industrieausstellung in seiner Heimatstadt Ulm zu einem Publikumsmagneten. 140 000 Besucher wollten die Schau sehen. Auf dem Ausstellungsgelände präsentierte ein Mann seinen Betrieb, der in Ulm als Mechanicus & Opticus seine Dienste anbot: Wilhelm Maier reparierte Uhren, verkaufte Rodenstock-Brillen und richtete auch jene elektrischen Haus- und Hoteltelegraphen ein, die gerade in Mode kamen.

Als Robert Bosch 1876 die Schule verlässt, wird Wilhelm Maier sein Lehrmeister. Doch der Mann besitzt weniger Pioniergeist, als es seine Tätigkeit in dieser Branche erwarten lässt. Ringsherum wird die Welt elektrisch, aber dem Meister selbst fehlt es an innerer Spannung. An manchen Vormittagen hockt er lieber in der Wirtschaft, statt in der Werkstatt zu arbeiten – in Letzterer bleiben die Lehrlinge sich selbst überlassen und verbummeln den Tag. Der Junge und der Alte funken nicht auf einer Wellenlänge. Je länger Robert Bosch bei Wilhelm Maier in die Lehre geht, desto leerer scheint ihm diese, desto mehr schwindet der Respekt. Wenn der Meister den Auftrag erhält, in einem Haus einen Telegraphen einzubauen, muss er sich zuerst selbst externen Sachverstand einholen: Maier reist zu einem Freund, der bei der Telegraphen-Inspektion in Stuttgart arbeitet, und lässt sich von diesem einen Plan erstellen. Die Lehrlinge schließen daraus: Viel Ahnung kann der Alte von den Dingen nicht besitzen.

Robert Bosch sucht sich Herausforderungen außerhalb der Werkstatt und tritt dem Turnerbund bei. Die Leidenschaft fürs Turnen wird ihn jahrzehntelang fit halten. Auf das Schießen kann er auch nicht verzichten, der Ton in seinem Ohr hält ihn von nichts ab. Bei seinen Eltern setzt er durch, dass er sich von seinem Taschengeld eine Flobertbüchse kaufen darf. Von nun an geht er auf die Jagd, zunächst nur nach Spatzen. Größeres Wild bleibt noch außerhalb seiner Reichweite.

Die Lehre kostet Robert Bosch Nerven. Er leidet nicht nur an der Gleichgültigkeit seines Meisters, ihn schmerzen auch seine Wissenslücken in Mathematik und Physik. Diesen Mangel glaubt er, nie völlig ausräumen zu können. Aber er gleicht ihn aus durch ein schwer zu definierendes Talent, das es in einer Welt strenger Zahlen, Formeln und Fakten gar nicht geben sollte: Robert Bosch entwickelt ein „technisches Gefühl". Wo andere an Problemen scheitern, geht er Umwege, findet Abseitiges und entdeckt etwas, das von seinen Vorgängern womöglich übersehen wurde. Manchmal zweifelt er, aber er verliert nie ein grundsätzliches Vertrauen in seine Fähigkeiten. Bei Robert Bosch ergänzen sich Kreativität und Beharrlichkeit. Sie ist unverzichtbar, wenn aus einer Idee etwas Materielles entstehen soll.

Das Gift von Oil City – Herbst 1876

Nachdem sich Wilhelm Maybach im Hotel ausgeruht und bei einem Frühstück gestärkt hat, bricht er auf. Sein erster Weg führt ihn in Antwerpen zur Generalagentur einer Reederei. Dort kauft er ein Billett für die Schiffspassage nach New York. Doch bis zur Überfahrt bleibt ihm genug Zeit, um einige Ecken der Stadt zu erkunden. Mit einem Stadtplan in der Hand bricht Wilhelm Maybach auf, der zoologische Garten hat seine Neugier geweckt. Im Zoo bewundert er Schlangen, die ihm riesig erscheinen, er sieht einen Seelöwen „sehr gierig nach seiner Beute stürzend" und schließlich einen vorwitzigen Affen, der einem unachtsamen Herrn einen seidenen Regenschirm entreißt, um diesen anschließend in seine Einzelteile zu zerlegen. Anderntags besucht Wilhelm Maybach die Kirchen der Stadt, dann muss er sich schon auf die Transatlantikpassage vorbereiten. Maybach reist im Auftrag der Deutzer Gasmotorenfabrik in die Neue Welt. In Philadelphia will er die Weltausstellung besuchen, zuvor in New York aber seinen Bruder

Karl sehen, der kurz nach dem Tod der Eltern nach Amerika ausgewandert ist.

Die Fahrt wird für den 30-Jährigen zu einem schwankenden Vergnügen. Bei Tisch müht er sich ab, die Suppenteller und seinen eigenen Magen in Balance zu halten. Nachts raubt ihm der Lärm von losem Essgeschirr und übereinanderpolternden Koffern den Schlaf. Alles, was man ihm zuvor an Land gegen die Seekrankheit geraten hatte, erweist sich als nutzlos. Doch auf Seekrankheit, Appetitlosigkeit und trübe Gedanken folgt nach Tagen endlich schönes Wetter.

Und dann, am Morgen des 26. September 1876, sieht Wilhelm Maybach bei Tagesanbruch endlich wieder Land. Eine Stunde später erreicht das Schiff den Hafen von New York, in dem sich Hunderte von Schiffen tummeln, „von den größten Meerschiffen bis zum kleinsten Dampferchen ... die Ufer sind prachtvoll grün, das Laub der Bäume wunderschön vielfarbig". Ein Indianersommer empfängt den jungen Deutschen in der Neuen Welt – es ist das Jahr, in dem Häuptling Sitting Bull dem amerikanischen General Custer am Little Big Horn eine vernichtende Niederlage zufügt. Aber Wilhelm Maybach gehen andere Gedanken durch den Kopf, als das Schiff der Stadt immer näher kommt, bald erkennt er einzelne Häuser und zwei unvollendete Türme, an denen sich Arbeiter zu schaffen machen. Wilhelm Maybach wird Zeuge, wie eine Ingenieursarbeit entsteht, die nach ihrer Fertigstellung nie wieder aus dem Bild der Stadt wegzudenken sein wird: Die beiden Türme sind Teil der Brooklyn Bridge, die Manhattan mit Brooklyn verbinden wird. Maybach sieht bereits Drähte zwischen den Türmen, ihr Verlauf zeigt, wo später das Hauptseil gelegt werden soll.

Die Bauarbeiten an dem Großprojekt dauern bereits sechs Jahre, und ein Ende ist noch nicht abzusehen. Die Konstruktion ist ein Hightech-Import aus Deutschland – die Pläne für die Brooklyn Bridge stammen von einem Thüringer Ingenieur. Erstmals werden Tragseile aus Stahl verwendet, sie sollen eine sechsmal höhere Belastung als erforderlich aushalten. Doch die Arbeiten an der zu diesem Zeitpunkt längsten Hängebrücke der Welt stehen unter keinem guten Stern. Bei den Vermessungsarbeiten quetscht sich der Chefingenieur den Fuß ein, als er einer Fähre zu nahe kommt. Wenige Wochen später stirbt er an einer Tetanuserkrankung. Sein Sohn leitet daraufhin das Projekt, aber bei einem Tauchgang zu den Fundamenten der Pfeiler erkrankt er an der Taucherkrankheit und ist fortan an den Rollstuhl gefesselt. Im Laufe der Jahre sind rund 6000 Arbeiter an der Megabaustelle im Einsatz, mehr als zwei Dutzend von ihnen verlieren ihr Leben.

Als Wilhelm Maybach den Arbeitern zusieht, ist der Superbau erst zur Hälfte fertiggestellt: Es werden noch sieben Jahre vergehen, bis die Brücke über dem East River eingeweiht wird und die Menschen von Brooklyn aus zu Fuß oder mit der Kutsche knapp zwei Kilometer zurücklegen, bis sie Manhattan erreichen. Mitten im Herzen des amerikanischen Traums. Maybach erlebt 1876 die Geburtswehen einer Weltmetropole. In diesen Jahren verwandelt sich New York in jene Stadt, deren Wahrzeichen einmal auf dem ganzen Planeten bekannt sein werden, die besungen und gefilmt werden. In den letzten Jahrzehnten des 19. Jahrhunderts wächst vor allem Manhattan zu jener faszinierenden City heran, auf die sich so viele Träume und Hoffnungen von Einwanderern ausrichten werden.

Maybach entdeckt eine fremde neue Welt, als er das Schiff verlässt: „Die Straßen der Stadt haben viel eigentümliches, die breiten Trottoirs, daneben hölzerne Telegraphenstangen mit sehr vielen Drähten, in der Mitte zwei Pferdebahngeleise und über die Straßen sind große Plakate der Wahlagitation aufgehängt, in sehr bunten Farben die Wahlkandidaten in mehrfacher Lebensgröße draufgemalt. Alle Häuser sind von unten bis oben mit Firmenschildern und Plakaten jeder Art dekoriert." Für Wilhelm Maybach ist sein Amerikatrip eine Reise, die ihn das Staunen lehrt. Er sieht die wogenden Menschenmassen auf dem Broadway, die Trinity-Kirche und den East River, bevor er bei einer Besichtigung Brooklyns dem lauten Tosen New York Citys entkommt. Dort erklimmt er eine Anhöhe, erreicht den höchsten Punkt der Stadt und lässt seinen Blick über den Hafen von Staten Island schweifen. Die Freiheitsstatue sieht er noch nicht, dazu hätte er zehn Jahre später anreisen müssen. Von einer Skyline wird er nach seiner Rückkehr auch nicht erzählen können. Der große Turmbau zu Manhattan hat noch nicht begonnen.

In New York lebt Wilhelm Maybachs Bruder Karl mit seiner Frau, die beiden haben zwei kleine Kinder. Der Empfang für den jüngeren Bruder aus der alten Heimat fällt herzlich aus. Karl Maybach hat sich in

New York ein neues Leben aufgebaut, genau wie zahllose andere Einwanderer. Am Hudson River arbeitet er für ein Unternehmen, das einen herausragenden Klang besitzt: Die Klaviermanufaktur Steinway & Sons. Diese wurde einst von dem nach New York ausgewanderten Deutschen Heinrich Engelhard Steinweg gegründet.

Wilhelm Maybach taucht in die Welt seines Bruders ein. Er besucht die Pianoforte-Manufaktur Steinway & Sons, wo er beobachtet, wie aus Einzelteilen ein Klavier gebaut wird. Die Herstellung ähnelt einer strengen Komposition aus unzähligen Handgriffen und technischen Abläufen. Die Fabrik ist neu eingerichtet worden: Alles, was in ihr fortbewegt wird, wird in Rollwagen und Aufzügen transportiert, die Arbeitsteilung ist bis ins kleinste Detail festgelegt. Maybach bewundert Dampfapparate, die den Leim zum Kochen bringen. Jedes Teil, das die Fabrik verlässt, wird mit einem genormten Werkzeug in Form gebracht und von einer Maschine bearbeitet. Ohne den Mensch wäre die Maschinenarbeit jedoch wertlos. Wilhelm Maybach staunt, wie kunstvoll die Klavierplatten gegossen werden: Sechs bis acht Mann stehen mit Handgießpfannen um die Form herum. Dann erteilt ein Vorarbeiter, ähnlich einem Dirigenten, das Kommando: Zeitgleich gießen die Männer das Eisen in die Form und setzen in ein und demselben Moment wieder ab.

Die fertigen Klaviere werden in einer zweiten Fabrik, zwei Stunden von New York entfernt, noch einmal auseinandergenommen, geprüft, gestimmt und verpackt. In guten Zeiten stellt das Unternehmen zehn Klaviere pro Tag her. Die Klaviere dienen der Kunst, aber schon in ihrer Entstehung verbirgt sich eine Kunstfertigkeit. Dabei wird die menschliche Handarbeit von der Präzisionsarbeit der Maschinen unterstützt. Aus dem Kontakt zum Klavierunternehmen Steinway wird eines Tages eine ungewöhnliche Geschäftsbeziehung entstehen, von der Wilhelm Maybach und Gottlieb Daimler profitieren werden. Aber das ahnt in diesen Herbsttagen des Jahres 1876 noch keiner der Beteiligten.

Die Kinder seines Bruders nennen Wilhelm Maybach bald Onkel, sie gewöhnen sich rasch an das neue Familienmitglied auf Zeit. Onkel Wilhelm sieht dem eigenen Vater ohnehin zum Verwechseln ähnlich: Dass Karl und Wilhelm Brüder sind, muss jeder, der sie zusammen sieht, sofort erkennen. Die hohe Stirnpartie, die Augen, die ganze Kopfform ähneln einander sehr. Zudem tragen beide einen eigenwilligen Bart: an der Oberlippe buschig, in der Mitte und dann zu den Seiten spitz auslaufend. Am Kinn nimmt er eine dürre Ziegenbartform an. Ein Bart wie ein Markenzeichen.

Doch Wilhelm Maybach ist nicht allein wegen seines Bruders in die Vereinigten Staaten gekommen. Vier Eisenbahnstunden trennen New York von Philadelphia, wo der junge Deutsche in den nächsten Wochen mehr als zwanzigmal die Weltausstellung besucht, bevor er seine touristische Neugier befriedigt. Die Niagarafälle bieten ihm ein Spektakel, das er in seinem Leben noch nie zuvor gesehen hat: „Das Getöse der fallenden Wassermassen ist fürchterlich, die Wucht des Falles macht Häuser zittern." Wilhelm Maybach macht sich in seinem Tagebuch Notizen, zeichnet das amerikanische, dann das kanadische Ufer und steigt von der Gischt durchnässt schließlich in einen Zug, der ihn nach Buffalo bringt. Während der Fahrt trocknen seine Kleider, nur seine verdreckten Schuhe lässt er am Ziel der Fahrt von einem jungen Schuhputzer reinigen.

Buffalo ist für Wilhelm Maybach nur ein Zwischenstopp auf seiner Reise zum schwarzen Gold, das ganz in der Nähe aus dem Boden sprudelt. Wilhelm Maybach ist einer Revolution auf der Spur, die für ihn und für Gottlieb Daimler einmal eine herausragende Bedeutung bekommen wird. Der Ingenieur wird Zeuge einer Energiewende. Als er wieder im Zug sitzt, sieht er von seinem Abteil aus eine von Menschen ausgebeutete Landschaft: Die Eisenbahn fährt durch bereits abgebrannte oder noch brennende Wälder, vorbei an gefällten Bäumen. Zwischen lieblichen Dörfern erstreckt sich verwüstetes Land, es riecht nach Petroleum. Als der Zug nachts um eins nach vielen Stunden Fahrt die Kleinstadt Titusville in Florida erreicht, sieht Wilhelm Maybach im Mondschein die Bohr- und Pumpapparate. Auf den umliegenden Bergen leuchten zahllose Lichter von aus der Erde ragenden Rohren, an deren oberen Ende Flammen brennen.

Die Landschaft hat sich binnen kurzer Zeit radikal verändert. Hier regiert die Gier, das Öl sprudelt und mit ihm der Gewinn. Der Fortschritt zeigt seine hässliche Fratze, und Wilhelm Maybach sieht die

Spuren eines Raubbaus an der Natur. Holz, jahrtausendelang der unumstrittene Brennstoff Nummer eins, wird zuerst von der Kohle und dann vom Erdöl abgelöst. Im Sommer 1859 ist in Pennsylvania erstmals in kommerzieller Absicht erfolgreich eine Ölquelle angebohrt worden. Die Aktion löste rund ein Jahrzehnt nach dem kalifornischen Gold- einen Ölrausch aus.

Wilhelm Maybach verpasst seinen Anschlusszug und übernachtet in Oil City in Pennsylvania. Schon in New York hat er in jeder Straße die Plakate der Kandidaten für die amerikanischen Präsidentschaftswahlen gesehen. Zwischen den Demokraten und den Republikanern zeichnet sich in diesem Jahr ein enges Rennen ab, beide Seiten mobilisieren alle Kräfte. Abends beobachtet der Deutsche die Anhänger der Parteien, die begleitet von Musikkapellen durch die Stadt ziehen. Danach verlagert sich die Politik in die Kneipen, man argumentiert nicht immer zimperlich: In Maybachs Hotel wird erst diskutiert, dann fliegen die Fäuste. Die Stadt, die vom Öl lebt, versprüht einen rauen Charme. Wer sie erkunden will, läuft auf Holztrottoirs, die um die Stadt herum und bis in die umliegenden Berge hinaufführen. Auf ungepflasterten Straßen führt jeder Fehltritt unweigerlich zu einer näheren Bekanntschaft mit Schmutz und Schlamm. In Oil City sind nur wenige Häuser aus Backsteinen errichtet, alle anderen sind aus Holz.

Am Morgen macht sich Wilhelm Maybach auf den Weg, um eines der Ölpumpwerke aus der Nähe zu betrachten. Hunderte von ihnen hat er tags zuvor von seinem Hotelzimmer aus gesehen, aber der Techniker geht den Dingen auf den Grund. Maybach will verstehen, wie die Ölförderung funktioniert: Die Amerikaner bohren und pumpen mithilfe von Dampfmaschinen, bei neuen Quellen läuft das Öl gewöhnlich von selbst. Anschließend wird der Rohstoff in Bottiche gepumpt und zur Eisenbahn transportiert. Wie schon bei der Kohle sind es beim Öl erneut die Züge, die die Rohstoffe im ganzen Land verteilen. Am Bahnhof entdeckt Wilhelm Maybach hinter Dampflokomotiven eigens für den Öltransport konstruierte Wagen in „nicht enden wollenden Reihen“.

Als Maybach mit dem Zug nach Pittsburgh weiterfährt, erkennt er das ganze Ausmaß der menschlichen Eingriffe in die Natur: Die Ufer des an der Zugstrecke gelegenen Flusses sind von Petroleum verseucht, das Wasser schillert in bunten Farben. Raffinerien, in denen das Öl weiterverarbeitet wird, kündigen die Stadt Pittsburgh an, lange bevor Wilhelm Maybach die ersten Häuser sieht. Von einer Anhöhe herab sieht der Deutsche nur den Rauch, der Pittsburgh einhüllt. In der Nacht bietet sich ihm ein apokalyptisches Bild, das sich aus brennenden Schornsteinen und glimmenden Baumstümpfen zusammensetzt. Wilhelm Maybach wird während seiner Reise Zeuge, wie die Industrialisierung nicht nur die Städte verwandelt, sondern auch das Land. Das Phänomen wirkt sich in großem Stil auf die Luft aus, die die Menschen atmen, auf das Wasser, das sie trinken und auf die Erde, von deren Erträgen sie leben. Noch existiert dafür kein griffiges Schlagwort. Später wird es untrennbar mit der Industrialisierung verbunden sein: Umweltzerstörung.

Die Neue Welt beeindruckt Wilhelm Maybach mit vielen widersprüchlichen Bildern – in der Alten Welt, im Schatten des Kölner Doms, hält sein Förderer Gottlieb Daimler die Stellung. Doch in Köln-Deutz erlebt Daimler nur eine Neuauflage der alten Scherereien. Sein Erzfeind Nikolaus August Otto macht mit einer Erfindung von sich reden, an der doch er, Daimler, selbst maßgeblich mitgearbeitet hat. Nein, diese Erfindung wäre ohne seine Mitarbeit geradezu undenkbar, sie würde niemals funktionieren, sie ließe sich nicht verkaufen. Und dennoch beansprucht Nikolaus August Otto die geistige Urheberschaft für den neuen Viertaktmotor: Er fordert, dass die Maschine „Ottos neuer Motor" genannt werden solle – Gottlieb Daimler hält dieses Ansinnen für einen unerträglichen Affront. Der Apparat müsse stattdessen einen neutralen Namen tragen: „Neuer Deutzer Motor".

Der Streit setzt den Aufsichtsrat der Gasmotorenfabrik unter Druck: Egal, wie man sich in dieser Angelegenheit entscheidet, einen der beiden Streithähne wird man verprellen. Der Firmengründer Eugen Langen versucht, die Widerspenstigen mithilfe eines Kompromisses zu zähmen: Otto erhält die Namensrechte. Eugen Langen schreibt ihm, er hoffe, „daß dadurch, daß man die Maschine nach Ihnen benennt, nicht das Verhältnis zwischen den Mitgliedern der Direktion gestört, sondern gefestigt werde". Gottlieb Daimler wiederum wird durch ein Mittel besänftigt, das in den meisten Fällen seine Wirkung nicht verfehlt: Geld. Dafür, dass er den Namen Ottomotor leichter erträgt, erhält der Schwabe Aktienanteile. Eugen Langen glaubt, dass mit dieser salomonischen Lösung in Köln-Deutz der Burgfrieden wiederhergestellt ist. Er hofft, „Geheimnistuerei und Eifersucht“ zwischen seinen wichtigsten Mitarbeitern beseitigt und Frieden gestiftet zu haben. Langen wird schnell feststellen, dass er seine beiden Erfinder-Diven nicht gut genug kennt.

Hinter dem Horizont wird man gescheiter – 1879

Drei Jahre hat sich Robert Bosch mit seinem trägen Meister Wilhelm Maier abgeplagt. Endlich endet die Ausbildungszeit für den nun 18-Jährigen. Meister Maier unterschreibt ein spärlich betextetes Abschlusszeugnis, in dem er seinem Lehrling bescheinigt, durch Fleiß und gutes Betragen seine Zufriedenheit erworben zu haben. Für dessen „ferneres Fortkommen“ wünsche er ihm Glück. Die Wege der beiden trennen sich, es gibt nichts, was den Jungmechaniker hier noch halten könnte. Robert Bosch bleibt neben dem Zeugnis der schale Beigeschmack, mehr zu können, aber nicht richtig gefördert und gefordert worden zu sein. Aus dieser Bitterkeit wird er später seine Schlüsse ziehen. Dann wird er es sein, der andere anleitet.

Nach der Lehrzeit beginnen seine Wanderjahre. Robert Bosch stellt sich in Pforzheim und in Karlsruhe vor, aber dort hat niemand Verwendung für ihn, vielleicht auch, weil es in diesen Jahren nicht üblich ist, dass ein Mechaniker einfach vorspricht, ohne vorher schriftlich bei den Werkstätten angefragt zu haben. Jetzt muss die Familie weiterhelfen. Robert Bosch steigt in einen Zug, über Heidelberg fährt er nach Köln, wo sein Bruder Carl lebt. Mit Carl und mit seiner Schwester Babette fühlt sich Robert unter seinen vielen Geschwistern am engsten verbunden. Die Stadt am Rhein strebt in die Zukunft – und blickt gleichzeitig weit in die Vergangenheit zurück. Kein anderes Bauwerk atmet mehr Geschichte als der Dom. Als Robert Bosch im Jahr 1879 die

Stadt erstmals sieht, ragt ihr Wahrzeichen fast vollendet in den Himmel. Vor mehr als sechs Jahrhunderten haben die Baumeister den ersten Stein für den Kölner Dom gesetzt – nun strebt das Bauwerk nach mehreren Unterbrechungen seiner Fertigstellung entgegen. Robert Bosch betrachtet den gotischen Dom ein Jahr vor dessen Vollendung. Rund um Köln läuten weitaus profanere, aber kaum weniger komplexe Monumentalbauten, eine neue Epoche ein. Die Stahl- und Schwerindustrie expandiert, sie schafft neue Arbeitsplätze und bringt Bewegung in die Stadt Köln. Der rheinische Katholizismus trifft auf Hammer und Stahl.

Robert Boschs Bruder Carl hat sich in den neuen Zeiten eingerichtet, geheiratet und seine beruflichen Chancen ergriffen. Seit rund zehn Jahren führt er gemeinsam mit einem früheren Lehrkameraden aus Ulmer Zeiten in der Kölner Schildergasse ein Geschäft, das in Gas- und Wasserleitungsangelegenheiten Kundendienste anbietet. Für die Kinder aus der Großfamilie Bosch ist Carl ein Orientierungspunkt. Ihn umgibt ein Nimbus. Carl Bosch hat zwischenzeitlich in Marseille gelebt, jetzt beweist er sich in der Großstadt Köln als Selfmademan. Manchmal wundert sich Robert Bosch, wie sehr er mit seinem Bruder in wichtigen Dingen übereinstimmt, er teilt dessen Einstellung gegenüber dem Leben. Im Betrieb seines älteren Bruders arbeitet Robert einige Zeit als Messingschlosser, doch es steht für ihn fest, dass dies nur ein kurzer Zwischenstopp auf seinem Weg in die Selbstständigkeit sein soll. Robert Bosch bewirbt sich in der näheren Umgebung, doch er findet weder in Köln noch in Bonn etwas Passendes. Daraufhin verlässt Robert Bosch Köln – doch zu Carl, dem er sich nahe fühlt, wird es ihn wieder zurückziehen.

Jetzt probiert er im Süden sein Glück. Im Winter 1879 arbeitet Robert Bosch bei der Stuttgarter Firma C. & E. Fein, einem der ersten Elektrotechnikbetriebe, die in Süddeutschland über die Größe einer Werkstatt hinausgewachsen sind. Einige Dutzend Beschäftigte arbeiten dort unter der Regie eines Mannes, der in seinen jungen Jahren bei Siemens & Halske in Berlin und anschließend in London Erfahrungen gesammelt hatte: Wilhelm Emil Fein besitzt eine Spürnase – nicht nur für neue technische Produkte, sondern auch dafür, mit welchen dieser Produkte sich Geld verdienen lässt. Als Robert Bosch in Stuttgart ankommt, ist die Firma mit einem Großauftrag für Feuermeldeanlagen beschäftigt. Auch an dem von Alexander Graham Bell erfundenen Telefon tüfteln Fein und seine Mitarbeiter und entwickeln es mit einem Hufeisenmagneten weiter. Fein arbeitet an transportablen elektrischen Beleuchtungsanlagen, an physikalischen und therapeutischen Apparaten und später an einem beweglichen Telefon, das von den Militärs im Feld eingesetzt wird, um Verbindung mit der Heeresführung im Hinterland halten zu können. Darüber hinaus entwickelt er auch den elektrischen Antrieb für Werkzeugmaschinen. Ein halbes Jahr lang wird der junge Robert Bosch Teil dieses schwäbischen Pionierbetriebs der Elektrotechnik.

Doch im Frühjahr 1880 schreibt er seine Briefe schon wieder von einer neuen Adresse aus. Diesmal hat es ihn ins hessische Hanau verschlagen, wo er in einer Fabrik beschäftigt ist, die Fuchsschwanzketten aus Gold, Silber und einer Legierung aus Kupfer und Zink herstellt. Robert Bosch wird reicher – wenn auch nur an Erfahrungen: Zur Elektrotechnik kommt in Hanau der Werkzeugmaschinenbau hinzu, Robert Bosch arbeitet in einem kleinen Team, das Spezialmaschinen herstellt. Eines Abends schlägt er in Hanau ein Lehrbuch über Optik auf, „Licht und Farbe“. In diesem Buch findet er einen Zettel mit einer Widmung seiner Mutter: „Ein Schiff ohne Steuer vertraut sich den Wellen, nicht lange, so wird es an den Klippen zerschellen. Das Meer ist das Leben, das Schifflein bist Du, die Klugheit mein Freund, ist das Ruder dazu.“

An Klugheit mangelt es Robert Bosch nicht, aber noch steht sein Leben auf schwankendem Grund. Als sein Vater stirbt – genau wie sein Bruder Johann Georg an einer Lungenentzündung – fehlt der Familie zu einem frühen Zeitpunkt ihr Oberhaupt. In der Rückschau wird Robert Bosch bedauern, dass sich sein Vater nach dem Verkauf des Gasthauses zu früh aufs Altenteil zurückzog. Neun Tage lang habe der Vater mit der Lungenentzündung gerungen. Er hätte diesen Kampf wohl nicht verloren, glaubt sein Sohn, wenn er nicht bereits an Herzverfettung gelitten hätte. Robert Bosch beschließt für sich, dass er niemals zu früh von der Arbeit lassen wolle: „Da könnte man schließlich in seinen alten Tagen als Knackwurstprivatier herumlaufen.“

In Ulm lebt der Charakterkopf Servatius Bosch in der Erinnerung mancher Nachbarn fort: auch weil ihm, der zeitlebens andere Wege beschritt, manches angedichtet wird. So besucht einige Zeit nach Servatius Boschs Tod eine alte Bäuerin die Witwe. Sie werde bestohlen, erzählt die Frau, ob man ihr in dieser Angelegenheit helfen könne? Sie habe schließlich gehört, dass Servatius Bosch habe bannen können. Maria Margaretha Bosch empört dieser Geisterglaube der Bäuerin: Nein, ihr Mann sei kein Hexenmeister gewesen!

Als Robert Bosch von seiner Mutter diese Anekdote hört, versucht er sich einen Reim auf den Hexenglauben zu machen: Als sein Vater noch Bauer war, ließ er bei der Ernte das Getreide in regelmäßigen Rechtecken aufschütten. Anschließend nahm er den Stiel seiner Schaufel, zog rings um diesen Haufen Schlangenlinien und ritzte seine Anfangsbuchstaben in die Erde, um seinen Besitz zu markieren. Seinerzeit war es üblich, dass die Bauernsöhne heimlich einen Sack mit Getreide füllten und diesen verkauften, um Geld zu bekommen, das sie bei der Kirchweih umgehend versaufen konnten. Das Ernteritual von Servatius Bosch diente folglich als Diebstahlschutz – wer etwas stehlen wollte, musste den von seinem Eigentümer markierten Haufen komplett zerstören, um sich einen Sack mit Getreide zu füllen. Manche Erntehelfer vom Land sahen in diesen Schlangenlinien jedoch einen dunklen Abwehrzauber.

Im Frühjahr 1881 reist Robert Bosch, nun fast 20 Jahre alt, erneut an den Rhein, wo sein 18 Jahre älterer Bruder Carl gemeinsam mit seinem aus Stuttgart stammenden Schwager die Firma Bosch & Haag führt. Umsichtig betreibt er das Großhandelsgeschäft, in dem Installateure ihre Einrichtungen kaufen. Carl Bosch fühlt sich seinem jüngeren Bruder Robert verpflichtet, erst recht seit dem Tod des Vaters. In Köln hat Carl Bosch bereits erreicht, wonach Robert Bosch noch strebt: Er ist nicht nur sesshaft geworden, Carl Bosch zählt in der Stadt am Rhein längst zu den geachteten Persönlichkeiten. Er hat den Kaufmännischen Verein, die Kaufmännische Abendschule und die Handelshochschule gegründet. Carl Bosch mischt sich ein in die öffentlichen Belange, er sagt seine Meinung, wo er es für angebracht hält. Diese Einstellung wirkt wie ein Erbteil der Familie – sie spiegelt das Wesen seines Vaters Servatius wider. Robert Bosch blickt zu seinem älteren Bruder auf. Mit Carl Bosch ist in Köln zu rechnen – und sein eigenes

Geschäft, in dem er immer mehr Mitarbeiter einstellt, beweist, dass Carl Bosch auch ein Kaufmann ist, der zu rechnen vermag.

Diese Fähigkeit fehlt seinem jüngeren Bruder Robert noch, der sein technisches Wissen inzwischen verfeinert hat. Von Bilanzen, Umsatz und Gewinn versteht er jedoch wenig. Das soll sich ändern, bei Carl erhält Robert Bosch eine kaufmännische Ausbildung im Schnelldurchlauf. Robert Bosch hat den festen Willen, später auf eigenen Füßen zu stehen. Doch am Markt durchsetzen wird er sich nur dann, wenn sein Betrieb solide wirtschaftet. Während Robert Bosch die Bücher des Großhandelsgeschäfts durcharbeitet, dringt Lärm meist nur aus einer angeschlossenen Werkstatt, in der die zum Verkauf stehenden Geräte und Apparaturen zusammengebaut werden.

Wenn Robert Bosch in dieser Werkstatt vorbeischaut, begegnet er oft einem noch nicht siebenjährigen Jungen, der spielerisch den Umgang mit dem Werkzeug lernt. Es handelt sich um den ältesten Sohn seines Bruders Carl, dem die Eltern den Namen seines Vaters gegeben haben: Carl Bosch junior. Der Junge ist aufgeweckt, er erkundet mit der gleichen Neugier und Leidenschaft die Natur wie sein Onkel Robert in seinen Kindheitstagen. Carl Bosch spielt mit seinen Freunden auf den Überresten der alten Kölner Stadtmauer, die in diesen Jahren abgerissen wird. Neben der Trümmerlandschaft fasziniert ihn ein Sumpfgebiet vor den Toren der Stadt. Dort streift er umher, sucht im Wasser nach Tieren, fängt Insekten und erforscht die Käferwelt. Abends bringt er seine Schätze nach Hause, wo er Sammlungen seiner Tiere anlegt. In der Schule werden seine Lehrer später feststellen, dass seine Leistungen in Zoologie und Botanik hervorragend sind. Carl Bosch junior verbindet die Begeisterung für die Natur mit der präzisen Beobachtungsgabe, die auch Robert Bosch auszeichnet. Im Baukasten der Natur verbergen sich zahllose Wunder, die nur noch größer werden, wenn man zwei Käfer voneinander unterscheiden kann.

Zwischen dem siebenjährigen Carl Bosch junior und seinem 20-jährigen Onkel Robert entwickelt sich eine Freundschaft, die viele Jahrzehnte bestehen bleiben wird. Robert Bosch erkennt schon bei diesen frühen Begegnungen, dass sein Neffe über viele Talente verfügt. Bald wird Carl Bosch auch sein handwerkliches Geschick beweisen, indem er Vogelkäfige und Terrarien mit einer Warmwasserheizung baut. Noch ist für den jungen Carl alles nur ein großes Spiel, wenn er gemeinsam mit seinem Vater Drachen baut, die sonntags über den Feldern flattern. Es liegt an einem sehr fernen Horizont verborgen, dass Robert und Carl Bosch beide einmal Unternehmen von Weltrang führen werden und dass Carl Bosch junior mit dem Nobelpreis für Chemie ausgezeichnet wird.

Im Köln des Jahres 1881 backt Robert Bosch kleine Brötchen. Was er für die Firma Bosch & Haag in der Altstadt an Einnahmen und Ausgaben einander gegenüberstellt, sind Peanuts im Vergleich zu dem, was Firmenbuchhalter auf der anderen Rheinseite errechnen. Fünf Kilometer vom Bosch-Betrieb entfernt, dreht eine Firma am großen Rad.

Ein explosives Gemisch – 1881

In Köln-Deutz ist die Großindustrie zu Hause. Keine andere Motorenfabrik reicht inzwischen an die Größe der Gasmotorenfabrik Deutz heran. Einen beträchtlichen Anteil an diesem Erfolg schreibt sich ein Mann zu, der seit neun Jahren als technischer Direktor im Dienst der Fabrik steht. Er trägt einen Vollbart, ist mit den Jahren fülliger geworden. Unstillbar ist sein Hunger nach Erfolg. Die Arbeit in Deutz ist die bisherige berufliche Krönung für den Bäckersohn Gottlieb Daimler, der auf dem Fabrikgelände mit seiner Familie ein repräsentatives Bürgerhaus mit Garten bewohnt, das an ein zweites angrenzt. Die Nachbarschaft ist problematisch. Direkt nebenan wohnt der kaufmännische Direktor der Gasmotorenfabrik, Nikolaus August Otto, mit seiner Familie. Daimler und Otto arbeiten seit Jahren mehr gegen- als miteinander – für die Gasmotorenfabrik wird diese Feindschaft zu einem explosiven Gemisch. Von jedem Funkenschlag droht Gefahr.

Die Herren streiten sich, wo sie aufeinandertreffen. Nikolaus Otto erfindet den Viertaktmotor – aber Gottlieb Daimlers Ziehsohn Wilhelm Maybach verbessert den Motor auf eine Weise, die seine Massenfertigung erst ermöglicht. So notiert Gottlieb Daimler über Ottos Viertaktmotor in seinem Tagebuch: „Nicht aber Idee, gute Ausführung ist

Hauptmoment“. Ihm, Gottlieb Daimler, sei es zu verdanken, dass in Deutz aus einer kleinen Werkstatt eine planmäßig eingerichtete, gut organisierte Musterfabrik entstanden sei. Man könne ruhig von einem Weltetablissement reden!

Zwischen Daimler und Otto geht es um Kompetenzen, Geld und Ruhm. Die beiden tragen ihre Eifersüchteleien auch über Briefwechsel aus: Die Konzernspitze möge bitte einsehen, dass der eine, nein, der andere! unzweifelhaft im Recht sei.

Die Chefetage versucht zum wiederholten Mal Wogen zu glätten, die kaum mehr zu beruhigen sind. In einem Brief verschafft sich Gottlieb Daimler einem Freund gegenüber Luft. Nikolaus Otto ist für ihn zu einem roten Tuch geworden. „Unter Führung unseres Dilettanten wird der hiesige Karren immer mehr verfahren und ich bin nicht frech genug, demselben, so wie es sich gehört, entgegenzutreten ... Es ist zum Kuckuckholen, daß überall die Leute erst durch Schaden klug werden und der ruhig denkende Techniker durch den schwungvollen Kaufmann von seiner Bahn abgelenkt wird.“

Die Trennung in Techniker und Kaufleute prägt Gottlieb Daimlers Denken. Ihm fällt es schwer, sich in die Gedankenwelt der Finanziers hineinzuversetzen, obwohl er selbst bei Vertragsabschlüssen hart verhandelt. Gottlieb Daimler sieht sich bevormundet und gegängelt. Dabei wisse er es doch besser.

In Deutz redet man öfter über-, aber nur noch selten miteinander. Spitzzüngig bedenken die verfeindeten Lager einander mit abfälligen Begriffen, die den Irrweg der Kontrahenten verdeutlichen sollen. Ottos eigene Versuchswerkstatt, in der er an dem Viertaktmotor getüftelt hat? Eine Murksbude, raunt man im Daimler-Lager. Die Gruppe um Gottlieb Daimler, Wilhelm Maybach und deren Landsleute, die nach und nach aus dem Süden des Landes zugezogen sind? Ein seltsames Schwabennest, in dem nichts Gutes ausgebrütet werde, sagen die Getreuen von Nikolaus August Otto.

In Deutz ruiniert man sich, so gut man kann, gegenseitig die Gesundheit und den Verstand. Die beiden Nachbarn Daimler und Otto, die Wand an Wand wohnen, sind ziemlich beste Feinde. Gottlieb Daimler herrscht in den Werkstätten mit an Starrsinn grenzender Willenskraft – jede Erfindung ist für ihn das Endprodukt von tausend kleinen

Schritten. Auf der anderen Seite lässt sich Nikolaus August Otto bei seinen Arbeiten oft von seiner Intuition leiten, der schroff zupackende Daimler bleibt ihm fremd. Wo man miteinander reden müsste, herrscht zwischen den beiden Schweigen. Misstrauisch beäugen sie die Schritte des anderen. Otto versäumt es nicht, sein Arbeitszimmer stets abzuschließen, nachdem er es verlassen hat, weil er befürchtet, dass Daimler sonst von seinen Plänen erfahren könnte. In Köln heißt es, Otto sei ein „Mensch ohne Haut", manchmal überempfindlich im Umgang mit anderen Menschen. Als Nikolaus August Otto vom Firmenchef Eugen Langen einen Brief erhält, der sein Verhältnis zu Gottlieb Daimler thematisiert, liest er darin folgende Frage: „Sind Sie beide denn Feuer und Wasser und können sich nie befreunden, weder geschäftlich noch persönlich, trotzdem Sie die gleichen Interessen haben?"

Ja, die beiden sind Feuer und Wasser. Daimler verleugnet seine aufbrausende Art nicht. Wenn er auf Dilettantismus trifft und seine Anordnungen missachtet werden, tobt er in der Fabrik. Es sei besser, meint Daimler, „sich einmal kotzengrob die Wahrheit zu sagen, als hinterhältig muffelnd nebeneinander herzulaufen". Diese Eruptionen eines Feuerkopfs sind nichts für dünnhäutige Menschen.

Ungeachtet aller Fehden ist die Gasmotorenfabrik unter der Regie der Streithähne wirtschaftlich erfolgreich. Es ist nicht einmal 20 Jahre her, dass Gottlieb Daimler und Nikolaus August Otto in Paris staunend wie Schuljungen vor dem Wundermotor des Étienne Lenoir standen. Nach dieser Lektion erhielt der junge Gottlieb Daimler im Dunstkreis der Fabrikschlote von Manchester technische Entwicklungshilfe. Nun jedoch blicken Franzosen, Engländer und Amerikaner nach Köln-Deutz. Maschinenbauer aus aller Welt reisen ins Rheinland, um den neuen Viertaktmotor zu sehen, von dem alle reden. Bei dem Motor handelt es sich um ein Fortschrittsprodukt „made in Germany" – um ein Werkstück aus einer deutschen Forschungs- und Entwicklungsabteilung. Der Erfolg ist so groß, dass ihn Gottlieb Daimler und Nikolaus August Otto nicht gemeinsam verkraften.

Unbeeindruckt von diesen menschlichen Zerwürfnissen sucht der Rhein weiter seinen Weg durch die Domstadt Köln. Er wäscht Steine glatt und sammelt flussabwärts Geschichten. In Mannheim kommt eine weitere Technikgeschichte hinzu. Hier lebt ein Mann, der ebenfalls an die Zukunft der Motoren glaubt. Carl Benz ist der Sohn eines Schmieds, der später in den Dienst der Badischen Staatsbahn trat. Benz wurde in Karlsruhe geboren, seine Vorfahren stammen aus einem Schwarzwalddorf, und es sind dessen weltberühmte Uhren, die der kleine Carl schon als Junge auseinanderbaute, reparierte, wieder zusammensetzte und damit sein erstes Geld verdiente. Diese Fingerfertigkeit half ihm Jahre später, als er in der Karlsruher Maschinenfabrik in halbdunklen Werkstätten bohrend und feilend Zwölfstundentage verbrachte. Inzwischen ist Carl Benz längst selbstständig und verheiratet mit seiner Berta. Doch die Werkstätte, die er in Mannheim betreibt, bringt ihm zunächst nicht den Wohlstand, sie bringt ihn dem Ruin näher.

Seine Geschichte erzählt vom Willen, durchzuhalten. Erfinden und daran verzweifeln, dass es nicht funktioniert – dieses Gefühl kennt Carl Benz allzu gut. Jahrelang hatte er seinen Zweitaktmotor verändert und verbessert, aber der Apparat funktionierte nicht richtig. Für Carl Benz wurde es zu einer Existenzfrage, ob er diesen Motor zum Laufen bringen würde. Seine Ängste plagten ihn bis zu einer magischen Silvesternacht, deren Ablauf er in seinen Erinnerungen später womöglich verklärt: Seine Frau Berta habe ihn nach dem Abendessen aufgefordert, erneut in die Werkstatt hinüberzugehen. Man müsse dort noch einmal sein Glück versuchen, in ihr locke etwas, es ließe ihr keine Ruhe.

Ihr Mann Carl erinnert sich an diesen Wendepunkt seiner Karriere: „Und wieder stehen wir vor dem Motor, wie vor einem großen schwer enträtselbaren Geheimnis. Mit starken Schlägen pocht das Herz. Ich drehe an. Tät, tät, tät, antwortet die Maschine. In schönem regelmäßigem Rhythmus lösen die Takte der Zukunftsmusik einander ab. Was keine Zauberflöte der Welt zuwege gebracht hat, das vermag jetzt der Zweitakter. Je länger er singt, desto mehr zaubert er die drückend harten Sorgen vom Herzen … Auf einmal fingen auch die Glocken zu läuten an. Silvesterglocken! Uns war's, als läuteten sie nicht nur ein neues Jahr, sondern eine neue Zeit ein, jene Zeit, die vom Motor den neuen Paukenschlag empfangen sollte."

Solche Geschichten könnte der mythische Rhein mit sich forttragen, auf seinem Weg durch das Heimatland der Romantik: wie sich zwei

Männer in Köln trotz ihres gemeinsam erreichten Erfolgs immer mehr entzweien und wie eine starke Frau in Mannheim ihrem zweifelnden Mann Mut zuspricht. Da fließt ein moderner Legendenstoff dahin, dessen Hauptrollen mit zwiespältigen Heldenfiguren besetzt sind: hier der aufbrausende Gottlieb Daimler, dort der am finanziellen Abgrund taumelnde Carl Benz und dazu der dünnhäutige Nikolaus August Otto. In diesem Gründerzeitendrama beansprucht jeder von ihnen eine Hauptrolle. Noch ahnt keiner, dass die Namen Daimler und Benz einmal nur noch von einem Bindestrich getrennt sein werden. Noch kreuzen sich die Wege der beiden Männer nicht.

Unterdessen ist man in Köln langsam mit der Geduld am Ende. Die Konzernspitze um Eugen Langen hat sich den Hahnenkampf zwischen Gottlieb Daimler und Nikolaus August Otto lange mit angesehen. Nun sinkt der Stern des Schwaben, den man zunehmend als Querulanten empfindet. Erst recht, nachdem Gottlieb Daimler sich in einer strategischen Frage gegen die Mehrheitsmeinung im Unternehmen stellt. Daimler erhält unerfreuliche Post. Er möge sich künftig einmal wöchentlich für eine Privatkonferenz mit seinem Chef zur Verfügung halten. Man wolle Fortschritte sehen. Wo er sich einfinden solle, werde man ihm mitteilen. Der Brief ist in seiner Aussage und im Tonfall eine unmissverständliche Demonstration von Macht. Gottlieb Daimler soll endlich als Teamplayer arbeiten und gefälligst nach den Regeln der Konzernleitung spielen.

Der Schuss vor den Bug trifft Gottlieb Daimler. Er setzt einen Brief an Otto auf, in dem er versöhnliche Töne anschlägt. Vergangenes solle vergessen sein, er könne sich vorstellen, künftig freundlich miteinander umzugehen. Wenn dies auch Ottos Wunsch sei, sei er, Daimler, stets bereit, ihm entgegenzukommen. Die Antwort auf das Friedensangebot Gottlieb Daimlers fällt kühl aus. Otto erklärt, er habe nur im Interesse der Sache zu Daimlers wiederholten Auslassungen geschwiegen. Sonst hätte es schon längst einen „unmittelbaren Bruch“ zwischen beiden gegeben.

Der Briefwechsel verdeutlicht, wie tief die Gräben zwischen den beiden sind, wie sehr die geschäftlichen Differenzen ins Persönliche hineinspielen. In Deutz wird eines immer deutlicher: Die Zukunft heißt nicht Otto *und* Daimler. Die Zukunft heißt Otto *oder* Daimler. Die Zeichen stehen auf Trennung.

Die Konzernspitze versucht, Zeit zu gewinnen, um sich darüber klar zu werden, wie es mit dem schwäbischen Sturschädel weitergehen soll. Wenn Gottlieb Daimler nur für längere Zeit von der Bildfläche verschwinden würde, am besten so weit weg, dass ihm nur wenig von zu Hause zugetragen werden könnte! Im Sommer 1881 spricht man in der Direktion mit ihm. Es gebe eine wichtige Aufgabe, er sei bestens dafür geeignet, es sei reizvoll, ein Abenteuer. Es gehe um Russland. Dort soll Gottlieb Daimler neue Märkte für die Gasmotorenfabrik erschließen, Handelswege auskundschaften und Erdölvorräte bewerten. Die Aufgabe reizt Gottlieb Daimler. Der wilde Osten, in dem Zar Peter der Große regiert, ist auch für ihn Neuland.

Auf dem Zugfenster blühen Eisblumen – Herbst 1881

Im Oktober 1881 betritt Gottlieb Daimler den Berliner Bahnhof. Sein Arbeitgeber hatte ihn zur Eile gedrängt, rasch musste er die außergewöhnliche Dienstreise vorbereiten, die er nun antritt. Am Schalter kauft sich Gottlieb Daimler ein Schlafbillett für den Zug, der ihn zunächst nach Warschau bringen soll. Der 47-Jährige ist ein weltgewandter Geschäftsmann, er spricht Englisch und Französisch. Die Weiten Russlands kennt er nur vom Hörensagen. Als Gottlieb Daimler in den Zug einsteigt, denkt er an seine Reiseroute, an Polen, Lettland und Russland. Aber ahnt er auch, was ihm nach seiner Rückkehr in Deutz bevorstehen könnte?

Mal schauen, was die Konkurrenz im Osten macht. Gottlieb Daimler führt Tagebuch. In Warschau notiert er: „130 000 Einwohner, 200 000 Spindeln, Gummifabriken fehlen, Gasfabriken fehlen“. In Riga besucht er die russisch-baltische Waggonfabrik, deren Geschäfte so schlecht laufen, dass er anschließend festhält: „Sie sägen Holz für England, um Leute zu beschäftigen“. Der Motorenfabrikant aus Deutschland weiß genau, dass Spitzentechnologie ohne gut ausgebildete Fachkräfte zum Scheitern verurteilt ist. In Lettland schreibt er ernüchtert: „Es ist eine Kunst, in einem Lande mit ungelehrig Leuten, Maschinen auf die Dauer gut gehend zu halten."

Sein eigener Erfolg ist das Produkt jahrzehntelanger Erfahrungen. Er begann in Schorndorf, lernte am Stuttgarter Polytechnikum, arbeitete im Elsass und in England, übernahm in Reutlingen erstmals Führungsverantwortung, bevor er nach Karlsruhe ging und von dort nach Köln. Niemand muss ihm erklären, dass Köln nicht der Nabel der Welt ist, auch nicht München oder Berlin. Daimlers Horizont reicht darüber hinaus. In den Weiten Osteuropas wittert er Geschäfte, die nur darauf warten, abgeschlossen zu werden. Wie könnte die Gasmotorenfabrik in Deutz daraus Kapital schlagen? Wo läge sein eigener Gewinn? Akribisch notiert er in seinem Tagebuch, in welchem Zustand sich Fabriken und Anlagen befinden. Er besichtigt Messingwalzwerke, Gießereien und eine Schiffsbauwerkstatt, er erkundet Leucht- und Kraftgasfabriken. In seinen Notizen rechnet er durch, wie hoch die Preise für Roheisen liegen, er überlegt, was wohl an Löhnen und Gewerbesteuern zu zahlen wäre. Ob hier Profite möglich sind, von denen außer ihm kein anderer etwas ahnt?

Gottlieb Daimler schärft seinen Blick. Er bewertet Absatzmärkte und trifft sich mit potenziellen Handelspartnern. Die Konkurrenz sitzt nicht mehr nur vor seiner Haustür: Sie kann überall dort, wo die Eisenbahn hält, in wenigen Jahren besser und schneller sein als er selbst. Der Wettbewerb ist rau, die Karten werden neu gemischt, und nicht alle Mitspieler sind Ehrenmänner. Gottlieb Daimlers Misstrauen gegenüber seinen Geschäftspartnern ist im Laufe der Jahre gewachsen. Es wuchert in ihm wie ein Geschwür, es bemächtigt sich seines Denkens, es lässt ihn aufbrausen gegen sich selbst – und oft gegen andere. Er fährt durch Europas Osten, aber seine Gedanken kreisen immer wieder um die Zeit in Köln-Deutz: um Nikolaus August Otto, Eugen Langen und um all den fruchtlosen Streit.

In seinem Tagebuch findet sich neben seinen geschäftlichen Aufzeichnungen ein bitterer Cocktail aus Wut und Groll. Gottlieb Daimler schreibt sich seinen Frust in kurzen Stakkatosätzen von der Seele. Seine Widersacher hätten ihn um seine Ehre gebracht. Er selbst habe doch die Hauptarbeit geleistet und auch die Namen der anderen in die Welt hinausgetragen. Nun könne der Mohr wohl gehen. Daimlers Notizen offenbaren, wie tief ihn die beruflichen Kränkungen getroffen haben und wie sehr seine Familie unter seinem Unglück leidet. Seine Frau hätten sie krank gemacht, schreibt Daimler. Er selbst sei durch die „selbstmörderischen Fehler" der anderen zum Greis geworden. In seinen Tagebüchern vermengen sich Kritik und Anklage, Selbstkritik äußert er selten.

Wie konnten sie es in Deutz nur so gegen ihn treiben? „Hölle siegst Du, Lügenbude, Verdummungsanstalt." Die Gespenster aus der Gasmotorenfabrik tanzen Daimler in dunklen russischen Nächten vor Augen. Vorahnungen beschleichen ihn, dass sein Abschied dort bevorsteht – und dass dieser nicht so ehrenvoll ausfallen könnte, wie es ihm zustünde. „Die Hölle der Niedertracht hat gesiegt über die Geradheit? Recht und stille Arbeit, aber auch die Planlosigkeit feiern Triumphe."

Der Kapitalismus boomt, und viele fahren ihre Ellenbogen aus. Gottlieb Daimler ist nicht mehr der Jüngste, seine Gesundheit ist angegriffen, doch er besitzt noch genug Kraft für einen Neuanfang. Sein größter Triumph steht noch bevor, seine bitterste Niederlage auch. Auf seiner Reise durch die oft menschenleeren Weiten Russlands zeichnet Gottlieb Daimler Bilder einer Landschaft. In zierlichen Strichen bannt er Kirchen und Paläste auf Papier, in seinem Notizbuch folgt er den Konturen barocker Kloster und nüchterner Fabrikfassaden. Der Fortschritt hat in Russland Einzug gehalten, auch wenn es nur Inseln in einem Meer aus Rückständigkeit sind, die Gottlieb Daimler vorfindet. Eben noch hat er Kühe neben „faulen Bauern" gesehen, da beeindruckt ihn die Werft Peters des Großen.

Immer wieder notiert Gottlieb Daimler seine Einfälle und Ideen, mitunter lässt er auch Dampf ab, wenn es um die Unterkünfte geht. Sein Hotel in Riga kann er leider nicht weiterempfehlen. „Sonderbar rußiger Geruch und unsäglich schlechte Zimmer." Das abschätzige Urteil passt zu dem Bild, das er bereits in den Vorstädten Rigas gewonnen hat. Die Menschen leben in schlichten einstöckigen Holzhäusern, die Straßen, wie auch die Trottoirs sind grob gepflastert. Armut und Schmutz sind Gottlieb Daimlers ständige Reisebegleiter. Der Glanz des Zaren strahlt nur in wenigen Ecken seines Reichs.

Am 28. Oktober 1881 geht es von Riga aus weiter ostwärts. Gottlieb Daimler hat im Nichtraucherabteil einen Platz gefunden, er ist beschwingt, die Sonne scheint – wie schön muss in dieser Gegend der Sommer sein! Doch solche Sentimentalitäten bleiben in Gottlieb Daimlers Notizbuch eine Ausnahme. Nur selten schreibt er über Eindrücke, die über das Geschäftliche hinausreichen und einen kurzen Einblick in seine Gemütslage geben.

Am 29. Oktober wird Gottlieb Daimler von Morgenröte und Kälte geweckt. Auf dem Zugfenster blühen Eisblumen und endlich, zur Mittagszeit, erreicht der Zug den Bahnhof von Petersburg, wo viele Kutscher mit ihren Droschken auf die Passagiere warten. Gottlieb Daimler lässt sich ins „Angleterre Hotel" bringen, die lange Fahrt hat ihn ermattet. Am nächsten Morgen, einem Sonntag, erwacht er in seinem Hotel, blickt aus dem Fenster und findet die Welt wie verwandelt vor: „Über Nacht geschneit, alles fährt jetzt Schlitten …, ganz anderes Bild. Stille geräuschlos. Tiefe Brummklänge der Glocken."

Aber Poesie liegt für ihn auch im Stampfen der Maschinen, im Brummen der Betriebe. Russland jedoch macht es einem Mann, der von einem protestantischen Ehrgefühl für Arbeit durchdrungen ist, nicht leicht. Anfang November besichtigt Gottlieb Daimler täglich Betriebe. Was er in den Petroffsky Oil Works von einem deutschen Vorgesetzten erfährt, passt nicht in sein Weltbild. Die Arbeiter machten häufig blau, manche ließen sich in der Woche erst donnerstags blicken und kämen nur dann, wenn man ihnen vorher ordentlich Komplimente mache.

Das Elend der Industriearbeiter, die in Russland meist unter noch härteren Bedingungen schuften, als ihre Leidensgenossen im Westen, kommt ihm in diesem Moment nicht in den Sinn. Russland bietet genug Blendwerk für den Durchreisenden – Gottlieb Daimler sieht die im klassizistischen Stil erbauten Prunkbauten St. Petersburgs, er speist in Luxusrestaurants und lässt sich von weiß gekleideten und Schärpen tragenden Kellnern bedienen. An manchen Abenden folgen Ballett oder Oper – Gottlieb Daimler sitzt im Parkett und erlebt auf der Bühne Spektakel. „Die Jungfrau von Orleans wird verbrannt", notiert er in seinem Tagebuch.

Trotz der schönen Künste wird seine Reise allmählich zur Tortur: Warschau, Riga, St. Petersburg, Moskau und von dort weiter gen Osten, wo jenes Öl zu finden ist, das für Gottlieb Daimler bald wichtig wird. In diesen Tagen mag sich Gottlieb Daimler an die Erzählungen seines Ziehsohns Wilhelm Maybach erinnern, der vor fünf Jahren die Vereinigten Staaten bereiste und dort bei Pittsburgh Zeuge des Ölrauschs wurde. Er selbst lebt nun schon seit Wochen aus dem Koffer, Mütterchen Russland strengt ihn an – Gottlieb Daimler ist ein Manager im Außendienst, unterwegs im Auftrag eines Unternehmens, das ihn lieber heute als morgen loswerden möchte. Noch ist die Businessclass nicht erfunden, aber der Geschäftsreisende betritt die große Bühne.

Wie lange ein Mensch wohl braucht, um die ganze Welt zu umrunden? Diese Frage beflügelt die Fantasie im späten 19. Jahrhundert, und ein Roman des französischen Science-Fiction Autors Jules Verne beantwortet sie: „Reise um die Welt in 80 Tagen“. Jules Verne lässt den englischen Gentleman Phileas Fogg gemeinsam mit dessen Diener nach einer Wette um die Welt reisen. Die Fahrt gerät zu einem verzweifelten Kampf um Pünktlichkeit: In Indien müssen die beiden zwischen Bombay und Kalkutta auf einem Elefanten weiterreiten, weil eine Eisenbahnstrecke wider Erwarten noch nicht vollendet wurde. Die Reisegemeinschaft verliert wertvolle Zeit, als der Diener in einer Opiumhöhle versumpft. In Amerika verhindert eine die Gleise überquerende Bisonherde das Vorankommen. Später lässt Jules Verne, ganz im Klischeebild seiner Zeit, wilde Indianer den Zug überfallen.

Natürlich gelingt es Phileas Fogg und seinem Diener, buchstäblich in letzter Sekunde pünktlich in London einzutreffen und die Wette zu gewinnen. Jules Verne entfaltet in seinem Roman, der sich an die reale Weltreise eines Amerikaners anlehnt, ein Kaleidoskop der modernen Fortbewegungsmittel, das die Möglichkeiten der menschlichen Muskelkraft oder der Pferde weit übersteigt: Es geht mithilfe von Lokomotiven und Dampfschiffen voran, auch ein von Segeln angetriebener Schlitten hilft Fogg, seine Wette zu gewinnen. Natürlich sehen die Helden auch den Suezkanal, dessen Erbauung überhaupt erst eine Reise um die Welt in 80 Tagen ermöglicht.

Mit Phileas Fogg gibt Jules Verne dem modernen Helden einen Namen. Der mobile Mensch sitzt nicht mehr im Schaukelstuhl und schmaucht im Biedermeierstil seine Pfeife – der Held dieser modernen Zeiten bricht zu neuen Ufern auf. Er probiert, er wagt, er entdeckt oder erfindet. Er ist fast immer ein Mann der Tat, noch spielen die meisten Frauen nur Nebenrollen in diesem weltgeschichtlichen Theaterstück über die großen Veränderungen. Die Gesellschaft lässt es nur in Ausnahmefällen zu, dass neben Gründervätern wie Gottlieb Daimler, Werner von Siemens und Thomas Alva Edison auch Gründermütter stehen.

Robert Bosch trägt Uniform – Herbst 1881

Die Armee ist eine frauenfreie Zone. Obwohl: Außerhalb der Kasernen sieht die Welt für die Soldaten, die in der Garnisonsstadt Ulm stationiert sind, völlig anders aus. Dabei treffen württembergische oft auf bayerische Soldaten, die ihre Freizeit gerne auf der anderen Seite der Donau verbringen. Es herrscht Frieden im Land, aber befeuert von Bier und Schnaps prügeln sich die Soldaten „notfalls auch um Damen", und man wirft einander, so schreibt es Robert Bosch, „bei Tanzmusiken wechselseitig durch die Fenster".

Am 1. Oktober 1881 rückt der 20-Jährige in der Donaustadt zu seinem Dienst im Pionier-Bataillon 13 ein. Für ein Jahr hat er sich beim Militär verpflichtet. Schnell lernt er die Spielregeln der Armee kennen, zu denen der sonntägliche Wirtshausbesuch in der Stadt gehört. Bei den gelegentlichen Prügeleien wird Robert Bosch nicht aktenkundig, und das ist besser für ihn, weil im Disziplinarkatalog des württembergischen Militärs unerfreuliche Dinge stehen: Die Vorgesetzten disziplinieren ihre Untergebenen mittels Arrest. Je nach Schwere des Vergehens erfolgt das Wegsperren in drei abgestuften Härtegraden. Ab Stufe zwei erwartet den Soldaten ein einsames Gefängnis mit Pritsche. Erst am dritten Tag bekommt er etwas Warmes zu essen, vorher hält man ihn bei Wasser und Brot. Die unteren Dienstgrade werden für die Hälfte der Arrestzeit zusätzlich mit Eisenketten gefesselt.

Für das Militär gilt also: raue Schale, rauer Kern. In dieser Welt muss Robert Bosch einen Drill aushalten, der den barschen Ton jedes

Handwerksmeisters, den er bisher kennengelernt hat, bei Weitem übersteigt. Die Stadt Ulm lebt gut mit und von ihren Soldaten – das gilt für die Wirtschaften und für die Wirtschaft. Seit dem siegreichen Deutsch-Französischen Krieg 1871 begeistern sich viele Menschen für alles Militärische, der Sieg hat der Armee einen enormen Imagegewinn gebracht. Man schwelgt in Patriotismus: Wer eine Uniform trägt, der ist wieder wer, das war in der württembergischen Armee der armen Leute lange Zeit anders. Inzwischen leisten die Ulmer Soldaten neben dem Eid auf den württembergischen König einen weiteren Schwur, der nach dem Frankreichkrieg der Eidesformel hinzugefügt wurde. So schwört der Pionier Robert Bosch in seiner Uniform auch dem deutschen Kaiser Wilhelm I. die Treue. Ausgerechnet dem Preußen – sein Vater Servatius würde sich wohl im Grab umdrehen.

Glanz und Gloria gibt es jedoch nur bei den Truppenparaden. Als Robert Bosch im Herbst 1881 seinen Dienst aufnimmt, erleben er und seine Kameraden in ihren Unterkünften Mangel und Mief. In der Ulmer Deutschhauskaserne dient ein großer Saal als Schlafstätte für die Mannschaftsdienstgrade. Auf einer Fläche von gut 300 Quadratmetern sind 67 Soldaten untergebracht. Dass jeder Soldat sein eigenes Bett hat, gilt beim Militär schon als Einführung der Komfortzone: In der ersten Hälfte des 19. Jahrhunderts mussten sich zwei Soldaten ein Bett teilen und abwechselnd darin schlafen.

Aber für die Kameraden von Robert Bosch sind die Bedingungen noch immer hart: Die Wände vieler Zimmer sind feucht, die Böden faulig, die Luftzufuhr schlecht. Das gilt insbesondere für den Schlafsaal, vor dessen Fenster die Entlüftungsrohre eines Klosetts ins Freie münden. Der Gestank ist bestialisch, aber für die Soldaten kommt es noch schlimmer. Vermutlich über eben jene Entlüftungsschläuche gelangen Krankheitserreger in ihre Unterkunft. Bald wütet eine Typhusepidemie in der Kaserne, die im Schlafsaal ihre Brutstätte hat. Die Patienten leiden nicht nur unter der Seuche, sondern auch unter den Ärzten. Die verabreichen den Kranken verdünnte Salzsäure und ordnen gegen das Fieber kalte Wannenbäder an. Denjenigen unter den Geschwächten, die dabei der Ohnmacht nahe kommen, verabreichen die Mediziner ein „reichliches Quantum guten Rotweins“. An Robert Bosch geht dieser Kelch vorüber.

Der Mechaniker behauptet sich in der Armee. Er profitiert von seinen jahrelangen Turnübungen, wenn sich die jungen Soldaten wieder einmal wie ein Rudel junger Hunde aufführen und es gilt, Mutproben zu bestehen. So springt der drahtige Robert Bosch über einen vielleicht vier Meter breiten Wallgraben, während seine Kameraden zögern. Als seine Einheit in der Nähe von Koblenz den Brückenbau über den Rhein probt, trifft er dort einen Sergeant, den er aus dem Turnverein kennt. Nach Dienstschluss erfrischen sich beide beim Bad im Rhein. Einer der beiden weist auf eine entfernte Insel in der Nähe des anderen Ufers hin. Der Sergeant sieht ihn an. Ob er sich wohl traue? Schon schwimmt Robert Bosch auf die Insel zu. Er fürchtet sich nicht vor dem Sprung ins kalte Wasser – auch später im Leben nicht, wenn ein Ufer für ihn weit entfernt liegt. Es sind jene Momente, in denen er seine körperlichen Grenzen austestet, die ihn schließlich mit seiner Militärzeit halbwegs versöhnen werden. Robert Bosch geht bei solchen Mutproben weit, aber nie zu weit. Sie sind für ihn eine Abwechslung im sturen Alltag von Befehl und Gehorsam. Die Armee verlangt den Gleichschritt, Robert Bosch aber will seine eigenen Wege gehen.

Das Schießen liegt ihm im Blut. Er beherrscht es seit seiner Jugend und hat Glück, dass er dieses Talent nie auf einem Schlachtfeld unter Beweis stellen muss. In den Krieg zu marschieren bleibt Robert Bosch erspart. In Ulm visiert er seine Ziele auf den Übungsplätzen der Armee an. In der Nachbarschaft der Plätze lebt es sich riskant – die Armee hat die Schutzwälle rund um ihre Anlagen derart niedrig gebaut, dass Zivilisten mitunter die Kugeln um die Ohren fliegen. So beschweren sich einmal Bauern, sie seien während der Feldarbeit beschossen worden. Aber das Militär muss sich nun mal in Schuss halten – ob zu Lande oder im Wasser. Dort lauern mehr Gefahren für die Soldaten, als sie ahnen können. An den Ufern der Donau unterhält die Armee zwei Militärschwimmanstalten. Was an den Soldaten vorbeitreibt, ist manchmal nichts für schwache Nerven. Immer wieder werfen die Bewohner umliegender Gemeinden Tierkadaver in den Fluss. Aufgrund des stark verkeimten Wassers erkranken zahlreiche Soldaten an gefährlichen Infektionskrankheiten.

Typhus, Gelbsucht, Prügeleien und Arrest – beim Militär können die Soldaten froh sein, wenn sie am Ende ihrer Dienstzeit ähnlich vorzeigbar sind wie zuvor. Robert Bosch hinterlässt bei seinen Vorgesetzten offenbar den Eindruck, dass aus ihm ein strammer Soldat werden könnte. Als seine Dienstzeit endet, schlägt ihm der Kommandeur seines Bataillons vor, er solle Berufsoffizier werden. Doch mit diesem Wunsch ist der Mann an den Falschen geraten. Vom Soldatenleben will Robert Bosch nichts wissen, für ihn heißt es jetzt: Freiheit statt Militarismus! So scheidet er, wie viele anderer seiner Kameraden, nach einer einjährigen Dienstzeit aus der württembergischen Armee aus. Beim Abschied sind Souvenirs beliebt, die Andenkenindustrie bietet reichlich Auswahl: Neben den Fotoaufnahmen von feschen jungen Männern in Uniform gibt es auch Reservistenkrüge, Reservistenpfeifen – und, doch, wirklich: Reservistennachttöpfe.

Robert Bosch braucht keinen Nippes, um sich später für immer an seine Dienstzeit in Ulm erinnern zu können. In seinem Bataillon dient mit ihm der Ingenieur Eugen Kayser, der drei Jahre älter ist als er selbst. Beide verbindet ein technischer Berufsweg und bald eine Freundschaft, die Robert Bosch in das Haus der Familie Kayser im beschaulichen Obertürkheim bei Stuttgart führt. Bei der Kaufmannsfamilie lernt Robert Bosch Eugens Schwester Anna kennen. Aus der Begegnung der beiden wird mehr als Freundschaft.

Erschütternde Nachrichten – Winter 1881

In Köln-Deutz kümmert sich Gottlieb Daimlers Frau Emma um die fünf Kinder. Die Aufgaben in der Familie sind verteilt, sie müssen nicht erkämpft werden, sie sind ja vermeintlich von Gott vorgegeben. In Deutschland zweifeln nur wenige daran. Emma Daimler schreibt ihrem Mann nach Russland, aber die Briefe sind lange unterwegs, und was sie ihrem Gottlieb schreibt, bedrückt ihn oft. Die Nachrichten aus der Heimat erinnern ihn daran, dass es schlecht um seine Sache steht und man ihn zur Seite schieben will. Auch er schickt ihr Briefe. Am 12. November 1881 weilt er an Bord eines Dampfers und blickt in die tief stehende Sonne. Bären, Wölfe und Auerhähne leben in diesem

Gottlieb Daimler und seine Frau Emma bekommen fünf Kinder. Sie unterstützt ihn, wo sie nur kann, obwohl sie gesundheitlich angeschlagen ist.

wilden Land. Vom Schiff aus sieht er Sümpfe, manchmal glaubt Gottlieb Daimler, selbst zu versinken.

Aber das kommt erst noch. Am 22. November 1881, während Gottlieb Daimler in Moskau weilt, setzt sein Gegenspieler Nikolaus August Otto in Deutz alles auf eine Karte. Er schreibt dem Aufsichtsratsvorsitzenden der Deutzer Gasmotorenfabrik einen Brief, der einem Ultimatum gleichkommt. Er wolle nicht mehr länger mit Gottlieb Daimler zusammenarbeiten – wenn dieser allerdings aus dem Unternehmen ausscheide, wolle er seinen Vertrag im Werk gerne verlängern. Otto weiß, dass er auf ein starkes Argument zählen kann: Der neue Viertaktmotor ist auf seinen Namen patentiert – wenn er die Gasmotorenfabrik verließe, könnte diese die Vermarktungsmöglichkeiten ihres wichtigsten Produkts verlieren. In diesem Schachspiel um die Macht droht Otto nicht nur, er schmeichelt auch: Es wäre sein Herzenswunsch, wenn man auch ferner zusammenstehen könnte. In diesem

Fall wäre er mit ganzem Herzen für und nicht gegen ein Werk, das seine Größe nicht zuletzt ihm, Otto, verdanke.

Otto *oder* Daimler. Nun gibt es keinen Ausweg mehr, es muss eine Entscheidung fallen. Mitte Dezember ist Gottlieb Daimler endlich in Deutz zurück. Er sprüht vor Tatendrang und sortiert die Notizen seiner Russlandreise. Am 22. Dezember 1881 tagt der Aufsichtsrat. Ein letztes Mal darf Gottlieb Daimler seine Weltsicht verbreiten, über Chancen und Risiken eines russischen Abenteuers reden. Man nickt, man gibt sich interessiert, die Chefetage gewährt Gottlieb Daimler sechs Tage Schonfrist.

Der Weihnachtsfrieden endet für die Familie Daimler am 28. Dezember mit einem Schreiben. Die Direktion sei beeindruckt von den Absatzchancen, die er für Motoren in Russland aufgezeigt habe, und biete ihm an, in St. Petersburg eine Zweigstelle der Gasmotorenfabrik zu leiten. Ferner sei in seinem Vertrag eine sechsmonatige Kündigungsfrist festgelegt, von dieser mache man nun Gebrauch.

Gottlieb Daimler ist von der Nachricht erschüttert. Neun Jahre, nachdem man nichts unversucht ließ, um ihn von Karlsruhe nach Deutz zu locken, hält er nun seine Kündigung in den Händen. Die Schroffheit des Schreibens ist kaum verhüllt durch das Alibi-Angebot, nach St. Petersburg zu gehen. Die Gasmotorenfabrik hat ihn kaltgestellt. In seinem Tagebuch entwirft Gottlieb Daimler ein Schreiben an seinen Konkurrenten Otto. Schon früher hätten Ehrsucht und Eifersucht all dessen Schritte bestimmt. Damit aber hätte er die gemeinsame Sache verpfuscht. Wenn Otto nur seine diplomatisch vollendete Schlaumeierei gegenüber Konkurrenten angewendet hätte – und nicht ihm gegenüber!

Das neue Jahr steht im Zeichen von Trennung und Neuanfang. Die Härte, mit der Gottlieb Daimler nun mit seinem Arbeitgeber über seine Abfindung verhandelt, zeigt einen kühl kalkulierenden Geschäftsmann. Sie zeigt aber auch dessen enttäuschte Liebe. Für die Kündigung soll Daimler mit 50 000 Talern entschädigt werden. Doch abgesehen von seinen finanziellen Forderungen entbrennt zwischen ihm und der Gasmotorenfabrik ein Streit um etwas noch Wertvolleres: um die Eigentumsrechte an den Patenten. Das Unternehmen beauftragt einen Gerichtsvollzieher. Der schreibt an Daimler, dieser solle die während der Deutzer Zeit erworbenen Patente an die Fabrik übertragen. Tief gekränkt antwortet Gottlieb Daimler, man werde es „begreiflich finden“, dass es ihm nicht möglich sei, „derart mit denjenigen zu verkehren, die mich in so beispielloser Weise aus meiner Stellung herausgedrängt haben“. Notfalls werde er sich nicht scheuen, die Sache vor Gericht zu bringen. „Der Prozess wird mir, selbst wenn ich ihn verlieren sollte, den Gewinn bringen, dass die Welt erfährt, wer den Boden zu dauerhafter Prosperität der Gasmotorenfabrik Deutz gelegt hat und warum jetzt der Techniker zur Untätigkeit verurteilt werden soll, unter dem die Fabrik groß geworden ist.“

Fast ein Jahrzehnt lang hat Gottlieb Daimler sich in den Dienst des Unternehmens gestellt, er hat Opfer gebracht – und andere Opfer für sich bringen lassen, vor allem seine Frau Emma. Gottlieb Daimler bleibt oft ein unsichtbarer Vater, der selbst in seinen freien Stunden über der Fachliteratur brütet oder am Zeichentisch sitzt. Der Haushalt und die Erziehung der fünf Kinder lasten auf den Schultern seiner Frau Emma, die schon seit Jahren an einer Herzerkrankung leidet, genau wie Gottlieb Daimler selbst. Mit seinen Plänen und Ideen strebt Gottlieb Daimler weit in die Zukunft – sein Familienmodell verharrt in der alten Zeit und in einem klassischen bürgerlichen Rollenverständnis: Die Karriere besitzt für ihn Vorrang vor der häuslichen Familienwelt. Sein Lebensglück muss Gottlieb Daimler am Ende seiner Zeit in Köln zerbrechlich vorkommen: Er selbst und seine Frau Emma sind gesundheitlich angeschlagen, sein jüngster Sohn Gottlieb Wilhelm ist noch kein Jahr alt, die Kräfte der Familie sind erschöpft. Emma Daimler wünscht sich nichts sehnlicher, als dass in ihrem rastlosen Leben endlich Ruhe einkehren möge. Die Abfindung, die ihr Mann erhält, würde ein solches Leben ermöglichen. Man könne die Gesundheit schonen. Auch die Nerven.

Eigentlich sollte sie ihren Mann besser kennen. Gottlieb Daimler entscheidet sich gegen ein Leben als Vorruheständler und damit auch gegen den Wunsch seiner Frau. Seine Familie ist mit dem bevorstehenden Abschied aus Köln-Deutz an einem kritischen Punkt angelangt: Beide Elternteile sind krank und geschwächt, gleichzeitig verlässt Gottlieb Daimler eine Führungsposition in einem etablierten Großunternehmen, um noch einmal ganz von vorn anzufangen. Als selbstständiger Unternehmer, mit 48 Jahren. Das ist kein geringes Alter in diesen Tagen, doch Gottlieb Daimler ist noch lange nicht am Ziel seiner Träume angelangt.

In all den Jahren in Köln hatte die Direktion nur auf den Bau von Gasmotoren gesetzt. Daimler musste sich als Diener seiner Herren dieser Firmenpolitik unterordnen. Es war eine Strategie, die nach einem mühsamen Aufbau des Geschäfts auf sichere Gewinne dank bewährter Modelle setzte. Gottlieb Daimler selbst sieht in einem anderen Antriebskonzept weitaus größere Chancen. Er glaubt, dass der Verbrennungsmotor, der an jedem Ort eingesetzt werden kann, dem Gasmotor überlegen ist. Dieser ist von den Zulieferungen einer Gasanstalt abhängig. Die Frage nach dem besten Motor ist für ihn auch eine Frage nach dem besten Treibstoff. Klein muss der Motor der Zukunft sein, viel kleiner als die schwerfälligen Apparate, auf die man in Köln setzt. Gleichzeitig muss die Leistung wachsen.

So sieht Gottlieb Daimler die Zukunft. Aber worauf setzt in Mannheim eigentlich der zehn Jahre jüngere Carl Benz? Der Mannheimer formuliert seine Idee von einem leistungsfähigen Motor in einem Satz: „Baut einen Motor – einen Zwerg an Gewicht, aber einen Titanen an Kraft!“ Im Wettrennen der Motorenentwickler und Konstrukteure denken Benz und Daimler jetzt in eine ähnliche Richtung.

Gottlieb Daimler will den Erfolg mit einer Innovation erzwingen, bei deren Entwicklung ungelöste technische Probleme auf ihn warten: Der Benzinmotor ist vielversprechend – aber es ist unklar, ob er ihn jemals zur Serienreife bringen und Käufer für ihn finden wird. Daimler riskiert viel: seine Gesundheit, das Glück seiner Familie und sein über viele Jahre aufgebautes Vermögen. In diesem Jahr 1882 lebt er ohne inneren Frieden im Ungewissen darüber, was die Zukunft für ihn bereithält.

Die Schriftwechsel mit der Deutzer Gasmotorenfabrik gewinnen unterdessen an Unterhaltungswert: Er habe im Direktionsgarten Obstbäume und Reben angepflanzt, schreibt Daimler seinem langjährigen Arbeitgeber, darüber hinaus habe er ein Gartenhäuschen errichten lassen. Ob die Direktion ihm die Unkosten dafür direkt erstatten wolle oder ob er sich in dieser Angelegenheit an seinen Nachfolger wenden solle? In Köln will man das „Kapitel Daimler“ so schnell wie möglich beenden. Am Rhein sorgen allein die Nennung seines Namens und der fortlaufende Schriftwechsel wegen seiner Vertragsauflösung für ein beständiges Reizklima. Im Mai schreibt der Firmenchef Eugen Langen in die USA: „Ich kann gar nicht abwarten, bis der über alle Beschreibungen dickköpfige Daimler unserem Schwager Platz macht. Ich und auch Otto werden dann mit Freudigkeit wieder angreifen.“ Am 30. Juni 1882 ist es so weit: Daimler scheidet in Deutz aus, für alle Beteiligten ist der Weg frei für einen Neubeginn.

Gottlieb Daimler zieht zurück in den Süden. Sein neuer Wohnort liegt nicht allzu weit entfernt von seinem Geburtsort Schorndorf, und auch die Klosterstadt Maulbronn, in der seine Frau Emma aufgewachsen ist und in der ihr Vater immer noch lebt, rückt in erreichbare Nähe. Gottlieb Daimlers neue Heimat liegt fernab von dem hektischen Getriebe der Gasmotorenfabrik in Deutz, sie liegt auch weit entfernt von den Aufgeregtheiten der Großstadt Köln. Dennoch ist er in Bad Cannstatt keinesfalls ganz aus der Welt: Auf der anderen Seite des Neckars liegt Stuttgart, dort befindet sich auch die Technische Hochschule, die Daimler einst selbst besucht hat.

Vom Juni 1882 an lebt die Familie in Cannstatt. Daimler hat sich wohl auch wegen seiner Herzerkrankung für diesen Ort entschieden: Von den dortigen Heilquellen verspricht er sich eine Linderung seiner Beschwerden. Vielleicht signalisiert seine Wahl auch ein kleines Zugeständnis an seine Frau, die sich mehr Ruhe wünscht. Aber noch ein zweiter Punkt spricht für die süddeutsche Provinz: Gottlieb Daimler liegt viel daran, in aller Diskretion an seinem neuen Motor zu arbeiten. Er ist jetzt ein freier Mann, der nur noch seinen eigenen Plänen folgt. Dass ihm endlich niemand mehr reinredet, -pfuscht und ihn gängelt, muss für ihn befreiend sein. Andererseits fehlt ihm jetzt auch das Team aus Mechanikern, Schlossern und Konstrukteuren, die zuvor in Deutz seine Ideen in die Tat umsetzten. Gottlieb Daimler ist sein eigener Chef, aber er steht auch fast allein vor der größten Herausforderung seines Lebens.

Feldversuche im Gartenhaus – 1882

Etwas stimmt nicht mit diesem Gartenhaus. Vielleicht siebzig Schritte trennen es von der Villa, in der Gottlieb Daimler mit seiner Frau und seinen Kindern seit einigen Monaten lebt. Aber was treibt Gottlieb Daimler nur in diesem Gartenhaus – tagsüber, wenn die Glasscheiben des Hauses mit Vorhängen verdeckt sind, aber auch nachts, wenn hämmernde und rasselnde Geräusche aus diesem Gartenhaus die Ruhe der Kurstadt stören? Niemand soll wissen, was Gottlieb Daimler und Wilhelm Maybach in jenem Gartenhaus tun. Genau: Maybach ist Daimler erneut gefolgt. In seinem Leben gibt ihm der Ältere jene Spur vor, auf der er verlässlich folgt, obwohl er mit seinen Fähigkeiten die Chance nutzen könnte, eigene Wege zu gehen. Was hält ihn jetzt noch, was bindet ihn an den komplizierten Gottlieb Daimler, der ständig aneckt, der klare Kante zeigt – nicht nur gegenüber seinen Konkurrenten, sondern auch gegenüber seinen Geschäftspartnern?

Nibelungentreue ist es nicht. Nach und nach hat sich bei Wilhelm Maybach ein Distanzgefühl gegenüber seinem Mentor entwickelt, das sein Bild von Gottlieb Daimler jedoch nie stark beschädigt hat. Tatsächlich bedauert Wilhelm Maybach, dass man ihm in Köln kein Angebot unterbreitet hat, das es ihm erlaubte, dort zu bleiben. Die Gasmotorenfabrik setzte auf einen klaren Schnitt – die Direktion sah in Maybach offensichtlich einen Teil des Machtapparats von Gottlieb Daimler. Dabei ist Wilhelm Maybach keineswegs blind dafür, unter welchen Umständen der Streit zwischen Daimler und Otto in Köln eskaliert war: „Ich kannte die Eigenschaften des Herrn Daimler, die auch zu seiner Entfernung aus der dortigen Gesellschaft führten, ich selbst kam öfters mit ihm in Widerspruch." Maybach war Gottlieb Daimler nach Karlsruhe gefolgt und nach Köln – doch 1882 fällt es ihm schwerer als jemals zuvor, seinem Förderer auch an dessen neuer Wirkungsstätte in Cannstatt zu dienen. Daimlers Abgang in Köln hätte ihm die Chance eröffnen können, aus dem Schatten seines Übervaters zu treten. Aber in Deutz will man auch ihn nicht länger dulden. Zu groß scheint die Gefahr, dass Wilhelm Maybach den unliebsamen Gottlieb Daimler künftig über die Geschäfte der Gasmotorenfabrik auf dem

Laufenden halten könnte. Wilhelm Maybach fügt sich nun in das, was er als unvermeidlich ansieht: „So blieb mir kein anderer Ausweg, als schließlich der Aufforderung Daimlers Folge zu leisten."

In Cannstatt sind die beiden nur noch zu zweit. Wilhelm Maybach hat dank Gottlieb Daimler Karriere gemacht, er hat auf dessen Hochzeit seine Berta kennengelernt – im Gegenzug verhalf er mit seiner genialen technischen Begabung Gottlieb Daimler zu Ruhm und Anerkennung. Diese symbiotische Beziehung ist über viele Jahre gewachsen. Trotz mancher Reibereien vertrauen die beiden einander, und dieses Kapital werden sie brauchen. In einem Vertrag regeln sie die Form ihrer künftigen Zusammenarbeit. Gottlieb Daimler stellt Wilhelm Maybach als Konstrukteur und Ingenieur ein, „der alle Projekte und Probleme im maschinentechnischen Fach übernimmt, welche ihm von Herrn Daimler aufgetragen werden".

Daimler und Maybach – das ist eine persönliche Geschichte. Dieses Tandem funktioniert aber auch deshalb, weil sich die Fähigkeiten der beiden Männer so gut ergänzen. Auf der einen Seite: Wilhelm Maybach, der Tüftler, der sich stundenlang in technische Vorgänge hineinversenken kann, der unermüdlich und kreativ nach Lösungen sucht. Auf der anderen Seite: Gottlieb Daimler, der Visionär, der Maybach ständig mit seinen Ideen füttert. Ein Mann, der das große Ganze sieht und technische Zusammenhänge durchschaut. Und der in der Lage ist, die Talente seiner Mitarbeiter zusammenzuführen. In diesem Sinne ist Gottlieb Daimler ein Jäger und Sammler von cleveren Ideen – zugleich fürchtet er kaum etwas mehr, als dass ihm andere seine Ideen streitig machen könnten. In Daimlers Charakter verbergen sich viele Widersprüche. Wer mit ihm zusammenarbeitet, muss Gottlieb Daimler auch aushalten können. Wilhelm Maybach, der früh seine Eltern verloren hat, sieht in anderen Männern nicht automatisch Konkurrenten. Er muss nicht immer an erster Stelle genannt werden. Darin unterscheidet er sich von Gottlieb Daimler.

Was die beiden hingegen verbindet, ist ihr herausragendes Talent am Zeichenbrett. Nicht einmal Fantasten können in jenen Jahren von einer künftigen Wundermaschine träumen, die den Entwicklern und Ingenieuren in Bruchteilen von Sekunden unglaubliche Rechenleistungen abnimmt und ein Werkstück dreidimensional von allen Seiten zeigt. Noch versteht man die Welt analog, sie ist nicht in Bits und Bytes zerlegt. Wenn Gottlieb Daimler und Wilhelm Maybach sich von einem Motor ein Bild machen wollen, sind sie auf ihre Zeichnungen angewiesen. Schon Gottlieb Daimlers Jugendzeichnungen, erst recht aber die Skizzen auf seiner Russlandreise, verraten, wie wichtig ihm ein exakter Strich ist – weitaus wichtiger, als jede romantische Interpretation einer Landschaft. Auf dem Zeichenbrett entwickeln Daimler und Maybach vom Herbst 1882 an jenen schnelllaufenden Motor, auf den sie all ihre Hoffnungen setzen. Es wird dauern, bis sich aus diesen Zeichnungen heraus schließlich ein Werkstück entwickelt. Auch Wilhelm Maybach weiß, dass sie im Verborgenen arbeiten müssen, um so wenig Aufsehen wie möglich zu erregen. Die Konkurrenz schläft nicht, es könnten Klagen wegen Patentverletzungen drohen. Geheimsache Gartenhaus.

Doch die beiden haben ihre Rechnung ohne einen Gärtner namens Weinbuch gemacht, der in den weitläufigen Parkanlagen arbeitet, die Daimlers Villa und das Gartenhaus umschließen. Es dauert nicht lange, bis der Gärtner Verdacht schöpft: Er wundert sich über die seltsamen Geräusche, die tagsüber aus dem Haus dringen, über die zugezogenen Vorhänge und erst recht darüber, dass niemand Zutritt zu diesem Häuschen bekommt. Er selbst nicht und auch keine anderen Hausangestellten. Man tuschelt schon. Wer sich so abschottet, der muss etwas zu verbergen haben, der ist womöglich sogar kriminell. Der Gärtner versucht, sich auf die seltsamen Vorgänge einen Reim zu machen, dann wird ihm alles klar: Daimler und Maybach betreiben im Gartenhaus eine Falschmünzerwerkstatt. Weinbuch ist jetzt alarmiert, er sieht sich in der Pflicht, seinen Verdacht der Polizei mitzuteilen. Noch hält ihn seine Loyalität gegenüber seinem Dienstherrn zurück, aber schließlich kann er nicht anders: Weinbuch vertraut sich einem Polizeiwachtmeister an.

Der Verdacht bringt die Obrigkeit in Wallung. Man verständigt den Oberbürgermeister, dass es sich beim ehrbaren Gottlieb Daimler womöglich um einen Betrüger handeln könne. Doch der Politiker reagiert kühl. Die Angelegenheit sei einzig und allein Sache der Polizei, die solle „eben selbst sehen, wie sie ans Ziel komme“. Offensichtlich ist es der

Polizei höchst unangenehm, den honorigen Daimler mit dem Vorwurf zu konfrontieren. Man beschließt daher, verdeckte Ermittlungen einzuleiten und überreicht dem Gärtner ein Stück Wachs. Dieses solle er heimlich, am besten nachts, in das Schloss des Gewächshauses drücken, um einen Abdruck zu erhalten. Dann werde man schon sehen.

Die Ermittlungsarbeiten im „Fall Daimler“ werden zu einem rechten Gewürge. Eine Cannstatter Schlosserei fertigt eine Kopie des Schlüssels an, aber als Weinbuch den Auftrag erhält, im Schutz der Dunkelheit den Schlüssel auszuprobieren, verlässt ihn der Mut. Die Polizei möge bitte schön selbst nachsehen! Und so geschieht es auch: Man weist den Gärtner an, den Hofhund wegzusperren, den man bei der nächtlichen Inspektion nur ungern am Hosenbein hängen haben will, wenn man im Gartenhaus ermittelt. Gegen Mitternacht schließt ein Polizeiwachtmeister die Tür zum geheimen Reich des Gottlieb Daimler auf. Im Schein eines schwachen Lichtstrahls enthüllt sich: eine Pleite für die Polizei. Unter Abdeckungen findet man Maschinenteile aller Art, deren Zweck und Nutzen sich den Polizisten nicht erhellt. Es fehlt jedoch jede Spur von einer Stanzmaschine, die ein Falschmünzer für seine Arbeit benötigt. Nach der Razzia legt die Polizei den Fall Gottlieb Daimler zu den Akten. Bei dem Verdächtigten geht eine Entschuldigung ein, auch dem Gärtner ist die Sache peinlich.

Dennoch hat die Episode im Gartenhaus einen ernsten Hintergrund. Hinter Gottlieb Daimlers Geheimniskrämerei verbirgt sich nicht nur die Angst eines misstrauisch gewordenen älteren Herrn. In der Welt der Technik erregt jede neue Erfindung mehr als nur professionelle Neugier: Über Werksspionage erfahren Unternehmen, was ihre Mitkonkurrenten gerade entwickeln. Ein neuer Mitarbeiter im eigenen Unternehmen kann sich später womöglich als Spion eines Konkurrenten herausstellen.

Das Abkupfern ist keine Neuerfindung der Industrialisierung – aber Plagiate und Kopien gehören in dieser Zeit der rasch aufeinanderfolgenden Innovationen von Anfang an dazu. Schon im frühen 19. Jahrhundert haben sich Technikspione aus Europa und den USA reihenweise im wirtschaftlich mit großen Schritten vorauseilenden Großbritannien bedient. Inzwischen haben diese Erkenntnisse Früchte getragen und mit dazu beigetragen, dass in zuvor rückständigeren

Regionen ein enormer Modernisierungsschub ausgelöst wurde. Ein Teil des Fortschritts gründet auf dem Diebstahl geistigen Eigentums, auf zunächst billigen Kopien von Originalprodukten. Erst kopiert man, dann entwickelt man das Kopierte mit eigenen Gedanken weiter.

Während sich das 19. Jahrhundert seinem Ende entgegenneigt, haben sich in der Weltwirtschaft die Gewichte verschoben. Großbritannien ist immer noch das Empire, der Geburtsort der Industrialisierung. Aber die Insel zehrt zusehends vom Ruhm ihrer Geschichte. Andernorts bringen frische Ideen neuen Schwung in die Volkswirtschaften. Deutschland und die USA wachsen dank der Chemie- und Elektroindustrie. Man spielt zum neuen Takt ein neues Spiel: Big Business.

Wer sich in die Wolle bekommt – 1883

Am Polytechnikum in Stuttgart, an dem Gottlieb Daimler von 1857 bis 1859 Maschinenbau studierte, hat sich einiges verändert. Man ist dem Trend in der Industrie gefolgt und bietet seit Kurzem Vorlesungen im Fach Elektrotechnik an – es handelt sich um die ersten in diesem Fachgebiet an einer deutschen Hochschule. Seit Gottlieb Daimlers Ausflug in die Welt der Wissenschaft sind knapp drei Jahrzehnte vergangen, als 1883 Robert Bosch in Stuttgart sein Studium aufnimmt. Noch immer sieht er sich selbst auf dem Feld der Mathematik als Mängelexemplar. Bosch will seine Kenntnisse erweitern – auf sein technisches Gefühl allein, will er sich künftig nicht mehr verlassen.

Als sich Robert Bosch in Stuttgart einschreibt, liegt sein Militärdienst in der Ulmer Garnison ein Jahr zurück. Die Kasernen waren kein guter Nährboden für einen Freigeist. Wie offen muss ihm nun die Stuttgarter Hochschule mit ihrem jungen Zweig der Elektrotechnik vorkommen! Das wissenschaftliche Feld ist noch so wenig bestellt, dass alles möglich und unmöglich zugleich erscheint. Als sich Robert Boschs Professor zum Amtsantritt bei Siemens & Halske, dem in Deutschland führenden elektrotechnischen Unternehmen vorstellt, gibt man sich dort verblüfft: Was der Herr Professor denn an der Hochschule vorzutragen gedenke? Es sei doch jetzt alles erforscht und erfunden.

Immerhin: Obwohl er seinen „tatsächlichen Gewinn an wissenschaftlicher Erkenntnis“ als gering einschätzt, verliert Robert Bosch während des Studiums doch seine Furcht vor den technischen Begriffen. Nun weiß er, was Spannung und Stromstärke und was eine Pferdekraft ist. Boschs Respekt vor dem Bildungsolymp relativiert sich. Auch andere Studenten sind Leidensgenossen, die kaum mehr wissen als er selbst. Und was für Robert Bosch noch schwerer wiegt: Einige Kommilitonen können weder ihre Gedanken zusammenhalten, noch die Dinge richtig beobachten – geschweige denn, die richtigen Schlüsse aus dem Erlernten ziehen. Im Gegensatz zu ihm selbst natürlich.

Weil Robert Bosch zeitlebens kein Mensch ist, der sich nur in abstrakte Zahlen und Fakten vertieft, macht er als außerordentlicher Student auch außerordentliche Erfahrungen. Dazu braucht es im Stuttgart des Jahres 1883 weder Drogen noch rebellische Musik: Es genügt vollauf, einen Vortrag des Lebensreformers Gustav Jäger zu besuchen. Bei Jäger nimmt Bosch Schwingungen fernab von der Elektrotechnik auf, die nun sein Leben durchdringen. Der Gesundheitsapostel Gustav Jäger ruft zum revolutionären „Kampf gegen den übeln, schädlichen Theil unserer Ausdünstung“ sowie zur „Conservirung … des gesunden Theils unserer Ausdünstung“ auf. Diesen Kampf könne der Mensch jedoch nur bestehen, wenn er statt der damals üblichen „steifleinenen“ künftig wollene Unterwäsche trage.

Mit seiner Unterwäschetheorie ist es Herrn Jäger bitterernst. Nur wer die richtige, also eine wollene Wäsche trage, könne mit physischer und psychischer Gesundheit rechnen. Als Robert Bosch die allumfassenden Vorträge Gustav Jägers hört, hat dieser seine Ideen bereits erfolgreich vermarktet: Jäger hat zwei Brüder, die in Stuttgart eine Strumpfwarenfabrik führen, zur Wollwäsche bekehrt. Die beiden stellen nun sogenannte „Normal-Trikothemden“ her – vermeintlich gewöhnliche Unterhemden aus Schafwolle. Deren Absatz wird mithilfe eines ideologischen Überbaus angekurbelt: In Anzeigen feiern die Brüder „Die gesundheitlichen Vorteile des Prof. Dr. Jäger’schen Wollregimes“.

Diese sind wahrhaft erstaunlich. Wer Wolle trage, schütze sich gegen seine eigenen Affekte: „Man bleibt in gleichmäßiger Ruhe, verfällt weniger leicht in Launen, Zorn, Aufregungen.“ Wollkleidung schütze darüber hinaus gegen die Seuchengefahr, sie sei heilsam für Rheumatismus- und Lungenleidende, „wohlthätig“ bei Nervenschwäche und für Nierenkranke, sie helfe, Fieber zu vermeiden und biete „vorzüglichen Schutz“ auf Reisen. Wolle sei für die menschliche Haut weitaus besser verträglich als pflanzliche Fasern.

Gustav Jägers strenges Wollregime bricht radikal mit dem rüschigen Firlefanz der bürgerlichen Modewelt. In seinen Theorien schwingt die Zivilisationskritik mit, mit seinen Thesen verbindet er Gesundheits- mit Umweltbewusstsein. So esoterisch sie wirken mögen, so modern sind sie auch. Robert Bosch, dessen Vater ebenfalls der Wolle zuneigte, muss sich in Jägers Idealen erkannt haben – und sie zugleich als persönlichen Weckruf auffassen. Von nun an wird er selbst ein „Wollener“. Er schläft in Wolldecken, trägt fast ausnahmslos Wollwäsche und wollene Kleider. Seine Kleidung wird sein erstes Markenzeichen.

Doch Wolle ist nicht gleich Wolle. Der Erfolg Gustav Jägers ruft einen Konkurrenten auf den Plan – einen Doktor und Rohkostliebhaber aus Bremen. Der hat seine eigenen Theorien entwickelt: Keineswegs in der Schafwolle, sondern allein in der Baumwolle lebe der Mensch glücklich und gesund. Der Herr aus dem Norden feuert in einer Anzeigenkampagne aus allen Rohren gegen Gustav Jäger: Die Jäger'sche Wollunterkleidung besitze „thatsächlich gesundheitsschädliche Eigenschaften“. Er stütze diese Gewissheit auf „berufene Hygieniker, hervorragende Zeitungen und auf Afrika-Reisende“. Letztere haben seine Baumwollkleidung offenbar bei extremen Klimabedingungen getestet und für gut befunden.

Zwei Lager stehen sich unversöhnlich gegenüber: Sage mir, worin du schläfst – und ich sage dir, wer du bist! Die Wäschefrage wird zeitweise auf derart hitzige Weise diskutiert, dass sich zwangsläufig Spottdrosseln einmischen: So wirft sich in einer Karikatur der Satirezeitschrift *Simplicissimus* ein leichtes französisches Mädchen einem schmerbäuchigen älteren Herrn auf den Schoß. Die Prostituierte haucht: „Du bist deutsche Professor, *n'est-ce pas*?“ Der Herr antwortet

Robert Bosch pflegt einen alternativen Lebensstil. Er trägt Wollkleidung, das ist für ihn ein Statement.

geschmeichelt: „Haben Sie das an meiner Art und Weise, mich auszudrücken, erkannt?“ Daraufhin das Mädchen: „Nein, an die Jägerhemd.“

Robert Bosch jedoch erkennt für sich einen sinnhaften Kern in Gustav Jägers Gedanken. Die Vorlesungen des Zoologen sind unter den Studenten der Polytechnischen Schule enorm beliebt. Der Unterhaltungswert ist unschlagbar: So mischt Gustav Jäger Wein- und Bierproben in winzigen Dosen die Haarextrakte eines europäischen Schnellläufers oder einer begnadeten Sängerin bei. Gustav Jäger glaubt fest an die Wirkung dieses beflügelnden Getränks und lässt sich das Verfahren patentieren.

Robert Bosch gerät während seines technischen Studiums ganz in Jägers Bann: „Schon mein Vater war Anhänger der Homöopathie. Ich bin von Kind an nie anders als homöopathisch behandelt worden. Ich bin gegen irgendwelche Arzneimittel sehr empfindlich und habe die Erfahrungen gemacht, daß mich homöopathische Arzneimittel auch in tausendfacher Verdünnung stark beeinflussen." In einer Gesellschaft mit vielen Denkverboten, Regeln und Auflagen, ist Robert Bosch jederzeit gewillt, gegen den Strom zu schwimmen, wenn er von etwas überzeugt ist. Robert Bosch öffnet sich für Alternativen. Wenn er es für richtig hält, handelt er undogmatisch. Sein Freidenkertum verprellt viele, die es gewohnt sind, nichts infrage zu stellen.

Am Stuttgarter Polytechnikum ist bei den Vorlesungen viel von neuen Apparaten wie dem Telefon oder der Glühlampe die Rede – doch Robert Bosch sucht nicht nur nach Lösungen für technische Probleme. Im Gegensatz zu manchen Zeitgenossen verliert er vor lauter naiver Maschinenverehrung nicht den Mensch aus den Augen. Ein Fabrikarbeiter wird für ihn auch später mehr sein, als nur ein Rädchen in einem gut geölten Getriebe, in dem alles perfekt ineinandergreifen muss, um den Kapitalismus am Laufen zu halten. Schon in jungen Jahren mischen sich bei ihm widersprüchliche Grundströmungen: Dunkel rumort in ihm ein unausgesprochenes Unbehagen, sich in einer technisierten Welt von der Natur zu entfremden, deren Gerüche, Geräusche und Bilder seine Kindheit prägten. Dies ist ein Teil des „grünen Bosch". Gleichzeitig treibt ihn der Ehrgeiz eines Pioniers an, der sich unbedingt selbstständig machen will, der nach Freiheit strebt und sich ideologisch nicht fesseln lassen will: Es sind die Charakterzüge des „liberalen Bosch". Nicht zuletzt gilt sein Mitgefühl der Arbeiterklasse. Zur Arbeit gehört auch die Erholung – Robert Bosch beginnt darüber nachzudenken, wie viel Energie eigentlich ein Mensch besitzt und wie lange er im Betrieb die beste Leistung bringen kann. Sein Menschenbild ist weitaus komplexer, als jenes aus der rauen Frühzeit der Industrialisierung. Die Arbeiter auszubeuten, hält er für verwerflich. Dieses soziale Gewissen ist ein Wesensmerkmal des „roten Bosch". So zeigen sich schon in seinen frühen Jahren die komplexen Denkmuster eines umweltbewussten, marktgläubigen Sozialdemokraten – mal schillert die eine, dann wieder die andere Farbe kräftiger in seinem Leben.

Mit den Möwen nach New York – 1884

Am 24. Mai 1884 trübt kaum eine Wolke den Himmel über Rotterdam. Im Hafen liegt ein Dampfschiff der Holland-America-Line, das noch am Mittag ablegen soll und in knapp zwei Wochen, falls alles planmäßig verläuft, sein Ziel erreicht haben wird. Auf dem Zwischendeck haben sich rund 200 Menschen aus allen möglichen Ländern versammelt. Das Schiff füllt sich, die Passagiere suchen ihre Kajüten. Unter ihnen befinden sich, wie Robert Bosch in seinem Tagebuch festhält, „zehn heilige Schwestern vom Rhein, die ziemlich sorglose Gesichter machen" und noch mal so viele Mädchen im Alter von zwölf bis 15 Jahren, die in der Neuen Welt ebenfalls hinter Klostermauern leben sollen.

Robert Bosch hat weltlichere Pläne, in seiner Tasche steckt ein Empfehlungsschreiben für Thomas Alva Edison. Bosch ist 22 Jahre alt und kühn genug, um den großen Schritt über den Atlantik zu wagen. Nach Amerika, wo die Musik des Fortschritts inzwischen lauter spielt als im alten Europa. Schon am ersten Tag macht er sich mit einigen Mitreisenden an Bord bekannt. Viele Holländer sind an Bord des Dampfers *Pieter Caland*, unter anderem der junge Gips, der Sohn eines Schnapsfabrikanten. Gips ist selbst der beste Werbeträger für das Familienunternehmen, er hat einen Korb voll Rum und anderer hochprozentiger Getränke mitgebracht und erfreut sich während der Überfahrt konstanter Trunkenheit.

Die Stimmung bei der Abfahrt ist ausgelassen. Das Zwischendeck, so beobachtet Robert Bosch, tanzt bald „nach einer Handharmonika auf Tod und Leben". Er selbst macht sich mit einem holländischen Landwirt bekannt, der zwei Jahre in Amerika bleiben will und schon bei der Abfahrt von seiner Rückkehr träumt – zu Hause wird seine Verlobte auf ihn warten. Er ist versprochen, der Mann scheint sein Leben wohlsortiert zu haben, so weit ist der junge Feinmechaniker aus Ulm noch nicht: „Könnte den Fischblütigen fast beneiden um die Sicherheit, mit der er an sein kommendes Glück glaubt. Aber wo ein Holländer hoffen kann, kann's ein Schwabe auch." Robert Bosch hat den Dampfer nicht bestiegen, um in Amerika klein beizugeben. Viele Auswanderer besitzen die Hoffnung auf ein besseres Leben, als sie Europa verlassen, um in Amerika bei null anzufangen.

Schon am zweiten Tag der Reise, die *Pieter Caland* befindet sich noch im englischen Kanal und nicht auf offener See, sieht Robert Bosch ein Auswandererschiff. Im Atlantik tobt ein harter Konkurrenzkampf. Die Reedereien verdienen gut am Geschäft mit der Hoffnung, Tausende buchen ein Ticket für ein besseres Leben. Sie wollen das Elend hinter sich lassen, doch nicht jeder Traum erfüllt sich und manche Passagiere erreichen ihr Ziel nie. Als Robert Bosch an Bord der *Pieter Caland* mit jeder Seemeile Amerika näher kommt, liegt die Unglücksfahrt eines Dampfers der Hamburg-Amerikanischen Packetfahrt-Actien-Gesellschaft (Hapag) nur ein Jahr zurück.

Am 17. Januar 1883 war die *Cimbria* bei klarem Himmel von ihrem Heimathafen Hamburg ausgelaufen, ihr erstes Ziel auf der Fahrt nach New York sollte die französische Stadt Le Havre sein. Die meisten Passagiere stammten aus Preußen, Österreich, Ungarn und aus Russland. An Bord befanden sich auch drei Geschwister aus Biberach, die als „Schwäbische Singvögel" in ihrer Heimat den bescheidenen Anfang für eine Karriere gelegt hatten. Jetzt sollte man sie in Amerika kennenlernen. Einige Sioux-Indianer, darunter ein Medizinmann, waren in Europa bei Völkerschauen aufgetreten und wollten nun in ihre Heimat zurückkehren.

Die *Cimbria* war ein Zwitterwesen aus zwei Epochen – halb Segelschiff, halb Dampfer. Dennoch galt sie als zuverlässig, genau wie ihr Kapitän, der zum dritten Mal mit diesem Schiff den Atlantik überqueren wollte. Bereits auf der Elbe zog ein dichter Nebel auf, der die *Cimbria* weiter einhüllte, als sie die offene See erreichte. Der Kapitän verlangsamte die Fahrt, in den nachtschwarzen Morgenstunden des 19. Januar 1883 meldete der Mann im Ausguck: „Sicht eine gute Schiffslänge".

Als die Besatzung der *Cimbria* nördlich von Borkum das dröhnende Nebelhorn des britischen Kohlendampfers *Sultan* hörte, war es bereits unmöglich, der Kollision auszuweichen – die *Sultan* bohrte sich auf der Backbordseite in das deutsche Schiff. Sofort strömten Wassermassen in das Leck, die *Cimbria* neigte sich zur Seite. Während der schwer beschädigte Kohlendampfer seine Rettung im Hamburger Hafen suchte, brach unter den Passagieren an Bord der *Cimbria* Panik aus. Rettungsboote kenterten, weil sie überfüllt waren. Ihre Zahl reichte bei Weitem nicht aus, um die knapp 500 Passagiere und Besatzungsmitglieder aufzunehmen. Das Schiff sank auf Grund, doch weil das Meer an dieser Stelle seicht war, ragten die Masten einige Meter aus dem Wasser: Elf Stunden lang klammerten sich 17 Schiffbrüchige an das Holz, bevor sie von einem Bremer Schiff gerettet wurden. Für 437 Menschen wurde die Nordsee jedoch zum nassen Grab. Die Tragödie der *Cimbria* bleibt kein Einzelfall: Auf der Atlantikpassage, die je nach Wetterlage etwas mehr oder etwas weniger als zwei Wochen dauert, fährt das Risiko mit.

Ein unruhiger Magen ist das geringste Übel. „Die heiligen Schwestern werden seekrank", notiert Robert Bosch in seinem Tagebuch, „zur großen Freude der Möwen im Hinterwasser". Auch Bosch selbst fühlt sich nicht immer auf der Höhe. Während vielen Passagieren an Bord des Dampfers der Appetit vergeht, kuriert sich der Schnapsfabrikantensohn mit einem Hausmittel: Cognac auf Zucker. Bei rauer See fegen Wellen über das Deck, das Meer ist dunkelgrün. Es regnet, die Luft in den Kabinen ist dumpf und heiß, und Robert Bosch muss sich gegen beide Seiten der Kabinenwände stemmen, um nicht hin und her geworfen zu werden.

Das schlechte Wetter verzieht sich so schnell, wie es gekommen ist. Nur noch wenige Tage bis New York. Die Deutschen an Bord singen viel, meist sind es Abschiedslieder. Dann und wann tauchen Segelschiffe auf und verschwinden wieder. Die Zeit an Bord fließt bei Gesellschaftsspielen, Gesprächen und Besäufnissen dahin, doch Robert Bosch kennt keine Langeweile. Noch als Soldat hat er gelernt, geduldig zu warten, sich ins Unvermeidliche des Nichtstuns zu fügen und seiner Fantasie freien Lauf zu lassen. In diesen Stunden begibt sich Bosch auf „Gedankenrevue". Es habe „auch sein Schönes, so stundenlang auf dem Rücken zu liegen und nach den Sternen zu gucken".

Jemand hat Wale gesehen. Der Wind bläst günstig, und der Dampfer legt binnen eines Tages 296 Seemeilen zurück, rund 548 Kilometer. Pfingsten soll an Bord mit einer internationalen Bowle begossen werden, zu der sich Amerikaner, Engländer, Deutsche und Holländer angesagt haben. Der Schnapsfreund ist auch dabei. Für Robert Bosch ist es das dritte Pfingstfest, das er nicht in Ulm verbringt, sein erstes auf hoher See. Gleich nach seiner Ankunft muss er der Mutter ein Telegramm schicken und vom glücklichen Verlauf der Reise berichten, sie wird erleichtert sein. Am nächsten Tag kommen Eisberge in Sicht, zunächst in einiger Entfernung, dann sieht Bosch einen Koloss, „voll von der Sonne beschienen und weiß wie Zucker. Die Eisberge sind nicht immer so liebenswürdig, sich so von sicherer Ferne aus begucken zu lassen".

Die *Pieter Caland* steuert sicher an den Eisbergen vorbei, der Kapitän kennt seinen Weg, es ist seine 106. Überfahrt. Je näher Robert Bosch seinem Ziel kommt, desto stärker drängt sich ihm die Frage auf, ob es die richtige Entscheidung war, nach Amerika zu gehen. Womöglich würden seine Empfehlungsschreiben dort wertlos sein, und er müsste wieder ganz unten anfangen – vielleicht als Kellner oder Bäckerjunge? Andererseits würde ihm diese harte Lektion womöglich gut tun. Wenn er sich plagen müsste, dann würde er „rascher das, was man in Amerika smart heißt". Robert Bosch ist entschlossen, sich durchzusetzen, komme es, wie es wolle. „Es müsste sonderbar sein, wenn ich nicht durchhaue in einem Lande, wo schon mancher etwas geworden ist, der noch nicht einmal den guten Willen dazu hatte, und an dem wird es bei mir nicht fehlen."

Dann endet alles Warten und Spekulieren. Es ist der 5. Juni 1884, das Wetter ist ruhig, die See glatt, wie mit Öl übergossen – Land in Sicht! Und „zwei Herden Enten, wie sie im Neckar nicht schöner sein können". Schnell vergisst Robert Bosch seine nostalgischen Heimatgefühle und ergibt sich dem Staunen des Neuankömmlings, der erstmals all jene Bauten mit eigenen Augen sieht, über die er zuvor nur gelesen hatte oder die er vom Hörensagen kannte: Long Island, ein palastartiges Badhotel, nichts als Schiffe und schließlich die Brooklyn Bridge. Die längste Hängebrücke der Welt, deren Bauarbeiten Wilhelm Maybach vor acht Jahren bewundert hat, ist vor einem Jahr fertiggestellt worden. Die Brücke führt mitten in das Herz von Manhattan. Doch, das ist eine neue Welt für den Bierbrauersohn aus Ulm, der sich überwältigt fühlt von all den Bildern, die auf ihn einstürmen und bald auch vom Tempo der Weltstadt, die Ende des 19. Jahrhunderts gerade erst ihre wahre Größe entfaltet: „Kommt! Seht!"

Als Robert Bosch 1884 auf dem Dampfer New York erreicht, sieht er die erst vor einem Jahr fertiggestellte Brooklyn Bridge.

Aber hat Amerika auf einen jungen Techniker aus Ulm gewartet? So matt wie ein Glühwürmchen leuchtet der Name Robert Bosch, verglichen mit der ungeheuren Strahlkraft jenes Mannes, von dem sich der Deutsche einen entscheidenden Schub für seine Karriere erhofft: Als Robert Bosch im Sommer 1884 New Yorker Boden unter den Füßen hat, ist der 14 Jahre ältere Thomas Alva Edison bereits ein Popstar seiner Zeit. Mit zwei Erfindungen ist Edison kürzlich der Durchbruch gelungen – Edison hatte beobachtet, wie automatische Telegraphen die auf Papierstreifen gespeicherten Texte senden. Diese Streifen erzeugen Vibrationen und Töne. Es ist die Geburtsstunde des Phonographen, mit dem Edison 1877 erstmals seine eigene Stimme aufnahm und sie anschließend auch hören konnte. Als er kurz darauf der staunenden Öffentlichkeit ein durchsichtiges birnenförmiges Gehäuse vorstellte, das auf Knopfdruck hell wurde, war Edison bereits zur amerikanischen Legende geworden.

In seinem Forschungslabor grübelt er gemeinsam mit seinen Mitarbeitern ständig über neuen Ideen. Aus den Ideen werden Produkte, aus den Produkten Geschäfte, die Geschäfte bringen Edison jenes Kapital, das er benötigt, um immer größer zu werden. Der Amerikaner mischt überall dort mit, wo er sich sprudelnde Gewinne erhofft, mit seinen Konkurrenten geht er dabei wenig zimperlich um – so streitet er mit den Bell Labs über Patente, die die Telefontechnik entscheidend verbessern sollen.

In den 1880er-Jahren ist die Elektrizität der unsichtbare Stoff, aus dem die Träume sind. Edison plant einen weltweiten Eroberungsfeldzug. New York soll dabei die Bühne sein, auf der er allen zeigen kann, dass er über beinahe unbegrenzte Möglichkeiten verfügt. Er lässt das neu gebaute Dampfschiff *SS Columbia* mit seinen Glühbirnen schmücken, um diese gleichzeitig an- und dann wieder auszuschalten. Die Show entfaltet ihre Wirkung, das Publikum ist von der Glühbirne und ihren Möglichkeiten elektrisiert. Dieser Thomas Edison muss über übernatürliche Kräfte verfügen. Die Presse erfindet für ihn einen Namen, der den Starkult weiter anheizt: „Der Zauberer von Menlo Park". Von diesem Mann, der in New Jersey an der Atlantikküste forscht und arbeitet, erwartet man stets „das nächste große Ding". Rund hundert Jahre werden von diesem Zeitpunkt an vergehen, bis sich ein anderer junger Mann anschicken wird, ähnlichen Kultstatus zu erlangen. Der Mann wird ein Unternehmen gründen, dessen Markenzeichen ein angebissener Apfel ist.

Aber 1884 heißt der Zauberer Thomas Edison und nicht Steve Jobs. Die Edison Electric Light Co. ist zu diesem Zeitpunkt schon dort etabliert, wo der junge deutsche Techniker gerade hergekommen ist: in Europa. Wenn Edison es in New York geschafft hat, sollte er es doch überall schaffen. In der Boomtown an der amerikanischen Ostküste gründet er die Edison Electric Light Company of Europe – deren Tochterfirmen sitzen bald in London und Paris, sie schließen in ganz Europa strategische Allianzen. In Robert Boschs Heimat macht die Deutsche Edison-Gesellschaft für angewandte Elektrizität Geschäfte, später wird aus ihr die AEG hervorgehen.

Nach und nach vertreibt die Elektrizität die Dunkelheit aus den Städten. Theater, Bahnhöfe, Cafés – dank der Glühbirne brummt eine neue Industrie, die in diesen Jahren noch nicht als solche bezeichnet wird: die Unterhaltungsindustrie. In dem Jahr, in dem die ersten Menschen die Brooklyn Bridge betreten, wird in New York ein zweites Gebäude fertiggestellt, das bald zum Treffpunkt der amerikanischen High Society wird: die Metropolitan Opera. Das junge Amerika lechzt nach einem Rohstoff, den es jenseits des Atlantiks findet – einer Kultur, in der die Geschichten aus vielen Jahrhunderten nachklingen. In der Architektur und in der Bühnentechnik der Met finden sich Anleihen an die Mailänder Scala und an den Covent Garden in London. Gespielt wird, was auch dem italienischen und dem französischen Publikum gefällt. Die Alte Welt wird zur Inspirationsquelle der Neuen Welt. Es werden noch viele Jahre vergehen, bis sich diese Vorzeichen ändern und eine mächtige Filmindustrie dafür sorgt, dass amerikanische Geschichten die Alltagskultur auf der ganzen Welt prägen.

Dank der Elektrizität leuchten die Nächte. Zumindest in den Metropolen endet jene spätbiedermeierliche Funzligkeit, bei der ein Herr im Schlafrock nachts mit der Kerze in der Hand durch die Wohnung tappt. Das bleibt nicht ohne Folgen: weder für die Arbeit in den Fabriken noch für das vielerorts aufblühende Nachtleben. In Berlin, der „*electrical metropolis*", tanzen bald die Puppen, aber die große Show der weltumspannenden Erleuchtung benötigt Saft, und darin liegt das Problem dieser Jahre. Kraftwerke müssen errichtet, Netze installiert, Haushalte angeschlossen werden. Die Glühbirne leuchtet schon, aber das elektrische Zeitalter steckt noch in den Kinderschuhen.

Auch Deutschland hat seinen Edison. In Berlin führt Werner Siemens auf einer Gewerbeausstellung eine Elektrolokomotive vor, dennoch werden die Eisenbahnen noch lange unter Dampf stehen. Im Nahverkehr geht es schneller. In Lichterfelde fahren die Berliner erstmals in einer elektrischen Straßenbahn. Auch im Süden des Deutschen Kaiserreichs sind die Bürger in den 1880er-Jahren elektrisch gestimmt: Im Stuttgarter Stadtgarten flanieren die Menschen abends unter dem Schein von Lichtbogenlampen. Mit diesem Appetithäppchen wächst der Hunger nach mehr. Im Bahnhof werden Wartesäle und Bahnsteige elektrisch beleuchtet, das Hoftheater feiert erstmals eine Premiere mit elektrischer Beleuchtung.

Tausende von Kilometern trennen Robert Bosch in diesem Sommer 1884 von seiner württembergischen Heimat. Er lebt jetzt im aufregendsten Land der Welt. In Amerika begnügen sich Männer wie Thomas Edison nicht mit dem Ruhm für ihre Erfindungen, sie wollen ihn auch vergolden. Das geht am besten, wenn man am Roulettetisch den Croupier besticht. Nicht nur Thomas Edison verfügt über feine Drähte zu den Politikern in Washington. Lobbyarbeit betreibt auch John D. Rockefeller, der aus den bodenständigen Anfängen eines Gemischtwarenhandels längst herausgewachsen ist. Rockefeller baut sich aus mehreren Ölgesellschaften ein Imperium auf, das bald in absolutistischer Manier den weltweiten Ölmarkt beherrscht. Die Standard Oil Company redet ein gewichtiges Wort in den Vereinigten Staaten mit. Das Öl wird nach und nach zu einem Treibstoff des Fortschritts – doch noch existiert eine Maschine erst als Bauplan auf Zeichenbrettern, die später nicht genug vom Benzin bekommen kann: das Automobil.

Die Welt verwandelt sich, angetrieben von einer unbändigen Energie, die die Menschen fasziniert. Die Heldenfiguren dieser Zeit sind keine in sich gekehrten Müßiggänger, es sind vielmehr diejenigen, die nach vorn schreiten, um Neuland zu betreten: rastlose Forscher, beherzte Industrielle, furchtlose Erfinder, die auch dann weitertüfteln, wenn es in der Werkstatt nach einem misslungenen Experiment qualmt und stinkt.

Liebe Anna! – Sommer 1884

An innerem Antrieb mangelt es Robert Bosch nicht. Im Alter von 23 Jahren liegen Lehr- und Wanderjahre mit Stationen in Ulm, Köln, Stuttgart und Magdeburg hinter ihm. Kurz vor seiner Abreise nach New York hatte er das Münchner Hoftheater besucht, das von der amerikanischen Edison-Gesellschaft mit Beleuchtung ausgestattet wurde. Seine Empfehlungsschreiben machen sich in Amerika bezahlt: Man weist ihm eine Stelle in einer Fabrik zu, die Grammophone, Fernthermometer und Bogenlampen herstellt. Robert Bosch beginnt als Mechaniker, sein Wochenlohn beträgt acht Dollar. Der junge Techniker wird zu einem winzigen Rädchen im großen Getriebe von Edisons Firmenimperium. Sein Chef ist Deutscher, bald vermittelt Bosch einem Lehrfreund aus Ulm einen Job, man knüpft alte Bande in der Neuen Welt. In den Werkstätten des Zauberers von Menlo Park gelingt Robert Bosch als Mechaniker jedoch „kaum mehr als Mittelmäßiges“. In New York lebt er nicht, um zu arbeiten – er arbeitet, um überleben zu können. An manchen Tagen fällt es ihm nicht leicht, wieder in die Werkstatt zu gehen. Das Wichtigste, glaubt er, ziehe an ihm vorüber. Illusionen zerplatzen. Sein Handwerk, schreibt er, sei nur Mittel zum Zweck. Broterwerb, nicht mehr.

Aus welchem Holz dieser Edison geschnitzt ist, erlebt Robert Bosch hautnah mit, als eines Tages ein schlanker großer Mann in einem blau-weiß gestreiften Kittel in die Werkstatt hastet, in der der junge Deutsche arbeitet. Robert Bosch wundert sich, dass dieser Mann umgehend auf einen Betriebsmotor zustürzt, sich ausgiebig die Hände mit Öl schmutzig macht, nur um kurz darauf einige Herren zu begrüßen. Der groß gewachsene Mann ist Thomas Edison, bei den Besuchern handelt es sich um honorige Männer, von denen sich Edison erhofft, dass sie Anteilsscheine seiner Gesellschaft übernehmen werden. Bosch entdeckt in dieser Showeinlage des großen Meisters das „American System" im Geschäftswesen – sonst sieht Bosch nie, dass sich Edison im Werk selbst die Hände schmutzig macht.

Als die Aufträge in einer Wirtschaftskrise ausbleiben, lernt Robert Bosch ein Grundgesetz des amerikanischen Arbeitsmarktes kennen: *hire and fire*. Plötzlich steht er als einer der Ersten auf der Straße, sein Obermeister war ohnehin nicht gut auf ihn zu sprechen. Der junge Deutsche spürt am eigenen Leib, wie zerbrechlich das materielle Glück des Arbeiters ist. Er orientiert sich neu und findet Anschluss an eine Bewegung namens „Knights of Labor". Der „Edle und heilige Orden der Ritter der Arbeit" wurde von Schneidern gegründet. Im September 1884 sorgt er mit einer Parade durch New York für Aufsehen. Der Aufmarsch soll Arbeitnehmer und Angestellte motivieren, sich zusammenzuschließen, um gegen die Willkür und die Macht der Unternehmer aufzubegehren. Es ist ein unerhörter Vorgang im Land der Freiheit. Die Knights of Labor wollen die Kinderarbeit verbieten lassen, die Privatbanken zerschlagen und die allgemeine Arbeitszeit radikal verkürzen. Die Vereinigung führt einen Frontalangriff gegen den Wirtschaftsliberalismus – der entfesselte Kapitalismus im Rohzustand macht aus vielen Arbeitern Leibeigene, die ihre Kraft und ihre Gesundheit opfern.

Robert Bosch diskutiert in diesem Kreis, der als Geheimbund entstanden war, über Brüderlichkeit und soziale Gerechtigkeit. In New

York hört er zum ersten Mal vom Kampf für einen Achtstundentag: „Des Arbeiters Acht!“ heißt die Parole – acht Stunden Arbeit, acht Stunden Erholung und acht Stunden Schlaf! Zwar findet Robert Bosch nach seiner Entlassung bald in einem anderen Zweig von Edisons wachsenden Firmenimperium wieder Arbeit, aber er spürt, dass Amerika für ihn ein Land der begrenzten Möglichkeiten bleiben wird. Er schreibt seinem Bruder Carl, dass in diesem Land der Eckstein der Gerechtigkeit fehle: Dies sei die Gleichheit vor dem Gesetz.

Aber ihn bewegt nicht nur die Politik, ihn bewegt auch die Liebe. Die sitzt mehrere Tausend Kilometer entfernt. Dort, wo die Enten im Neckar schwimmen. Während seiner Militärzeit hatte es zwischen ihm und der Kaufmannstochter Anna Kayser aus Obertürkheim gefunkt. Jetzt führen sie eine Fernbeziehung ohne Internet, SMS und Telefongespräche. Die Liebe wird für die beiden ein Geduldsspiel.

Vom Frühjahr 1885 an transportieren die Dampfer zwischen New York und Europa Briefe der beiden, es beginnt ein monatelanges Ping-Pong-Spiel zwischen der amerikanischen Metropole und der schwäbischen Provinz. Verschickt werden aber nicht nur Liebesgrüße aus New York. Zwischen dem Paar wogt es schriftlich hin und her, die beiden stellen einander die ganz großen Fragen: Wie emanzipiert darf eigentlich eine Frau sein in diesen modernen Zeiten? Wie hält er es mit Gott? Und wie hält sie es mit dem Sozialismus? Was empfindet man wirklich füreinander und sind diese Gefühle tief genug, um sich für immer aneinander zu binden?

Sein Gott, schreibt Robert Bosch, sei die Menschheit, nein noch mehr, das ganze Weltall. Ob sie sich wirklich vorstellen könne, dass dieser christliche Gott der Liebe eine Freude daran haben könne, dass sich die Menschen gegenseitig so misshandelten? Sein Vater habe übrigens nie eine Kirche betreten. Selbst kurz vor dem Tod habe er trotz großer Schmerzen nicht nach einem Priester verlangt. Er sei in diesen schwersten Stunden auch ohne kirchlichen Beistand ruhig und gefasst gewesen.

Aber irgendetwas müsse der Mensch doch haben, woran er sich halten könne, antwortet ihm Anna aus Obertürkheim. Ohne Religion könne niemand glücklich sein, und sie im Übrigen auch nicht. Es sei gut, dass er diesen Punkt angesprochen habe, denn zwischen zwei Menschen, die sich fürs Leben angehören wollten, müsse alles klar und aufrichtig sein.

Zu diesem Zeitpunkt ist die Tinte schon auf jenem Briefbogen getrocknet, auf dem Robert Bosch seiner Anna einen Antrag gemacht hat. Die Antwort macht ihn glücklich, jetzt weiß er, dass er aus New York zurückkehren wird. Ja, schreibt Anna, sie wolle ihn zum Mann nehmen. Und sie wolle sich auch in ihre Rolle fügen, schließlich sei es ja wahr, dass die Frau sich in gewisser Hinsicht unter den Mann stellen müsse. Es liege in der weiblichen Natur begründet, sich an den stärkeren Mann anzulehnen. Eine Frau bedürfe einer Stütze.

Es sei kein Wunder, dass die Frauen nicht so tiefgründig zu denken vermögen, erwidert Robert Bosch. Eugen, Annas Bruder, behaupte das ja auch. Man müsse jedoch bedenken, dass man den Frauen seit Jahrhunderten das Recht abgesprochen habe, zu denken. Die Gesellschaft habe die Frauen so gestellt, dass sie darauf angewiesen seien, einen Mann mithilfe ihrer äußeren Reize zu kapern.

Diese Rede geht Anna Kayser zu weit. Bei Männern und Frauen handle es sich nun mal um verschieden organisierte Geschöpfe, von denen jedes seinen ihm zugewiesenen Wirkungskreis habe: „Ihr Männer draußen im Leben, wir Frauen den stillen Beruf im Hause". Deshalb müsse doch der Beruf des Weibes keineswegs weniger edel sein, wenn es sich bemühe, die Sorgen des Mannes tragen zu helfen und zu erleichtern. Es sei doch wahrhaftig ein schöner Beruf, Gott möge ihr die Kraft geben, ihn dereinst richtig zu erfüllen.

Robert Bosch hat noch kein einziges Mal mit einer Frau zusammengelebt, als er unbelastet von jeglichem Beziehungsalltag einige frühfeministischen Thesen entwirft, die in Europa zu dieser Zeit höchstens in England ein breiteres Gehör finden würden, wo der Kampf der Suffragetten für ein Frauenwahlrecht beginnt. Die Frauen, schreibt Robert Bosch, könnten das Unglück ihrer gesellschaftlichen Stellung nur deshalb ertragen, weil sie erzogen worden seien, es zu erdulden. Es sei eine schreiende Ungerechtigkeit gegen ledige Frauen, diese als Unmündige zu behandeln. Er selbst wolle kein Spielzeug, er suche eine Gefährtin!

Doch jenseits des Politischen wird zwischen dem jungen Liebespaar auch Rosarotes zu Papier gebracht. „Mein liebes Herz!", schreibt

Robert seiner Anna. „Die Suppe war gehörig versalzen, so geht es eben, wenn man verliebt ist“, schreibt Süßholz raspelnd die Verehrte zurück. Tatsächlich wird ihr bald beschieden, wo die Emanzipationsfrage für den künftigen Gatten endet: in der Küche. „Was das Kochen anbelangt, mein Herzchen, so musst Du Dich allerdings damit befassen, darin sind wir von zu Hause aus ziemlich verwöhnt“, erfährt Anna aus einem der vielen Briefe. Das Heiraten sei eben letztlich mehr oder weniger eine Magenfrage.

Mal treiben Robert Bosch in seinen Briefen Sättigungsfragen um, doch wenige Sätze später entschwebt er wieder in politisch-philosophische Höhen. Eigentlich müsse er jetzt Revolutionär sein, berichtet der junge Werksarbeiter aus New York: „Siehst Du, ich bin Sozialist. Wenn ich jetzt nicht den Lehren, denen ich anhänge, gemäß leben kann, so mußt Du mir das nicht verübeln, denn unter jetzigen Umständen müßte ich auf Dich und damit auf mein ganzes Liebes- und Lebensglück verzichten. Und wenn es das Edelste und Beste eines Menschen ist, wenn er sein eigenes Wohlergehen hintenansetzt, so bin ich doch eben viel zu sehr Mensch und Egoist, um das zu tun.“

Die Liebe zu Anna Kayser steht der Karriere als Revolutionär im Weg. Robert Bosch tröstet sich, für ihn ist es nur eine Frage der Zeit, bis der Fortschritt alle Ausbeutung und Unterdrückung für immer beseitigt. Es sei ausgerechnet worden, dass künftig zwei bis drei Stunden Arbeit pro Tag und Kopf genügen werden. Und wenn erst die Industriemaschinen vollkommen seien, komme man mit noch weniger Arbeitszeit aus. Geld im jetzigen Sinne dürfe es natürlich nicht mehr geben, dann könne niemand mehr Kapital anhäufen, und von diesem Moment an sei es vorbei mit Bestechung, Raub und Diebstahl. Dass es kein Unrecht sei, auf einen sozialistischen Staat hinzuarbeiten, das müsse seine geliebte Anna zugeben.

Doch im Land der Freiheit wird aus dem jungen Robert Bosch kein Klassenkämpfer mehr. Die Verlobung soll schließlich nicht nur schriftlich ausgesprochen sein, und Anna Kayser versteht es, direkt oder subtil um Boschs Rückkehr zu werben. Es gebe nichts Schöneres, als das Erwachen der Natur zu beobachten, schreibt sie ihm im Frühjahr 1885, es erfülle sie mit einem unendlichen Glücksgefühl. Er jedoch werde nicht viel davon sehen, „in dem großen New York“.

Für Robert Bosch bleibt Amerika nur eine Zwischenetappe. Über England will er in seine Heimat zurückkehren. Als er am 13. Mai 1885 an Bord des Dampfers *Fulda* geht, der ihn in die englische Hafenstadt Southampton bringen soll, ist er um einige Illusionen ärmer und um viele Erfahrungen reicher. Er weiß nun auch, dass er nie wieder eine Uniform tragen muss: Ein deutscher Konsulatsarzt hat ihm noch in New York bestätigt, dass sein Trommelfelldefekt ihn für den Feld- und Garnisonsdienst untauglich erscheinen lasse.

Auf der Fahrt in die Alte Welt sieht Robert Bosch faustgroße Tiere im Wasser treiben, von denen ein starkes Leuchten ausgeht. Erneut begleitet ihn die Seekrankheit, doch an diese Nebenwirkung hat er sich rasch gewöhnt. Der junge Deutsche nimmt es mit Humor – und mit Wilhelm Busch: „Zwei Tage war der Bosch so krank, jetzt isst er wieder, Gott sei Dank!" In seine Sprache haben sich nach dem Jahr in Amerika viele englische Wörter eingeschlichen. Eines davon gibt Robert Bosch nun ein Ziel vor, wenn er wieder zurück ist in Europa: *self-made man*. Er will nicht mehr lange abhängig sein, von den Launen anderer. Der Techniker hat während seiner Wanderjahre einige Meister gehabt. Nun wird es Zeit für ihn, selbst einen Platz zu finden. Robert Bosch will ankommen, nicht nur mit der *Fulda*.

Die Zeit in New York hat ihn verändert, sein Temperament hat sich etwas abgekühlt. Die unmittelbaren heftigen Wutausbrüche, die er immer wieder an sich selbst erst beobachtet und anschließend bereut, werden seltener. Diese Lust zum Randalieren und Skandalmachen sei in ihm am Absterben begriffen, schreibt er seiner Anna. Er wisse noch nicht, ob dies gut oder schlecht sei. Manchmal könne er stundenlang dasitzen, ohne zu reden, in anderen Momenten sei er jedoch in der passenden Gesellschaft lebhaft und singe gerne. Früher, da habe er immer das große Maul haben müssen, nun müsse man ihn fast dazu auffordern zu reden. Manchmal komme er sich schon recht alt vor. Robert Bosch ergründet seinen Charakter mit demselben analytischen Vermögen, mit dem er auch die Funktionsweise technischer Apparate entschlüsselt. Er sieht nicht nur die Oberflächen, er schürft tiefer. Dieser Wesenszug prägt ihn in jungen Jahren, Robert Bosch grübelt darüber, wie das Bewusstsein das Sein mitbestimmt. Er glaubt fest daran, dass er sein Leben selbst in die Hand nehmen kann.

Robert Bosch kehrt dem Land der Freiheit den Rücken zu. Doch für viele Auswanderer, die mit einem Koffer voller Träume von Europa aus angereist sind, erfüllt sich in Amerika das Schicksal. Etliche von ihnen scheitern, sie bleiben namenlos und finden sich niedergedrückt auf den Boden einer aufstiegsgläubigen Gesellschaft. Bei allem Aufbruch wird Amerika wiederholt von Wirtschaftskrisen geschüttelt.

Aber genug Einwanderer „hauen durch", und ihre Geschichten begründen einen neuen Mythos, der Generationen von Amerikanern Kraft und Glaube verleihen wird: vom Tellerwäscher zum Millionär. Eine dieser Geschichten schreibt Jakob Friedrich Schöllkopf, der sich im November 1841 an Bord eines Segelschiffs begab und Amerika erst im Januar des folgenden Jahres erreichte. Schöllkopf gerbte in New York Tierhäute, bevor er sein eigenes Ledergeschäft eröffnete – unter gütiger Mithilfe seines Vaters, der ihm 800 Gulden in die Neue Welt schickte. Schöllkopf junior stammte aus Kirchheim unter Teck, am Rand der Schwäbischen Alb gelegen, nicht weit entfernt von dem Ort Albeck bei Ulm, in dem Robert Bosch aufwuchs. In Amerika nutzte Schöllkopf sein Startkapital, bald betrieb er eine Gerberei im amerikanischen Bundesstaat Milwaukee und eine weitere im boomenden Chicago.

Als Jakob Friedrich Schöllkopf 1850 von einem Vetter besucht wurde, schwang in dessen Brief in die Heimat Fassungslosigkeit mit. Sein Cousin habe „ein Haus dastehn, kein Graf in Deutschland hat ein solches. Das ist ein Geschäftsmann, so trifft man wenig. Bei dem geht alles ins Große". Dabei sollte das Big Business für Jakob Friedrich Schöllkopf erst noch kommen: Als das Unternehmen Hydraulic Canal Pleite ging, steigerte Schöllkopf mit und erhielt den Zuschlag – von diesem Tag an besaß der Gerber Rechte, die es ihm erlaubten, die Wasserkraft der Niagarafälle zu nutzen. 1881 gründete er die Niagara Falls Hydraulic Power Company – während Thomas Edison seine Magie entfaltete, betrieb der Mann von der Schwäbischen Alb das erste Elektrizitätswerk, das durch den Wasserdruck der Niagarafälle Strom erzeugt.

Während das 19. Jahrhundert auf die Zielgerade einbiegt, treten neue Spieler an den Casinotisch des jungen Kapitalismus: Die Textilindustrie, mit der in England Ende des 18. Jahrhunderts alles seinen Anfang genommen hat, büßt den besten Platz ein. Wer jung, ehrgeizig und gut ausgebildet ist, findet nun neue Arbeitgeber in Branchen, die noch vor wenigen Jahren nicht existierten – in der Chemie, im Maschinenbau, in der Elektrotechnik. Es ist eine gute Zeit für verrückte Geschichten.

Konkurrenten vor Gericht – Sommer 1885

Größer, schneller, besser. Im sich rasant verändernden Wirtschaftsgefüge der Welt wirkt das Gartenhaus von Gottlieb Daimler wie eine unbedeutende Rumpelkammer, von der nichts Besonderes zu erwarten ist: Unscheinbar, und für Außenstehende leicht zu übersehen, duckt es sich von der Villa des Industriellen weg. Durch die Parkanlagen des daimlerschen Anwesens führen verschlungene Wege, die der Besitzer oft beschreitet – versunken wandelnd, in sich gekehrt und abgetaucht in seine eigene Gedankenwelt. Im Inneren des Gartenhauses in Cannstatt scheint die alte Zeit überlebt zu haben. Um vorwärtszukommen, haben Gottlieb Daimler und Wilhelm Maybach einen Schritt zurück gemacht: Ihr neuer Arbeitsplatz ist eine Abkehr von den modernen Fabrikhallen der Gasmotorenfabrik Deutz und ein Rückgriff auf den schlichten Handwerksbetrieb. Wenn Gottlieb Daimler im Jahr 1885 sein Gartenhaus betritt, sieht er eine Werkbank aus Holz, deren von Dellen übersäte Oberfläche an manchen Stellen mit Eisenplatten beschlagen ist. In zwei Schraubstöcken klemmen Werkstücke, auf dem Dielenboden verraten Eisenspäne, dass tags zuvor gearbeitet wurde. Im Gartenhaus, das aus zwei Räumen besteht, befindet sich eine Mischung aus Labor und Manufaktur: Der hölzerne Griff an der Handkurbel eines Bohrers glänzt, weil er vom vielen Gebrauch speckig und glatt geworden ist. Auf einem Holztisch steht eine Ölkanne. Hier liegen Feilen, Schraubschlüssel in allen Größen, Zangen, Meterstöcke und Sägen. Über der Schmiede entweicht der Ruß in einem eisernen Dunstabzug, unmittelbar daneben ist ein Amboss auf einem Baumstumpf aufgebockt. Gottlieb Daimler und Wilhelm Maybach müssen selbst Lehrlingsarbeit leisten, Schwielen an den Händen in Kauf nehmen und vergessen, dass sie noch vor Kurzem in Deutz in Toppositionen gearbeitet haben.

Der schnelllaufende Motor, an dem die beiden arbeiten, ist nicht nur das Produkt genialer Ingenieurseinfälle. Er wird nur dann funktionieren, wenn Gottlieb Daimler und Wilhelm Maybach präzise wie Uhrmacher und umsichtig wie Büchsenmacher arbeiten. In der Erfindung der beiden verbirgt sich viel Traditionelles aus der Alten Welt. Und Nachtarbeit. Von der Decke hängen drei Glühbirnen herab, deren gewickelte Fäden gut zu erkennen sind, weil ihr Licht in Orangetönen matt strahlt. Aber ist es in Wahrheit nicht doch ein Hexenwerk, das Daimler und Maybach vollbringen wollen? Gottlieb Daimler weiß genau, welche Vorbehalte die Menschen seinen Ideen entgegenbringen: Als er für sein heimlich als Werkstatt genutztes Gartenhaus einen Anbau beantragt, weist er offiziell ein Arbeitszimmer und eine Gerätekammer für den Gärtner aus. Er mogelt sich an der Wahrheit vorbei – nicht nur in diesem Fall: Sein Motor soll von Benzin angetrieben werden, auf dem Gerät lässt er jedoch „Petroleum" als Kraftstoffbezeichnung anbringen. Mit diesem Kunstgriff verkleidet Gottlieb Daimler die Wahrheit, er nutzt einen bekannten Begriff, der seinen Mitmenschen vertraut ist, um diesen die Angst vor einer technischen Neuerung zu nehmen.

Unter den Motoren- und Maschinenbauern herrscht ein mitleidloser Wettbewerb. Die Konkurrenten treffen sich mehrfach vor Gericht. Richter sind damit beschäftigt, die Wildnis des frühen Kapitalismus zu zähmen. Wer hat in Wahrheit welchen Anteil an einer Erfindung? Wie viele Ideen von Nikolaus August Ottos Viertaktmotor stecken in den Bauplänen von Gottlieb Daimler? Wer hat komplizierte technische Probleme nur deshalb gelöst, weil er sich bei den Lösungen seiner Widersacher bedient hat? Es beginnt die Schlacht um das geistige Eigentum an einer Erfindung – die stärksten Waffen besitzen nicht mehr die Techniker, sondern die Juristen. Patentgerichte entscheiden in diesen Jahren mit darüber, wem ein entscheidender Durchbruch beim Motoren- oder beim Fahrzeugbau zugeschrieben wird. Sie leisten Herkulesarbeit, weil sie über Dinge zu entscheiden haben, über die sich die Erfinder und Konstrukteure selbst oft unschlüssig sind. Als sich Gottlieb an seinen Schreibtisch setzt, um beim Reichsgericht seine Rechtsansprüche zu begründen, räumt er ein, dass er und Wilhelm Maybach bei der Suche nach dem Fortschritt oft im Dunkeln getappt sind: „Es war ein langer Weg, brauchte unendliche Versuche und die unablässige zielbewusste Arbeit des praktisch erfahrenen Ingenieurs, um … nicht zu erlahmen … bis das gesteckte Ziel erreicht war. Bei den hier auftretenden blitzschnellen Vorgängen und da es nicht möglich war, zur Aufhellung derselben in den Verbrennungsraum hineinzuschlüpfen, blieb für mich nur das Weiterschaffen und Weiterversuchen übrig, da hierüber eben eine Theorie nicht vorbekannt war und woselbst der gelehrteste Professor nicht hätte aushelfen können."

Kurz gesagt: Was im Inneren eines Motors genau passiert und warum es passiert, bleibt selbst Daimler zunächst ein Rätsel. Im Cannstatter Gartenhaus gehört nicht der Durchbruch zum Alltag – für Gottlieb Daimler und Wilhelm Maybach wird das tägliche Scheitern zur Routine. Dem Erfolg nähern sie sich nicht in Siebenmeilenstiefeln – ihrem großen Ziel bewegen sie sich millimeterweise entgegen. Und selbst auf diesem steinigen Weg können sich die beiden nicht allein auf ihr eigenes Genie berufen. Wilhelm Maybach fällt es leichter, dies auch öffentlich einzuräumen. In Gottlieb Daimlers Motorenpatent leben viele der Ideen von dessen einstigem Rivalen Nikolaus August Otto fort, schreibt Maybach in einem Brief: „Der Daimler-Motor war also von jeher ganz eindeutig ein ottoscher Viertaktmotor, anfangs mittelst watsonschem Glührohr, später mittelst elektrischer Zündung zum Schnellläufer gemacht, was Ihnen jeder Fachmann des In- und Auslandes bestätigen wird."

Als 1885 endlich die Patentschrift für einen neuen Motor verfasst wird, trägt diese die Nummer 34926. Im Gegensatz zu zahllosen anderen Patenten, die schnell vergessen werden, geht dieses Patent in die Technikgeschichte ein: Es handelt sich um einen schnelllaufenden Motor, der weitaus leichter ist, als alle bis zu diesem Zeitpunkt entwickelten Modelle. Seine Form ähnelt einer Standuhr.

Das Patent läuft zwar auf den Namen von Gottlieb Daimler, aber ohne die Vorleistungen und die Mitarbeit vieler, wäre er niemals zustande gekommen. In dem Standuhrmotor steckt der Mut des Belgiers Lenoir, der mehr als 20 Jahre zuvor in Paris den Gasmotor revolutionierte. In ihm steckt das Viertakt-Prinzip des Nikolaus August Otto, die technische Vision des Wilhelm Maybach. Der Motor wäre auch nicht entstanden ohne die Stuttgarter Glockengießerei des Heinrich Kurtz, der den Motorkörper goss.

Selbstverständlich wäre dieses Patent undenkbar gewesen, ohne den Einsatz des sturschädligen Gottlieb Daimler. Wie bei einem Puzzle haben sich viele Einzelteile zu einem Ganzen gefügt. In Cannstatt hat kein plötzlicher Geistesblitz in das Gartenhaus eingeschlagen, der neue Motor ist nicht das Produkt eines Erfinders vom Stil eines Daniel Düsentrieb. Der Motor aus dem Gartenhaus wurde Wirklichkeit, weil Menschen jahrzehntelang Ideen sammelten und jagten, weil es ihnen gelang, Geist und Geld zu kombinieren. Der Motor entstand, weil Vorbehalte ausgeräumt, Ängste überwunden und eigene Irrtümer eingestanden wurden.

Wo bei all diesem Pioniergeist wohl die Familie bleibt? Es ist vermutlich der Sommer 1885, als Gottlieb Daimler einen Fotografen in die Taubenheimstraße 13 bestellt. Der Herr mit der Kamera bringt sich in Position. Doch bevor das Bild entsteht, weist er jedem Familienmitglied rund um einen Tisch seinen Platz zu: Im Garten von Gottlieb Daimlers Villa soll ein perfektes Foto entstehen, auf dem jedes Mitglied seine Position findet. Gottlieb Daimler selbst sitzt vom Fotografen links aus gesehen. Das Familienoberhaupt trägt einen Sonntagsanzug mit Fliege, seinen Kopf bedeckt ein breitkrempiger Hut. Ein feines Lächeln ist zu erkennen, dessen Ursache im Nachhinein ungewiss bleibt. Belächelt Gottlieb Daimler halb ironisch die Inszenierung des von ihm selbst bestellten Familienfotos? Oder entspringt sein Lächeln der Selbstgewissheit eines weltgewandten Mannes, der es längst gewohnt ist, fotografiert zu werden – und das in einer Zeit, in der dies noch keine Selbstverständlichkeit ist? Zu seinen Füßen hat es sich ein Hund gemütlich gemacht. Neben Gottlieb Daimler sitzt seine Schwägerin Marie Kurtz, den Blick auf ihr Strickzeug gesenkt, vor ihr steht ein Weidenkörbchen auf dem Tisch. Neben ihr sitzen und lehnen die ältesten Kinder von Emma und Gottlieb Daimler – der 16-jährige Paul und der zwei Jahre jüngere Adolf. Beide tragen Anzüge, in ihren Gesichtern spiegelt sich eine frühreife Ernsthaftigkeit, vielleicht auch die Last, einem Vater folgen zu müssen, dessen Fußstapfen riesig sind.

Familienfoto in Daimlers Garten (von links nach rechts): Gottlieb Daimler, seine Schwägerin Marie Kurtz, seine Söhne Paul und Adolf, rechts neben ihnen, mit der Pfeife Daimlers Schwiegervater Friedrich Kurtz. Neben ihm sitzt Gottlieb Daimlers Frau Emma, auf deren Schoß sich ein unbekanntes Mädchen hinabgebeugt hat. Neben ihr sitzen ihre Töchter Emma und Martha.

Am Tisch sitzt auch der Großvater der Kinder. Der Apotheker Friedrich Kurtz zieht an seiner Pfeife, die ein Porzellankopf schmückt. Kurtz trägt eine Kappe, er scheint seinen Gedanken nachzuhängen, vielleicht auch an sein eigenes Familienschicksal zu denken. Seine Frau ist gestorben, nun lebt er mit seiner Tochter Marie in Maulbronn zusammen, die ihm den Haushalt führt. Neben Friedrich Kurtz sitzt seine Tochter Emma, Gottlieb Daimlers Frau. Auf ihren Schoß hat sich ein unbekanntes Mädchen herabgebeugt, das sein Kinn in die Hand stützt und neugierig in die Richtung des seltsamen Mannes mit der großen Kamera blickt. Neben ihr sitzen die Töchter Emma und Martha, beide tragen die Haare so streng nach hinten gefasst, wie ihre Mutter. Auf dem Foto sind auch eine Puppe, ein Puppenwagen und ein weißer Stoffhund zu sehen, die als Spielsachen zur Ausstattung dieser großbürgerlichen Kinderwelt dazugehören. Ihren Vater sehen die Daimler-Kinder vor allem sonntags, wenn die Welt in der Taubenheimstraße für Stunden heil ist oder sein soll. So heil, wie Gottlieb Daimler seinen beruflichen Alltag nur selten erlebt, trotz aller Erfolge. Die Aufnahme ist ein Bild für das Familienalbum, in ihr bleibt die Außenwelt verbannt. Bürgerliche Behaglichkeit liegt in diesem Foto, die Familienmitglieder spielen die für sie zugewiesenen Rollen, so fügt sich alles zu einer großen Gemeinschaft. Für Gottlieb Daimler mag dieses Bild wie ein Sehnsuchtsmotiv aussehen, es zeigt einen Moment des Friedens und des Stillstands in einer sich immer schneller wandelnden Welt.

Die Illusionsmaschine des Märchenkönigs – Herbst 1885

Der Wahnsinn seiner Majestät hat Gestalt angenommen. Doch an diesem Herbstmorgen 1885 hat ihn der Nebel verschluckt. Die bayerischen Bauern sehen nichts davon, als sie auf ihren hoch gelegenen Almen nach ihren Kühen schauen. Weit unten im Tal hüllt eine dichte Decke aus Nebel den Chiemsee ein, der wie unter Wolken liegt. Das Nebelfeld hat auch die Pfaueninsel und die Herreninsel verschluckt, erst am späten Vormittag löst es sich auf. Zunächst zeichnen sich die Konturen des Ufers ab, dann tauchen die Umrisse der Herreninsel auf: erst einzelne Bäume und schließlich ein Schloss. Im Schatten der Allgäuer Alpen hat der Bayernkönig Ludwig II. seinen Fantasien freien Lauf gelassen und sich seinen Traum von einem absolutistischen Herrschaftssitz erfüllt. Über all dem schönen Wahnsinn des Schlosses Herrenchiemsee hat er sich beinahe in die Pleite gewirtschaftet.

Davon ahnen nur wenige seiner Untertanen etwas. Was an der Spitze des Königreichs Bayern vorgeht, bleibt ihnen größtenteils verborgen: Viele von ihnen haben noch nie ein Buch gelesen oder gar ein Telefonat geführt, der wundersame Telekommunikationsapparat wurde erst vor einem historischen Wimpernschlag erfunden.

So bleibt der Bayernkönig Ludwig II. mit seinem genialischen Irrsinn für sie eine kaum fassbare Gestalt. In vielem ist er auch nicht zu begreifen. Schon zu Lebzeiten versucht er, sich selbst allen irdischen Maßstäben zu entziehen. Als selbst ernannter Mondkönig strebt er seinem großen Vorbild, dem Sonnenkönig Louis XIV., nach. Ihm ist der Traum lieber als der Tag. Das Schloss Herrenchiemsee, das er seit sieben Jahren auf der Herreninsel errichten lässt, soll eine perfekte Kopie des Schlosses in Versailles werden. Der König aus Bayern sieht sich als Nachfahre des absolutistischen Herrschers. In seinen träumerischen Gedanken reist Ludwig II. 150 Jahre in die Vergangenheit zurück, um mit Louis XIV. Zwiesprache zu halten. Doch wie soll er als gewöhnlicher Territorialherrscher bloß den Glanz seines Vorbilds erreichen? Der König wirft eine große Illusionsmaschine an. Er bedient sich der fortschrittlichsten Technik, um jenen Zauber zu entfalten, der ihn nach seinem Tod zum Märchenkönig werden lässt.

Es sind mehr als nur billige Taschenspielertricks, mit denen der bayerische König sich selbst und seine Umwelt täuscht. Ludwig II. ist es ernst mit seinem Pomp. Er liebt die Künste, ist entflammt für die Opern Richard Wagners, und er weiß genau um die Macht des Bühnenzaubers. Mithilfe der Technik soll die Welt der Kunst eine perfekte Gegenwelt schaffen – mitten in Bayern pinselt magischer Realismus bunte Farben über das Grau des Alltags. Und ist nicht er, Ludwig II., auch ein Schauspieler, der die Rolle seines Lebens spielt? In Bayreuth vermengt sich alles: Musikalischer Bombast, deutsche Urmythen und eine zeitgemäße Bühnentechnik verleihen den Bayreuther Festspielen Glamour. Richard Wagner Superstar – finanziert von Ludwig II. Koste es, was es wolle.

Und es kostet eine Menge: Geld und Richard Wagners Nerven. Wagner engagiert für sein Festspielhaus einen der berühmtesten Theatertechniker seiner Zeit. Schon bevor sich der erste Vorhang öffnet, raunt die Presse von wahren Wunderdingen, die das Dekorations- und Maschinenwesen erwarten lasse: „Mannigfaltigste Wald- und Bergpanoramen, Sonnen- und Mondschein in Hülle und Fülle, Feuerwerkskünste jeder Art, eine Regenbogenbrücke …, wilde Reiterinnen der Lüfte, Götter über den Häuptlingen ihrer Schützlinge schwebend, einen Flammen speienden schweifringelnden Drachen und was nicht sonst noch."

Die Illusionsnummern haben es in sich. Bei der ersten Rheingold-Inszenierung sollen die Rheintöchter auf der Bühne schwimmen und dabei auf- und abtauchen. Die Bühnentechniker bauen dafür einen dreirädrigen Holzwagen, an dem sie ein ausziehbares Stahlrohr befestigen. An dessen Spitze befindet sich ein Korb, in dem die Darstellerinnen festgeschnallt werden. Dieser Korb kann mit einer Handkurbel auf bis zu sieben Meter Höhe hinauf- und wieder herabgekurbelt werden, wodurch die Illusion des Schwimmens erzeugt wird. Eine der Darstellerinnen schreibt später auf, wie viel Angst sie und ihrer Kolleginnen bei den Proben hatten: Diese sahen „zum ersten Mal unsere Schwimmmaschinen. Allmächtiger! Eine schwere dreieckige Maschine, eine gewiss 20 Fuß hohe Eisenstange, an deren Ende ein schräges Gittergestell saß; und dahinein sollten wir und darin singen!"

Die Sängerinnen überwinden sich dann doch. Und in Bayreuth kommt es noch weitaus toller: Auf der Bühne sind mechanische Schwäne zu bewundern, inklusive flügelzuckender Todesangst. Es kommen Donner-, Blitz- und Wassermaschinen zum Einsatz, seit den 1880er-Jahren auch immer öfter elektrisches Licht. So leuchtet beim Parsifal im entscheidenden Moment der eben noch dunkle Gral in rotem Licht auf – dank einem Glühlämpchen aus dem Hause Siemens. Der Kritiker ist begeistert: „Von ergreifender Wirkung ist der hierbei aus der Spitze der Kuppel auf den neuen Gralskönig herabfallende Glorienschein, als Parsifal den in Purpurlicht erglühenden Gral in die Hand nimmt und schwingt." So beginnt die Geschichte des Grünen Hügels von Bayreuth. Dank der Musik von Richard Wagner, den Spendierhosen von Ludwig II. und den Special Effects der modernen Technik. Ludwig II. hebt oder senkt seinen Daumen – je nach Stimmung und Gefallen. Der König ist nach einzelnen Aufführungen begeistert und dann wieder schwer verstimmt. Manchmal scheint er selbst ein Zwitter aus Mensch und Fabelwesen zu sein, emporgestiegen aus der Unterwelt eines Wagner-Dramas.

Wie müssen seine Untertanen staunen, wenn er in Winternächten auf seinem Galaschlitten an ihnen vorbeibraust. Die Trittstufen, auf denen der Monarch zu seiner mit edlem Fell beschlagenen Sitzbank emporsteigt, sind gepolstert. Das königliche Gesäß ruht auf einer Sitzbank, diese wiederum thront auf dem Rücken einer Meeresgottheit mit Fischschwanz, die in ein Muschelhorn bläst. Kleine Engelsfiguren klettern auf der Vorderseite des Schlittens die nach oben gebogenen Kufen empor. Die Kufen vereinigen sich in einer Krone, die dem einfachen Volk signalisiert, dass ihm in frostkalter Dunkelheit nicht der Weihnachtsmann, sondern der König erschienen ist. Ludwig II. fällt dem barocken Kitsch zum Opfer, doch die Wirkung seines Auftritts soll nicht nur kolossal sein, sondern auch rätselhaft. So gleitet er 1885, ein Jahr, bevor er sterben wird, im ersten elektrisch beleuchteten Fahrzeug Bayerns durch die Winterlandschaft. Glühbirnen leuchten in der Krone und in den beiden Laternen des Schlittens. Die Batterien sind unter dem Sitzkissen versteckt, ein Lakai knipst die königliche Festbeleuchtung über einen in der Rücklehne angebrachten Schalter an. Noch lebt der Kini, aber ein bisschen jenseits ist er schon.

Trotz allem vergoldeten Retro-Glamour, mit dem König Ludwig seinen Schlitten ausstaffieren lässt, wirkt das Fahrzeug wie der Vorbote einer neuen Zeit. Auch der wahre Zauber seines Schlosses entfaltet sich nur dann, wenn Ingenieure und Handwerker ihre Arbeit tun. So beliebt es dem Märchenkönig, sein Abendessen im Speisezimmer am liebsten allein einzunehmen und sich eine Tischgesellschaft mit längst verblichenen Herrschern vorzustellen. Niemand soll die Illusion dieses Geistermahls zerstören, schon gar kein Diener, der ihm den Wein nachschenkt. Deshalb tafelt der König an einem mobilen Tischleindeckdich, das vom Speisesaal aus mithilfe einer Seilwinde ein Stockwerk hinabgelassen werden kann. Dort warten die Diener im Erdgeschoss, wo sie auch hingehören: räumlich und hierarchisch unter ihrem Herrscher. Mit einer gewaltigen Kurbel, die sie per Handgriff bedienen, können sie den magischen Tisch entlang von vier Eisenpfosten herablassen, das Essen anrichten und wieder zum König hinaufkurbeln.

Doch die Technik hat Tücken. Die Illusionsblase, in welcher der König lebt, droht jederzeit zu platzen: Über dem magischen Tisch hängt ein gewaltiger Lüster, sogar dessen hauchzarte Rosenblüten sind aus Meißener Porzellan gearbeitet. Die gesamte Komposition ist filigrane Handwerkskunst und zugleich ein Präzisionswerk. Eines Tages kommt es durch das Hoch- und Runterkurbeln des Tischs zu einer Erschütterung, von der ein Lakai des Königs später berichten wird, dass im Lüster „eine der größeren Rosen vom Stiel brach". Die Reaktion Ludwigs II. auf diesen Vorfall ist nicht überliefert, doch der König setzt alles daran, die Bodenhaftung zu verlieren. Das Gewöhnliche hat keinen Platz in seinem Leben, sein Perfektionismus macht nicht einmal vor dem königlichen Geschäft halt: In Ludwigs Schlafzimmer führt eine Geheimtür am linken Kopfende seines Betts zur Toilette. Wenn sich der König erleichtert hat, lassen die Diener auch den Nachttopf per Lift hinab.

Das alles ist nicht nur spleenig und gaga, es ist auch modern. In Herrenchiemsee lässt Ludwig eine moderne Warmluftheizung einbauen, was nicht bedeutet, dass er auf Behaglichkeit im alten Stil verzichten will. So ziert ein Kamin jeden seiner Räume. Die Kamine wärmen nicht das Schloss, aber die Seele des Königs. Sie sind nicht mehr als ein funktionsloser, nach außen gewölbter Zierrat, der das Moderne ummantelt und damit offenbart, wie der König wirklich tickt: Hightech, ja bitte, aber nur, solange es das Auge des Ästheten verschont. Alles Technische sieht zu profan und nüchtern aus, aber es hilft, den Prunk besser zu inszenieren, als dies jemals zuvor möglich war. So strahlt der Adel hell, während seine Macht zu verglimmen beginnt. Die Ansprüche Ludwigs II. sind so enorm, wie die Kosten, die der Superbau verschlingt: Schloss Herrenchiemsee wird eine unvollendete Schönheit bleiben.

Als in seinem Reich eine Debatte über eine neue Eisenbahnlinie entbrennt, die das Allgäu von Füssen bis nach Innsbruck durchqueren soll, äußert sich Ludwig II. skeptisch: „Ich halte dafür, dass das Glück der Völker nicht in der Menge ihrer Eisenbahnen liegt … Man sollte mir die idyllische Einsamkeit und die romantische Natur … nicht durch Eisenbahnen und Fabriken stören.“ Der empfindsame König spürt, wie die Moderne die Natur angreift. Er sehnt sich nach einer unversehrten Umwelt, er träumt dabei den Traum eines Romantikers. Die Wirklichkeit sieht anders aus: Das große Graben hat auch in seinem Königreich längst begonnen. Im Jahr 1886 führen 5149 Schienenkilometer durch Bayern, rund ein Siebtel des gesamten Bahnnetzes im Deutschen Reich. Die Konflikte zwischen dem technischen Fortschritt und der Bewahrung der Natur haben gerade erst begonnen: Ein Jahrhundert nach dem Tod Ludwigs II. werden Millionen von Menschen zu Umweltschützern.

Ludwig II. ist auf eine widersprüchliche Weise von der Technik fasziniert, er liebt die Vergangenheit, die er verklärt. Von der Zeit Ende des 19. Jahrhunderts geht ein Pendelschlag aus: Das Pendel schwingt zurück in Zeiten, in denen der Glanz des absolutistischen Adels noch nicht verblasst ist und nach vorn in eine Zukunft, in der die Menschen vermeintlich die ihnen von Physik und Biologie auferlegten Fesseln überwinden können. Alles scheint möglich, nichts unerreichbar. Erst recht für den bayerischen Mondkönig. Ludwig II. träumt vom Fliegen, wie so viele seiner Zeitgenossen. Und wenn es ihm möglich wäre, dann würde er wohl auch in eine Maschine einsteigen, mit der er vorwärts, lieber aber rückwärts durch die Zeit reisen könnte. Doch die Zeitmaschine ist zu diesem Zeitpunkt noch nicht einmal in der Literatur erfunden.

Ludwig II. schillert als Persönlichkeit in vielen Farben. Der König lebt in einer Parallelwelt. Zeitlebens verbringt er nur zehn Tage im Schloss Herrenchiemsee, das die Grenzen der Vernunft sprengt. Der größte Saal des Schlosses wirkt wie ein Sinnbild für die Maßlosigkeit des Königs: 98 Meter lang ist der Spiegelsaal, in dem zahllose Lüster hängen, die Diener bei Bedarf von der Decke herunterkurbeln – schließlich müssen zweitausend Kerzen entzündet werden, wenn der König anwesend ist. In zehn Tagen verbraucht Ludwig II. allein 40 000 Kerzen, die nur ihm zu Ehren brennen. Im Sinne seines großen Vorbilds Louis XIV. schreibt Ludwig II. dessen berühmtesten Spruch fort: Der Staatsbankrott bin ich!

Seinem Königreich gehen unterdessen mehrere Lichter auf. Der Münchner Hauptbahnhof ist 1878 als erster in Deutschland elektrifiziert worden. In den Straßen der Städte wird die Gasbeleuchtung nach und nach durch elektrische Bogenlampen ersetzt, die auch die Fabriken erhellen. Noch wirkt die Elektrizität auf viele Menschen wie ein Wunder, das sie auf Ausstellungen wie eine Zirkusattraktion bestaunen. So versammelt sich ein größtenteils fassungsloses Publikum im Münchner Glaspalast vor einem künstlichen Wasserfall: Der Strom, der das Wasser antreibt, wandert dabei über 57 Kilometer hinweg von Miesbach bis in die bayerische Residenzstadt. Er wird vermeintlich von Geisterhand geleitet. Das Experiment stellt einmal mehr bestehendes Wissen infrage: Erstmals gelingt es, über Telegraphendrähte Gleichstrom über eine große Distanz hinweg zu übertragen. Ein Meilenstein in der Technikgeschichte, weil zuvor das Prinzip galt, dass Strom an jener Stelle produziert werden muss, an der er anschließend verbraucht wird.

Der Fortschritt hat es eilig. Er hat seine Reise in die industrielle Moderne gegen Ende des 18. Jahrhunderts in England begonnen. Damals ahnten wohl nur wenige, dass eine technische Revolution Europa und Nordamerika binnen weniger Generationen verwandeln würde. Der Herzschlag dieser neuen Welt ist zuerst in den Fabriken von Manchester zu hören, bald aber auch in vielen anderen Städten, er pumpt über den aufblühenden Finanzplatz London Geld überall dorthin, wo es sich vermehren könnte. Der Fortschritt führt dazu, dass Tausende von Arbeitern in sklavenartiger Gefangenschaft leben, abhängig vom Wohlwollen ihrer Herren. Er steigert die Gier bei den Finanziers, er raubt rastlosen Erfindern den Schlaf. In Mannheim und in Cannstatt wollen Carl Benz und Gottlieb Daimler mit Weltbewegendem die Welt bewegen.

In den Städten wird es eng. Hinterhofwerkstätten wachsen sich zu kleinen Betrieben aus, verwandeln sich schließlich in Fabriken, die Hunger nach Rohstoffen entwickeln. Sie benötigen Wasser, sie lechzen nach Energie, sie verschmutzen die Umwelt. Der Fortschritt ist kostspielig, doch es bleibt jetzt keine Zeit, um darüber nachzudenken, dass sich sein Preis nicht nur in Geld bemisst.

Alles nimmt an Fahrt auf: Auf den Straßen taucht ein Hochrad auf, dessen Vorderrad später schrumpft und sich allmählich in jenes Fahrrad verwandelt, das erst zu einem Lust- und Lifestyle-Objekt der Wohlbetuchten wird und dann zu einem massentauglichen Fortbewegungsmittel. Die Geschwindigkeit wird zum Fetisch einer neuen Zeit. Der Alltag der Menschen ist einem neuen Takt unterworfen. Uhren geben ihn vor, sie diktieren die Arbeitstage in den Fabriken, die Abfahrtszeiten in den Bahnhöfen, sie zeigen in Ludwigs Schloss Herrenchiemsee nicht nur die Zeit, sondern auch die Stellung der Gestirne an. Uhren sind Gebrauchsgegenstände und für jene, die es sich leisten können, auch Luxusartikel. Ein filigraner Mechanismus bestimmt ihren Takt, auch bei jener Taschenuhr, die Gottlieb Daimler bei sich trägt. Wie viel Zeit ihm wohl noch bleibt?

An der Schwelle zur Moderne bestimmen nicht mehr nur die Jahreszeiten den Rhythmus, in dem die Menschen leben. Während die Bauern den Kompass ihres Lebens zwischen Aussaat und Ernte finden, geben die Uhren, die in den Städten überall gut sichtbar angebracht werden, den Takt in Stunden und Minuten vor. Die Uhren müssen in präzisem Gleichklang laufen, damit Fahrgäste pünktlich von einem Zug in den anderen gelangen, ein Schiff erreichen oder einen Geschäftstermin einhalten können. Vermeintlich unüberwindbare Distanzen schrumpfen zu gewöhnlichen Tagesreisen zusammen: Wo eben noch eine Expresskutsche als Maß aller Dinge galt, drückt der Fortschritt auch bei der Eisenbahn aufs Tempo. Die Zeit ist voll auf Speed – von der Droge wird sie nie wieder runterkommen.

Wie die Dinge Fahrt aufnehmen – 1886

Im Central-Hotel an der Berliner Friedrichstraße verebbt das Murmeln unter den honorigen Herren, die sich zur Eröffnungssitzung der Gesellschaft für Naturforscher und Ärzte eingefunden haben. Der abschwellende Lärmpegel ist dem Auftritt eines Mannes geschuldet, dessen Name die Aufmerksamkeit aller Anwesenden auf sich zieht. Werner von Siemens will eine Grundsatzrede halten. Der 69-Jährige ist der Großmeister der Elektrotechnik in Deutschland, er sieht die Menschheit an der Schwelle zu einer neuen Epoche. An diesem Tag geht es ihm in Berlin nicht um technische Fragen oder neue Apparate. Werner von Siemens blickt auf das große Ganze. Darauf, welchen Nutzen die Menschheit aus der Technik ziehen könnte. Er stellt die Sinnfrage.

Auf dem Papier, das er vorbereitet hat, steht der Titel „Über das naturwissenschaftliche Zeitalter". In den Augen von Werner von Siemens ist es verheißungsvoll: Die auf naturwissenschaftlichen Grundlagen ruhende Technik könne den Menschen schwere körperliche Arbeit abnehmen. Diese harte Arbeit sei dem Menschen bisher von der Natur auferlegt worden, doch dank der Technik müsse er künftig weniger körperliche Anstrengungen in Kauf nehmen. Die Macht, die große Fabriken über das Schicksal der Arbeiter ausübten, werde abnehmen, sodass die Ziele der Sozialdemokratie allein durch die ungestörte Entwicklung des naturwissenschaftlichen Zeitalters erreicht würden. Es bedürfe daher keines gewaltsamen Umsturzes.

Auch wenn Werner von Siemens in diesem Moment den Namen Karl Marx nicht in den Mund nimmt, denken vermutlich viele Zuhörer an den bärtigen Propheten des Klassenkampfs, der in der Industrialisierung und der Ausbeutung der Arbeiterklasse nur eine Etappe auf dem Weg zur Revolution sieht. Werner von Siemens zeichnet vor den Naturforschern und Ärzten ein anderes Bild: Die stetige technische Weiterentwicklung weise den Menschen einen Weg, der sie aus ihren Zwängen befreie. Die Menschheit werde durch das Studium der Naturwissenschaften keineswegs verrohen, im Gegenteil: Die Forschung werde die Menschen lehren, die Schöpfung demütig zu bewundern, zu veredeln und zu verbessern. Nur wer in diesem schicksalhaften Moment an das anbrechende naturwissenschaftliche Zeitalter glaube, vermöge die fanatischen Angriffe von links und rechts abzuwehren, welche die menschliche Kultur bedrohten.

Es ist ein hemmungslos optimistisches Szenario, das Werner von Siemens in Berlin vor seinem Publikum entwirft und über das die Naturforscher noch abends beim Festdinner diskutieren: Die Technik werde die Menschen von ihrem Joch erlösen. Jeder Fortschritt sei ein weiterer Schritt, der vielen Menschen das Leben erleichtere. Jede

Weiterentwicklung werde dazu beitragen, die Klassenunterschiede zu verringern. Was heute für die meisten unerschwinglich sei, würde morgen dank modernerer Produktionsmethoden so billig sein, dass es sich viele leisten könnten. Je mehr die Menschen dank der Wissenschaft von der Natur verstünden, desto dankbarer wären sie und heute noch „unfaßbare Weisheit" würde sie erfüllen.

Wie leicht sich in diesem magischen Fortschrittsjahr 1886 solche Gedanken denken und weiterspinnen lassen. In den Vereinigten Staaten grübelt der 26-jährige Ingenieur Herman Hollerith darüber, wie sich die täglich wachsende Flut von Daten in geordnete Kanäle lenken ließe, wie die Menschen aus einem unübersichtlichen Gewirr von Einzelinformationen eine Ordnung schaffen könnten. Hollerith ist der Sohn deutscher Einwanderer, die einst in einem kleinen Dorf bei Neustadt an der Weinstraße lebten. Er hat ein markantes Profil: hohe Denkerstirn, Seitenscheitel, Walrossschnauzer. Die Heimat seiner Eltern kennt der im Bundesstaat New York Geborene nur noch aus Erzählungen – er selbst steuert nach dem abgeschlossenen Studium der Ingenieurwissenschaften an der Columbia University neuen Ufern entgegen. Zu diesen Ufern führen Datenströme – Datenströme, deren Chaos der junge Ingenieur bändigen will. Die Aufgabe scheint schwindelerregend kompliziert zu sein, unerreichbar für ein Greenhorn, das erst seit Kurzem einen Universitätsabschluss besitzt.

Die Lösung findet Herman Hollerith, als er an eine Eisenbahnfahrt denkt. In den Waggons lochen Schaffner die Fahrkarten der Passagiere auf eine vorher festgelegte Weise, je nachdem, welches Geschlecht und welche Hautfarbe die Passagiere besitzen. Auf diese Weise verhindern sie, dass ein und dieselbe Fahrkarte mehrmals benutzt wird. Die Lösung ist clever und smart, aber es bedarf einer kreativen Leistung, um zu erkennen, welche Chancen dieses Verfahren eröffnet. Der Ingenieur mit den deutschen Wurzeln erkennt dieses Potenzial: Herman Hollerith entwickelt das Kontrollverfahren aus dem Eisenbahnwesen weiter. Nach und nach entstehen ein Lochkartensortierer, ein Locher und ein Lesegerät – der neue Apparat, eine elektrische Lochkartenmaschine, zählt doppelt so schnell wie der Mensch. Die Hollerithmaschine wird wenige Jahre später bei der Volkszählung angewendet – über zwei

Jahre hinweg bedienten 500 Angestellte die Maschinen, bis die Daten aller Amerikaner erfasst und ausgewertet sind. Das neue Verfahren beschleunigt die Volkszählung enorm.

Im Jahr 1886 kommt Holleriths Lochkartenmaschine den Menschen fremd vor und ihr weiterer Nutzen erscheint ungewiss – tatsächlich hat der Ingenieur mit dieser Maschine einen Urahn erfunden, dem zahllose Maschinen folgen, die immer weiter verbessert werden. Viele Jahrzehnte später werden diese Apparate unverzichtbar sein, sämtliche Büros erobern und kinderleicht zu bedienen sein. Herman Holleriths Daten verarbeitende Lochkartenmaschine ist der Ur-Computer. Von diesem Stamm wird einmal ein Apfel fallen. Auch Herman Hollerith denkt ans Geschäft. Einige Jahre später wird der Ingenieur ein Unternehmen gründen, um mit seiner Erfindung noch mehr Geld verdienen zu können. Sein Unternehmen wird fusionieren, umbenannt werden und schließlich einen Namen annehmen, den zuerst in Amerika und später auf der ganzen Welt jeder kennt: „International Business Machines" – IBM.

Im Jahr 1886 notiert der amerikanische Apotheker John Pemberton das Rezept für Coca Cola. Heinrich Hertz entdeckt in Karlsruhe die elektromagnetischen Wellen. 1886 werden Weltmarken gegründet, Durchbrüche erzielt und Symbole geschaffen, deren Strahlkraft in dieser vor Betriebsamkeit summenden Gegenwart manchmal übersehen wird: Im Hafen von New York entsteht das Abbild einer Dame – es handelt sich um ein Geschenk aus Frankreich, das von nun an alle Neuankömmlinge im Land der unbegrenzten Möglichkeiten empfängt. Die Dame soll die junge Nation an die Französische Revolution des Jahres 1789 mit ihren Schlagworten *liberté, egalité, fraternité* erinnern. Einem dieser Schlagworte verdankt die Dame ihren Namen: Freiheitsstatue.

Freiheit – dank neuer Technik? Das Jahr 1886 liefert all denjenigen, die an den Fortschritt glauben, intellektuellen Treibstoff. In den Vereinigten Staaten, wo das Streben nach Glück als *pursuit of happiness* von der Verfassung garantiert wird, aber auch in der Alten Welt, die kurz vor dem Ende des 19. Jahrhunderts jung und optimistisch wirkt. Im Land der Dichter und Denker und der sich in Naturbildern verlierenden Romantiker sind die Naturwissenschaften sexy geworden: Ist es nicht ein unwiderlegbarer Vorteil dieser Wissenschaften, dass man in Zentimetern, Gramm, Sekunden und anderen untrüglichen Maßeinheiten rechnet? Dass dadurch am Ende immer bewiesen werden kann, was richtig und was falsch ist? Ganz anders als in der Politik, der Kunst oder der Philosophie? Wie sich die Perspektive ändert: Nicht nur Goethes Faust und Schillers Räuber sind „made in Germany" – viele Erfindungen der Elektrotechnik und des Maschinenbaus sind es nun auch.

In Deutschland läuft ein Wettrennen zweier Männer auf Hochtouren, die offiziell nie erklärt haben, dass sie an diesem teilnehmen. Im Cannstatter Gartenhaus steht Gottlieb Daimler dank der Hilfe von Wilhelm Maybach unmittelbar vor einem Durchbruch. Der kommt keinen Moment zu früh: Nur 120 Kilometer entfernt ist Carl Benz ebenfalls ein großer Wurf gelungen: Am 29. Januar 1886 erhält Benz die Urkunde für seinen „Patent-Motorwagen" mit Viertaktmotor. Daimler setzt auf vier, Benz zunächst auf drei Räder. Hinter beiden Projekten steckt jahrelange mühselige Arbeit.

Nun biegen Gottlieb Daimler und Carl Benz auf die Zielgerade ein. Lange nach ihrem Tod wird die Öffentlichkeit darüber diskutieren, wer am Ende vorne lag. Doch darauf kommt es gar nicht an. Der Sohn eines Bäckers und der Sohn eines Schmieds stehen kurz davor, die Antwort auf eine uralte Menschheitsfrage zu finden: Wie kann sich ein Wagen fortbewegen – ganz ohne die Muskelkraft von Mensch oder Vieh?

Über diese Frage haben die Menschen seit der Antike gegrübelt. Wo Hochkulturen aufblühten, wuchs der Handel und mit ihm der Landverkehr. Die Leistung von Ochsen oder Pferden stieß jedoch an ihre natürlichen Grenzen. Schattenhaft kreisten erste Gedanken um die Frage, welche Energie einen Wagen dereinst aus dessen Schneckentempo befreien und das Fahren beschleunigen könnte. Vor den Technikern kamen die Träumer: Im 13. Jahrhundert skizzierte der Engländer Roger Bacon seine Vision: „Ich will jetzt einige der wundervollen künstlichen und natürlichen Werke aufzählen, die keinerlei Zauberei enthalten, und die Zauber nicht hervorbringen könnte ... Man kann Wagen herstellen, die sich mit unglaublicher Geschwindigkeit bewegen, ohne die Hilfe von Tieren."

Kann man das wirklich, irgendwann? Man konnte es noch lange nicht. Selbst der geniale Leonardo da Vinci musste sich angesichts des technisch Machbaren mit Entwürfen begnügen: Er skizzierte neben Feuerapparaten und Dampfkanonen ein Fahrzeug mit eigenem Antrieb, doch Teile seines Entwurfs blieben unvollendet, weil er auf entscheidende Fragen des Antriebs keine Antwort wusste. Die Idee von einem Fahrzeug, das sich unabhängig von Schienen frei auf Straßen würde bewegen können, verblasste. Doch ihre Zeit würde kommen.

Aber welche Energie sollte einmal die Zauberei, von der Roger Bacon fantasierte, ersetzen? James Watt verbesserte eine Technik entscheidend weiter und begründete damit eine neue Epoche: die der Dampfkraft. In England brodelte die frühe Hexenküche der Industrialisierung – die Spinnmaschinen ratterten bald auch auf dem europäischen Kontinent und wurden dort Teil einer neuen Arbeitswelt.

Auch in Frankreich, wo sich Lyon zu einem industriellen Zentrum entwickelte und in Paris ein Mann namens Nicolas Joseph Cugnot den ersten Dampfwagen vorstellte. Cugnot gelang es, den Wagen eine Viertelstunde ununterbrochen am Laufen zu halten, bevor er Wasser nachfüllen musste. Die Jungfernfahrt fand 1770 statt, fast zwanzig Jahre, bevor eine weniger komplexe technische Konstruktion vielfach den Praxistest bestand: die Guillotine. Amerikaner und Engländer konstruierten nach der Pioniertat des Monsieur Cugnot ebenfalls Dampfwagen, aber auch dieser Antrieb war noch nicht ausgereift. Auf Schiffen und im Zugverkehr wurde der Dampfantrieb zum Maß aller Dinge. Im Straßenverkehr war mit der Dampfkraft jedoch nicht viel zu gewinnen.

Von der Idee kann man jetzt nicht mehr lassen, ihre Lösung verspricht zu viel Ruhm und materiellen Gewinn, um sie aufzugeben. So führt der nächste technische Schritt nach vorn in die Lebenszeit von Gottlieb Daimler und Carl Benz: Für beide wurde Lenoirs 1860 in Paris ausgestellte Gasmaschine zum Ausgangspunkt der eigenen Arbeit. Eingebaut in einem Wagen war dieser Motor zu schwach und zu plump – doch seitdem sind 25 Jahre vergangen. Für Daimler und Benz ist der Franzosenmotor längst Geschichte.

Der Kutschenbauer seiner Majestät – Frühjahr 1886

Im Stuttgarter Bohnenviertel bricht ein bitterkalter Tag an. Es ist der 8. März 1886 und Wilhelm Wimpff findet vor der Tür seines Geschäfts in der Rosenstraße 30 noch keine Anzeichen eines nahenden Frühlings. An der Fassade des Hauses hat er, gut sichtbar für seine Kundschaft und möglichst werbewirksam, vor einiger Zeit ein Schild anbringen lassen: „Wilhelm Wimpff & Sohn – Königlicher Hofkutschenlieferant". Schon als Junge hat Wilhelm Wimpff im Schmiedebetrieb seines Vaters mit angepackt. Von ihm hat er ein Handwerk gelernt, das sich an seinen Händen ablesen lässt, die voller Schwielen und Hornhaut sind. In seinen Wanderjahren war der Vater von Stuttgart nach Wien und zurück gelaufen. In der Ferne hatte er die Kunst des Wagenbaus gelernt. Sein Sohn Wilhelm führt das Geschäft nun weiter fort.

Im Bohnenviertel hat das Handwerk eine Heimat gefunden, viele ehrbare Leute arbeiten hier: In der Rosenstraße führt der Schuhmacher Menner seinen Laden, genau wie der Küfer und Kübler Carl Diem und der alte Rudolph Dieffenbacher, der eine Sägerei betreibt. Hier macht man sich die Hände schmutzig, und es lohnt sich anzupacken: Der Aufschwung, den das Deutsche Reich seit dem 1871 gegen Frankreich gewonnenen Krieg erlebt, ist auch in der Residenzstadt Stuttgart angekommen. Manchmal erreicht er sogar die kleinen Leute, vielleicht sogar die beiden Näherinnen, die in Wimpffs Wohnhaus im dritten und vierten Stock leben, den Tagelöhner oder die Trödelhändlerin aus dem Nachbarhaus, in dem auch ein Bildhauer lebt.

Vor wenigen Tagen hat sich die ganze Stadt am Geburtstagsfest von König Karl berauscht, der 63 Jahre alt wurde. Obwohl: Womöglich war die eine oder der andere doch etwas enttäuscht, dass beide Majestäten an diesem Tag vor allem durch ihre Abwesenheit glänzten. Sie waren, gemeinsam mit weiteren Angehörigen des königlichen Hauses, dem späten Schneegestöber in der Heimat gen Nizza entflohen. Trotz der fehlenden Monarchen schwärmte das *Neue Stuttgarter Tagblatt* von der Geburtstagssause: „Schon von 7 Uhr an war es schwer geworden, auf dem Schloßplatz durchzukommen angesichts der Menschenmassen, welche sich vor dem königlichen Schloß angesammelt hatten. Das Musikcorps der hiesigen Regimenter marschierte unter den Klängen des russischen Zapfenstreichs, begleitet von Fackelträgern." Am selben Abend gab das Hoftheater „Silvana", eine romantische Oper von Carl Maria von Weber. Die Damenwelt brillierte mit Perlenschmuck und Edelsteinen. Im Zuschauerraum des Hoftheaters finden 1800 Menschen einen Platz. Bei solchen Anlässen tuschelt man gerne, auch über König Karl, den viele seiner Untertanen für einen Sonderling halten. Schlimm genug, dass der König sich kaum um die Regierungsgeschäfte schert – dass er schwul ist und sich wenig Mühe gibt, dies zu verheimlichen, kommt in der Öffentlichkeit noch schlechter an. Karl könne seiner Gemahlin, Olga Nikolajewna, nicht das Wasser reichen, heißt es. Olga gibt sich volksnah und sozial, sie kümmert sich um die Versorgung Behinderter und Kriegsverwundeter und übernimmt die Schirmherrschaft über die Stuttgarter Heilanstalt für Kinder. Bei aller Begeisterung für höfischen Pomp ist es unübersehbar, wie sehr sich die Stadt in den vergangenen Jahren verändert hat. Die Macht residiert noch im Schloss, aber ihr gefällt es in den stolzen Bürger- und Rathäusern immer besser. Wenn Wilhelm Wimpff durch das Bohnenviertel läuft, sieht er oft ratternde Umzugswagen, die von schnaubenden Pferden gezogen werden. Viele Menschen verlassen das Land und suchen ihr Glück in der Stadt, die in atemberaubendem Tempo wächst. Innerhalb von wenigen Jahrzehnten hat sich die Einwohnerzahl verdoppelt. In Stuttgart leben inzwischen 126 000 Menschen, ein Ende des Zuzugs ist nicht abzusehen. Der Aufbruch füllt die Anzeigenspalten der Zeitungen: Hausknechte, tüchtige Schreiner, Köchinnen und Zimmermädchen, die Erfahrungen im Bügeln und Kleidernähen haben – gesucht! Dringend gesucht! Die Stadt benötigt Arbeitskräfte, es weht der Gründergeist. Abends trifft sich der junge Arbeiterbildungsverein zur geselligen Weiterbildung in der Bachner'schen Bierbrauerei.

Stuttgart verwandelt sich in eine Großstadt, die eine moderne Infrastruktur benötigt. Arbeiter verlegen Wasserleitungen, bauen ein Kanalisationssystem und versenken Gasrohre in den Straßen. Die neue Technik erleichtert den Menschen das Leben, aber sie ist auch tückisch, manchmal lebensgefährlich. Die Einwohner des Bohnenviertels erinnern sich noch gut an die durch Leuchtgas verursachte Explosion, die vor einigen Jahren das Haus eines Flaschners in der Eßlinger Straße in ein Trümmerfeld verwandelte. Skeptikern scheint der Pakt mit der Technik ein Pakt mit dem Teufel zu sein: Hat sich der Mensch zu weit vorgewagt? Lässt sich das alles beherrschen?

Die Rosenstraße, in der sich Wilhelm Wimpffs Laden befindet, mündet in eben diese Eßlinger Straße. Täglich hört der Kutschenbauer von dort das leise Klappern der Pferdehufe, das auf dem Kopfsteinpflaster allmählich zu einem Dröhnen anschwillt. Dann sieht man schon die stattlichen Schimmel aus der Normandie, die den Wagen der Stuttgarter Pferdeeisenbahn ziehen. Es ist ein mühsames Geschäft, die Bahn fährt langsam, ihre Möglichkeiten sind begrenzt. Sie schafft es kaum hinauf, auf die steilen Hügel der Stadt. Oft hört Wilhelm Wimpff den Spottgesang der Jungen und Mädchen, die aus den Gassen herausspringen, wenn sich die Rumpelbahn ankündigt: „Das ist ja recht gemütlich, bei der Pferdeeisenbahn. Das eine Pferd, das zieht nicht, das andere, das ist lahm!"

Noch rollen keine Autos – vor dem Stuttgarter Königsbau ziehen Pferde die Bahnen.

So kriecht die Bahn mehr durch die Stadt, als dass sie fährt. Immer wieder bleiben Sitzplätze frei, weil viele Menschen die bequemeren Droschken bevorzugen. Anfällig ist die klobige Pferdebahn auch, die Reparaturen geraten zu einem schweißtreibenden Kraftakt. Immer wieder wuchten Tagelöhner die Waggons mühsam über Balken und Bretter durch das Bohnenviertel. Wimpff sieht die Plackerei wohl öfter mit an, da schräg gegenüber von seinem Betrieb ein Lackierer seine Werkstatt hat. Hautnah bekommt der Kutschenbauer seiner Majestät mit, wie es um den öffentlichen Nahverkehr in der Stadt bestellt ist. Der Direktor der Pferdeeisenbahn ist sein Nachbar, er wohnt im selben Haus.

Die Verkehrsemissionen in der Stadt bemessen sich an der Anzahl der Pferdeäpfel, denen die Menschen auf den Straßen ausweichen müssen. In Stuttgart muss sich Wilhelm Wimpff gegen starke Konkurrenz durchsetzen: 27 Wagenbauer bieten ihre Dienste an. In der Rosenstraße setzt Wimpff auf Qualität, das soll ruhig jeder wissen. Reklame schadet nicht, das sieht er jeden Tag in den Zeitungen, wo die Angebote für dieses und jenes in den höchsten Tönen gelobt werden. Ein in England patentiertes Korsett verspricht die „vollendete Brustform" bei der Dame – was kein geringes Versprechen ist. Dem Herrn soll eine wundersame Bart-Erzeugungs-Pomade endlich zu einem vollen und kräftigen Bartwuchs verhelfen. Solche Hochstapelei hat Wilhelm Wimpff nicht nötig. Er verspricht lediglich, was er auch halten zu können glaubt: „Hochwertige Pferdewagen für Sport und Verkehr".

Einen solchen Oberklassewagen sucht jener gesetzte Herr mit Hut, der am 8. März 1886 das Geschäft des Wagenbauers im Bohnenviertel betritt. Mit der Zeit ist Gottlieb Daimler um die Leibesmitte herum füllig geworden. Vor knapp einem Jahr hat er für eine Kraftmaschine ein Patent angemeldet. Der Apparat ähnelt einer Pendeluhr, weshalb bald von einem Standuhrmotor die Rede ist. So unscheinbar der Motor ist, so groß sind die Erwartungen, die Gottlieb Daimler an das Gerät knüpft. Endlich funktioniert der Benzinmotor, an dem er jahrelang gemeinsam mit Wilhelm Maybach gearbeitet hat – doch ein Wagen, in den er diesen Motor einbauen kann, fehlt ihm noch. Für diesen Schritt

Bei einem Hofkutschenbauer bestellt Gottlieb Daimler 1886 jene Kutsche, in die er später einen Motor einbaut.

in die Zukunft benötigt er die Hilfe eines Mannes, der mit seinem Betrieb in der Gegenwart verharrt: Wilhelm Wimpff, der Königliche Wagenbauer.

Es versteht sich, dass Daimler auf eine Premiumkutsche besteht. Zur Sonderausstattung gehören unter anderem Sitzbezüge in schwarzem Leder und eine Laterne „mit Schein", die nachts Licht ins Dunkel bringt. Der Privatier Daimler erzählt dem Handwerker Wimpff, dass es sich bei dieser Kutsche um eine Geburtstagsüberraschung für seine Gattin handle. Deshalb sei Wimpff verpflichtet, diese Bestellung als Geschäftsgeheimnis zu behandeln und den fertigen Wagen nachts unauffällig nach Cannstatt zu überführen. Dass Daimler niemals ein Pferd vor diesen Wagen spannen lassen will, dass dieser Wagen einmal als Motorkutsche Furore machen soll – davon kein einziges Wort.

Schwer vorstellbar, dass in Gottlieb Daimler keine Unruhe brennt, als ihm der Kutschenbauer den Liefertermin nennt: Erst in fünf Monaten soll der Wagen, es handelt sich um ein luxuriöses Modell der Baureihe Americain, nach Cannstatt rollen. Gottlieb Daimler ist nicht allein auf der Technikwelt, um den Fahrzeugbau ist längst ein Wettbewerb entbrannt, und es liegt etwas in der Luft. Etwas Großes. Am 29. Januar des Jahres hat Carl Benz in Berlin das Patent mit der Nummer 37435 angemeldet und das dreirädrige Gefährt als „Fahrzeug mit Gasmotorenantrieb“ beschrieben. Als er davon erfährt, weiß Daimler, was die Stunde geschlagen hat. Andererseits kann er den Wagenbauer auch nicht zu sehr unter Zeitdruck setzen: Qualitätsarbeit verträgt keine Schludrigkeit. Gottlieb Daimler und Wilhelm Wimpff werden sich einig: Im August soll die Kutsche fertig sein.

Die Kälte lässt an diesem Märztag kaum einen Gedanken an den nahen Frühling zu. Noch immer liegt Schnee über den Dächern der Stadt, auch über der Leonhards- und der Stiftskirche. Von hier aus sind es nur ein paar Meter hinüber bis zum Marktplatz, wo sich Erker, Giebel und Balkone zum freien Platz hin wölben. Hier haben das Glas & Porzellan Warenhaus Tritschler und die C. W. Kurtz Zinngießerei & Spielzeugwarenmagazin ihren Sitz. Auf dem Platz schlägt an Markttagen das Herz der Stadt: Marktweiber stellen in ihren Körben Bohnen und Kartoffeln zum Verkauf aus. Händler bieten Stoff an, den sie in Bahnen aufrollen und der in den Händen kundiger Frauen auf seine Qualität hin untersucht wird.

Dicken Stoff benötigt jeder, der an diesem Montag das Haus verlässt. Die Kälte packt nicht nur Stuttgart mit ihrem Eisgriff. Im Norden Englands sind nach unaufhörlichem Schneefall mehrere Eisenbahnzüge eingeschneit. Für die Passagiere hält sich das Vergnügen nach zwei Tagen Stillstand in engen Grenzen, das an Bord befindliche Vieh geht größtenteils zugrunde.

Extrembedingungen lassen die moderne Technik an ihre Grenzen stoßen – aber niemand würde deshalb auf die Idee kommen, von einer Pannenbahn zu sprechen. Das *Neue Tagblatt* vermeldet, dass die Länge der Bahnstrecken im Königreich Württemberg inzwischen 1442 Kilometer betrage und die württembergische Bodensee-Schifffahrt stolz bekannt gebe, dass sie sieben Dampfboote sowie vier eiserne Schleppboote in Betrieb genommen habe. Das wirkt beschaulich, verglichen mit jener Nachricht, die die Redaktion aus Norddeutschland erreicht: Zwischen Hamburg und New York wird die „erste direkte regelmäßige Dampferfahrt“ eingerichtet.

Über das winterliche Wetter könnte man sich aufregen. Klüger ist es, gegen die Kälte auch etwas zu unternehmen. So ist die Nachfrage erheblich, als in den frühen Morgenstunden des 8. März im Stadtwald der Verkauf von Brennholz beginnt. Im Übrigen leiden nicht nur Volk, Tiere und Eisenbahn unter dem schlimmen Frost, auch die Spitze des deutschen Staats, Wilhelm I., ist laut dem *Neuen Tagblatt* betroffen: „Der Kaiser ist durch anhaltende Heiserkeit verhindert, das Zimmer zu verlassen."

Als sich die Dunkelheit in die engen Gassen des Stuttgarter Bohnenviertels hinabsenkt, kann der Kutschenbauer Wilhelm Wimpff nicht ahnen, dass er an diesem Tag selbst seinen Teil dazu beigetragen hat, dass die Pferdekutsche einmal ein Fall für die Geschichtsbücher wird. In der Rosenstraße werfen Petroleumlampen ein trübes Licht aus den Fenstern, hell erleuchtet sind lediglich die Paläste und die großen Bürgerhäuser. Nur in mondscheinlosen Nächten liefert die Gasbeleuchtungsgesellschaft ihr Gas für die Laternen. Die Wolken haben sich verzogen, die Nacht ist sternenklar, und wer sein Tagwerk abgeschlossen hat, findet Zerstreuung in den Wirtschaften, beispielsweise in den Gaststätten „Zur Pferdebahn" oder „Zur Kiste".

An den Stammtischen wird über Gott und die Welt verhandelt. Man gewöhnt sich in diesen Jahren besser daran, sich über nichts mehr zu wundern, werden doch Neuigkeiten beständig wie Wellen an Land gespült. Im Konzertsaal der Stadt gibt ein bekannter Magnetiseur aus Heidelberg sein Gastspiel. Der Herr spricht über menschlichen Magnetismus und versucht sich an einer Erklärung der Hypnose. Daraufhin lässt er auf der Bühne Menschen erstarren und versetzt sie in einen unergründlichen Schlaf, der sie unempfindlich machen soll – selbst gegen Nadelstiche. Im überfüllten Konzertsaal lauscht ihm ein staunendes Publikum. Noch tagelang reden die Menschen über diesen denkwürdigen Auftritt und die vermeintlichen Wunder dieser Nacht.

Herzensheimweh – Frühjahr 1886

Im Nachtzug nach Frankfurt sitzt der 24-jährige Robert Bosch schlaflos und allein in seinem Abteil. Als die Morgendämmerung die Dunkelheit vertreibt, überfällt ihn die Sehnsucht nach Anna Kayser. Er muss ihr davon schreiben, er weiß, dass sie es gerne lesen wird. Der Main trägt eine Menge Wasser, wie so viele andere Flüsse in diesem Frühjahr. Robert Bosch hat in Frankfurt einen längeren Aufenthalt, bevor der Zug nach Magdeburg weiterfährt. Seine melancholische Stimmung ist ihm angesichts des Frühlingserwachens selbst nicht recht geheuer. Bosch spaziert durch die Stadt, auch über die alte Brücke hinweg, auf der er das Standbild Karls des Großen sieht. Robert Bosch hat rastloser als ein Zugvogel gelebt: Nach seinem Jahr in New York und einem anschließenden Zwischenstopp in London war er im vergangenen Jahr von London nach Deutschland gereist, um die Verlobung mit Anna Kayser endlich selbst im Familienkreis zu verkünden. Zuvor waren sie einander nur brieflich versprochen. Doch an eine baldige Heirat der beiden ist noch nicht zu denken, diesen Schritt will Robert Bosch erst wagen, wenn er genug Geld verdient, um beide zu ernähren.

Trotz allem Selbstbewusstsein haust in den dunklen Ecken seines Gemüts auch der Zweifel. Dann und wann schleicht er sich in seine Briefe ein. Es drücke ihn bei allem Lob, das er schon gehört habe, die Frage, ob er doch nicht der sei, für den ihn seine Umwelt halte. Wenn er nicht fähig wäre, sich eine anständige Stellung zu verschaffen, die es ihm erlaube, seine Anna an ihn zu fesseln? Wenn er später vielleicht ins Unglück stürzen würde? Es sind nicht nur Sorgen um sein berufliches Fortkommen und seine materielle Existenz, die Bosch belasten. Auch ihm kämen, wie seinem Vater Servatius, die Tränen oft zu früh. Doch diesmal wolle er sich ihrer nicht schämen. Es ist kein Panzer, der Robert Bosch umgibt – die Schutzhülle für seine Gefühle ist dünn. Sie macht ihn verletzlich, sie macht ihn aber auch empfänglich für die Wünsche und Bedürfnisse anderer Menschen. Robert Bosch fühlt mit und nimmt Anteil, seine Sensibilität und seine Neugier öffnen ihm Türen zu Welten, die für viele seiner Zeitgenossen verschlossen bleiben.

In Magdeburg findet Robert Bosch eine kleine Zweizimmerwohnung in der Vorstadt. Die Miete beträgt 18 Mark, was ihm teuer vorkommt, aber da der Betrieb in der Nähe liegt und er, wenn er nicht arbeitet, viel zu Hause bleiben will, akzeptiert er den Preis. Die Firma, bei der er Arbeit gefunden hat, stellt neben Gasmotoren auch Geschwindigkeitsmesser her. Robert Bosch sieht sich herzlich aufgenommen, seine Tätigkeit entspricht seinen Vorstellungen, und so beruhigt er seine Verlobte: Man sei in letzter Zeit so lange beieinander gewesen, dass man sich nun vorübergehend mit dem Briefeschreiben begnügen müsse, auch wenn sie beide „etwas Herzensheimweh" bedrücke.

Robert Bosch ist noch nicht lange in Magdeburg angekommen, da beschäftigen ihn wieder Gedanken, sich endlich selbstständig zu machen. Es bedrückt ihn zunehmend, immer nur Anweisungen zu erhalten, und nur das auszuführen, was andere vordenken. In New York hatte ihm ein deutscher Freund angeboten, gemeinsam ein Geschäft aufzubauen. Dies könne man in Furtwangen im Schwarzwald aufziehen, wo die Uhrenindustrie bedeutend sei und es eine Menge zu tun gebe. Bosch schwankt angesichts des Angebots – einerseits glaubt er, dort mit Lampen und anderen kleinen Sachen ein rentables Geschäft anfangen zu können. Andererseits schreibt er seiner Verlobten, liege Furtwangen zwar zweifellos im schönsten Teil des Schwarzwalds, sei aber sonst so langweilig wie Obertürkheim.

Für solch ländliche Ödnis ist er nach seinem amerikanischen Abenteuer nicht mehr zu haben. Ende April 1886 fährt er mit einem Bekannten übers Wochenende nach Berlin. Bei dessen Tante wird Rührei, kalter Braten und Cervelatwurst aufgetischt, man bummelt durch Spandau und läuft anderntags auf den Kreuzberg, auf dem man sich so satt und durstig sieht, dass man sich anschließend gemeinsam in einer Kellerschenke betrinkt. Bosch und sein Begleiter tummeln sich auch auf einem der größten Vergnügungsplätze der Stadt am Weißensee, wo allerhand zu sehen ist: „Dampferfahrten, Scheibenschießen, Kegeln, Rutschbahn, Taucher, Riesendame". In Berlin findet Robert Bosch entlang der belebtesten Strecke der Hochbahn ein solches Menschengewühl, eine solche Fülle von Vergnügungslokalen – die Stadt stelle das sonntäglich langweilige London geradewegs in den Schatten. New York, London, Berlin – Furtwangen? Robert Bosch zweifelt daran.

Eine andere Sache liegt ihm noch schwerer im Magen. Er müsse ihr wenigstens sagen, wie er darüber denke, schreibt er seiner Anna Anfang Mai 1886, schließlich wollten sie doch „klar und offen" miteinander umgehen. Es geht um ihre Hochzeit: „Du würdest mich sehr glücklich machen, wenn Du darein willigen würdest, dass wir uns nur zivil trauen lassen." Es falle ihm schwer, der Kirche, die er sonst nicht anerkenne, ausgerechnet bei dem ihm Heiligsten ein Recht einzuräumen. Die schriftliche Antwort seiner Zukünftigen ist nicht überliefert. Sicher ist nur: Dem kirchenkritischen Robert Bosch wird der Weg vor den Altar nicht erspart bleiben.

Noch fehlen ihm zur Heirat allerdings die notwendigen finanziellen Mittel. Vielleicht hilft ihm eine Erfindung entscheidend weiter? Neben seiner regulären Arbeit tüftelt Robert Bosch in Magdeburg an einer Bogenlampe mit einer besonderen Reguliervorrichtung. Diese will er sich patentieren lassen und aus der Erfindung Profit ziehen. Die Sache verschlingt seine Freizeit, unbändiger Ehrgeiz treibt ihn an: Von halb neun Uhr morgens bis nachts um halb zwölf sitzt er über seinen Patentzeichnungen. Natürlich würde er mit diesem Lampengeschäft nicht von heute auf morgen vermögend sein, schreibt er seiner Verlobten. Auch wenn es in den ersten Jahren keinen großen Luxus erlauben würde, so wisse er doch gewiss, dass „mein Liebchen mindestens ebenso gerne in unserem eigenen Heim so fleißig sein wird, als jetzt in dem seiner Schwester". Ihr eigener Bruder Eugen habe treffend beschrieben, was in einer Wohnung stehen müsse: Ein Tisch, ein Stuhl und ein Bett seien genug.

Aber noch sind die Dinge nicht entschieden. Carl Bosch rät seinem Bruder Robert, sich beim Direktor der städtischen Gas- und Wasserwerke in Köln zu bewerben. Das dortige Theater solle elektrisch beleuchtet werden, später habe er dort auch die Telegraphie, die Telephonie und die Blitzableiter zu beaufsichtigen – das wäre doch etwas für ihn? Robert Bosch fühlt sich hin- und hergerissen, sein Bruder hat ihm schon zweimal weitergeholfen, als er nicht weiterwusste. Carl hatte ihm in Briefen Mut zugesprochen, wenn ihn dieser zu verlassen drohte. Doch seitdem ist Robert Bosch ein anderer geworden – auch durch seine Amerikareise. Soll er sein ganzes Leben lang nur auf seinen älteren Bruder vertrauen, nur dank dessen Empfehlungen vorankommen? Für Robert Bosch ist es an der Zeit, sich abzunabeln und auf eigenen Beinen zu stehen.

Der 25-Jährige fällt selbst die Entscheidungen, die sein weiteres Leben bestimmen werden. Der verträumte Schwarzwald scheidet für ihn aus. Am 4. Juli 1886 schreibt er erneut nach Obertürkheim, der Inhalt seines Briefes wird seiner Verlobten gefallen: „Ich habe mich in letzter Zeit mehr mit dem Gedanken abgegeben, in Stuttgart mich niederzulassen und finde eigentlich keinen Grund, dies nicht zu thun, allerdings stehe ich auf der Wahl zwischen Köln und dort. Stuttgart hat nicht so viel Industrie wie Köln." Aber letztlich gibt nicht die Wirtschaftskraft den Ausschlag darüber, wo sich Robert Bosch bald niederlassen wird. „Du würdest jedenfalls ganz gerne nach Stuttgart gehen", schreibt er seiner Verlobten, „und ich selbst auch." Robert Bosch geht nach Stuttgart – der Liebe wegen.

Kurz darauf ist das Geschriebene und Geplante bereits Wirklichkeit. Robert Bosch ist nach Stuttgart gezogen, aber womöglich ist er die Dinge zu kühn angegangen. In Stuttgart begegnet er im Sommer 1886 auf der Königstraße einem gewissen Herrn Cranz, den er aus seinem Kurzstudium am Polytechnikum kennt. Was Bosch denn in Stuttgart treibe, fragt Cranz, was er für Pläne habe? Er beabsichtige, in Stuttgart eine feinmechanische Werkstatt aufzumachen und elektrotechnische Apparate zu bauen, antwortet der Zugezogene. Carl Cranz, der später als Ballistiker die Flugkurven von Geschossen untersucht und sich dabei einen Namen machen wird, gibt sich verblüfft: Bosch habe ordentlichen Mut! Immerhin gebe es die Firma Siemens und weitere Unternehmen, die als Wettbewerber keine kleinen Nummern seien. Robert Bosch lässt sich von dieser Skepsis jedoch nicht entmutigen: Auch Großfirmen könnten nicht alles. Zudem gebe es Dinge, die große Betriebe nicht so leicht herstellen könnten: persönliches Vertrauen beispielsweise.

Eine Fahrt im Schutz der Nacht – Sommer 1886

Die Kutsche ist fertig. Endlich. Beinahe ein halbes Jahr ist vergangen, seit Gottlieb Daimler im Stuttgarter Bohnenviertel den Wagenbauer Wilhelm Wimpff beauftragt hat, ein Oberklassemodell für ihn zu bauen. Nun steht die „Americain“, deren Name auf die Neue Welt verweist, in Wimpffs Geschäft in der Rosenstraße. Die Kutsche entspricht den hohen Qualitätsansprüchen des Wagenbauers, deshalb taucht er am Mittwoch, den 18. August 1886, guten Gewissens seinen Füllfederhalter ins Tintenfass und stellt Gottlieb Daimler eine Rechnung aus. Die aufwändigen Schmiedearbeiten berechnet er mit 200 Mark, den Wagner musste er für dessen Dienste mit 30 Mark entlohnen, der Lackierer verlangte 75 Mark. Zwar ist die Kutsche, wie sie nun vor ihm steht „made by Wimpff“ – aber auch der Wagenbauer kommt nur dank seiner Zulieferer ans Ziel. Einige Einzelteile hat er in Hamburg bestellt, die Montage haben ihm persönlich bekannte Handwerker aus Stuttgart übernommen. Qualität ist für ihn eine Sache des Vertrauens. Punkt für Punkt listet Wilhelm Wimpff den Betrag auf, den er dem „Privatier Daimler von Cannstatt“ in Rechnung stellt. Der Preis beläuft sich schließlich auf 795 Mark, was dem durchschnittlichen Jahreslohn eines Arbeiters entspricht.

Es steht nun nur noch die Überführung aus – selbst dafür hat der anspruchsvolle Kunde Sonderwünsche angemeldet. So schickt Wilhelm Wimpff am Abend des 18. August seinen 17-jährigen Sohn in Begleitung zweier Schmiede los. Sie sollen die Kutsche im Schutz der Nacht nach Cannstatt bringen. Das Ziel der nächtlichen Expedition ist die Villa des vermögenden Gottlieb Daimler, der Transport soll absolut diskret erfolgen.

Öffentliche Aufmerksamkeit ist Gottlieb Daimler im beschaulichen Kurort ohnehin gewiss. So berichtet das *Stuttgarter Neue Tagblatt* von der Fahrt eines Motorboots: „In der letzten Zeit hat ein auf dem Neckar fahrendes, von etwa acht Personen besetztes Boot, das sich, wie von unsichtbarer Kraft getrieben, mit großer Geschwindigkeit stromab- und -aufwärts den Weg durch die Fluten bahnt, bei den Vorübergehenden nicht geringes Aufsehen erregt.“ Das Schiffchen sei von dem hier lebenden Ingenieur Daimler gebaut worden, die ersten Probefahrten hätten im August stattgefunden. Seitdem hätten mehrere hervorragende Techniker an solchen Fahrten teilgenommen. Seitens des Ruderers bedürfe es nur eines Drucks mit der Hand, um das Boot nach jeder gewünschten Richtung in Bewegung zu setzen. Ein Herr Oberregierungsrat, ein Baurat und ein Fabrikdirektor hätten sich ebenfalls an Bord gewagt, das Experiment unbeschadet überstanden und nicht wenig gestaunt. Gottlieb Daimler hatte sein „Schiffchen“ zunächst als Elektroboot getarnt, um Sicherheitsbedenken zu zerstreuen. In Wahrheit wird das Boot mit Sprit aus der Apotheke angetrieben – das Waschbenzin wird normalerweise als Fleckentferner verwendet.

Wilhelm Wimpff denkt vermutlich weniger an technische Sensationen – und schon gar nicht daran, dass er selbst ein Puzzlestück im großen Plan des Gottlieb Daimler ist – als er in der Nacht seinem Sohn die letzten Anweisungen für die Fahrt nach Cannstatt gibt. Stuttgart ist in den vergangenen Jahren gewachsen, der Betrieb hat zugenommen. Wilhelm Wimpff kann nicht mehr davon ausgehen, dass die Stadt nachts wie ausgestorben daliegt. Da und dort haben Tavernen eröffnet, aus denen zu später Stunde zwielichtige Subjekte wanken, um ihren Rausch auf dem Heimweg mit Frischluft zu bekämpfen.

Unter diesen nächtlichen Spätheimkehrern befindet sich des Öfteren ein Mann mit hohem Wiedererkennungswert: Den kantigen Schädel und den Riesenschnäuzer von Rudolph Bühler kennt fast jeder im Bohnenviertel. Bühler ist Weingärtner, wie so viele andere, die hier leben. Er besitzt ein großes Mundwerk. Im Viertel heißt der Bühler seit einiger Zeit nur noch „Krabbendusel“, weil er in den Wirtschaften stets mit der Geschichte hausieren geht, wie er sich eines Tages auf einer Bank in seinem Weinberg von der Arbeit ausruhte, als sich ihm hungrige Raben näherten. Da wollte der Bühler sein Brot in Schnaps getunkt und an die Vögel verfüttert haben. So lange, bis die Raben, die die Leute hier Krabben nennen, vor ihm einen beduselten Tanz aufführten.

Doch der Krabbendusel ist nicht nur ein Mostkopf, der dazu neigt, seine Geschichten auszuschmücken, an manchen Tagen ist er für das Bohnenviertel Gold wert. Jedes Mal, wenn vom Stiftskirchenturm das Feuersignal herüberweht, springt Bühler aus seinem Bett, greift sich das darüberhängende Alarmhorn und stürmt damit zum Fenster. Wenn Rudolph Bühler in sein Horn bläst, rückt umgehend die Feuerwehr an.

Die Stadt ist laut geworden, der Ton auf den Straßen Stuttgarts ist mitunter grob. Viele Neuankömmlinge, die aus dem Umland zugezogen sind, suchen ihren Platz. Nicht jeder findet ihn: Während bei wohlhabenden Familien sonntags gesottenes Ochsenfleisch auf dem Mittagstisch dampft, zieht auch die Not in die Stadt ein. Das *Stuttgarter Tagblatt* berichtet über einen gewissen Freiherrn von Oertzen, der unlängst auf dem Hamburger Mäßigkeitstag mit dem Vorschlag von sich reden machte, die Trinker aus der Großstadt doch bitte auf dem Land unterzubringen. Von Oertzen habe sich „in zahlreichen Fällen von dem himmelschreienden Elend überzeugt, das eines Mannes Trunkensucht über seine Familie bringen kann. Abend für Abend hocken da oft Weib und Kind auf der Treppe, bis der Unhold aus der Schenke heimtaumelt." Einer solchen Familie, schlussfolgert der sozialpolitisch denkende Freiherr, könne man keinen besseren Dienst erweisen, als sie von ihrem sie „schmählich herunterbringenden Haupte" zu befreien. Nicht nur die Trunksucht bringt die Menschen in Not. Immer drängender stellt sich die Frage, wie man den neuen sozialen Nöten einer zunehmend industrialisierten Gesellschaft begegnen soll. Ganz in der Nähe von Wilhelm Wimpffs Geschäft wird die Stuttgarter Armenhilfe gegründet, in der vor allem Kinder, Kranke und Alte stranden, die mit dem Tempo der Umwälzungen nicht mehr mithalten können.

Kritiker hinterfragen, ob dieser Fortschritt überhaupt den Namen verdient, den er trägt. In Mainz, vermeldet das *Tagblatt*, kommt es zu einem „höchst bedauerlichen Straßenauflauf" von Gegnern des Baus einer Straßenbahn. Ganz anders ist die Stimmung in Stuttgart, wo bei einer Probefahrt überprüft werden soll, ob die neue Straßenbahn auch hält, was man sich von ihr verspricht. Neun der bestellten 18 Wagen sind bereits eingetroffen. Die „luftigen Sommerwagen" bieten auf drei Sitzbänken Platz für zwölf Passagiere, die Beleuchtung erfolgt durch Lampen, die in Kisten an der Decke angebracht sind. Anderntags berichtet ein Reporter verzückt: „Die Wagen fahren mit großer Leichtigkeit und Elastizität, selbst bei den Weichen bemerkte man auch nicht das geringste Schwanken und Schütteln."

Unterdessen diskutiert der Gemeinderat in öffentlicher Sitzung über die Vor- und Nachteile einer elektrischen Beleuchtung in den Straßen und auf den öffentlichen Plätzen. Braucht eine Großstadt in ihren Straßen nachts wirklich elektrisches Licht?

Das Schicksal klopft an die Tür – Herbst 1886

Zwischen der Villa von Gottlieb Daimler in Cannstatt und der Werkstatt des hoffnungsvollen Feinmechanikers Robert Bosch liegen der Neckar, sechseinhalb Kilometer Wegstrecke und wahre Welten. Es ist ein sonniger Spätherbsttag, der 11. November 1886, als sich Robert Bosch gemeinsam mit einem Mechanikergesellen und einem jungen Hilfsarbeiter in jenen Räumen umsieht, in denen er nach all den Jahren der Fremdbestimmung sein eigener Herr sein will. Die Werkstatt befindet sich im Hinterhaus eines Gebäudes im Stuttgarter Westen. Am Vorderhaus der Rotebühlstraße 75 B bringt Bosch eine elektrische Uhr an. Bei den Passanten erregt das exotische Gerät einiges Aufsehen. Es schadet bestimmt nicht, dass der Betrieb des völlig unbekannten jungen Mannes dadurch ins Gespräch gerät. Morgens, wenn Robert Bosch seine Werkstatt betritt, sieht er auf der anderen Seite der von Platanen gesäumten Allee die vor elf Jahren fertiggestellte Johanneskirche. Der mächtige Bau liegt am Feuersee, der als Löschteich für die Feuerwehr angelegt wurde. Auch wenn Robert Bosch der Kirche als Institution äußerst kritisch gegenübersteht: Etwas göttlichen Beistand könnte er jetzt gut gebrauchen.

Am Vorabend hat es in Stuttgart „Kabale und Liebe“ gegeben. Das Königliche Hoftheater erinnerte mit dieser Vorstellung an den Geburtstag Friedrich Schillers. Mehr als 80 Jahre nach seinem Tod ist Schiller in der öffentlichen Wahrnehmung längst kein ungeliebter Freiheitskämpfer mehr. Der tote Schiller sitzt auf dem Dichterfürstenthron, Statuen und Heldenverehrung inklusive. In der Königsloge des Hoftheaters blieben diesmal jedoch Plätze frei: Der König und die

Robert Boschs Karriere beginnt in einem Hinterhaus im Stuttgarter Westen.

Königin waren mit einem Sonderzug gen Nizza aufgebrochen – mit Leibarzt und Kabinettschef, mit Generaladjudant, Kammerherren und Reisemarschall, mit Staatsdame und zahllosen weiteren Hofbeamten. Die Expedition in die wohltemperierte Winterresidenz an der Côte d'Azur umfasste sechs Personen- und drei Güterwagen.

Dieser königliche Pomp bewegt die Menschen in der Stadt und nicht die Eröffnung einer Kleinstwerkstatt im Stuttgarter Westen, von der keiner weiß, wann sie womöglich wieder Pleite macht. Während Robert Bosch darüber nachdenkt, wie er seine Werkstatt einrichten soll und welches Werkzeug er benötigt, entwickelt sich die Zugfahrt des königlichen Hofstaats in den wohltemperierten Süden zum Horrortrip: In der Schweiz muss der Sonderzug bei Bellinzona halten, weil ein schweres Unwetter die Weiterfahrt unmöglich macht. Man weicht nach Italien aus, will über Mailand und Turin, nur um von einer eingestürzten Eisenbahnbrücke erneut aufgehalten zu werden und die nächste Hiobsbotschaft zu empfangen: In Nizza erwarte sie ein furchtbares Unwetter, welches an der ganzen Küste tobe. Glücklicherweise reisen die Majestäten in einem rollenden Luxusmobil, in dem sich für die Erfüllung jeglicher Wünsche stets eine dienstbare Hand findet.

Robert Boschs Werkstatt in der Rotebühlstraße ist nur mit dem Allernötigsten ausgestattet: Im ersten Raum befinden sich ein Amboss, ein Schleifstein und eine Feldschmiede. Nebenan stehen in dem 3-Personen-Betrieb eine Werkbank mit zwei Schraubstöcken, eine Drehbank und ein Ofen. Im dritten Raum hat Robert Bosch ein spartanisches Büro mit Pult, Stuhl und Tisch eingerichtet. Erst Jahre später wird Robert Bosch im Gang ein Gerät aufstellen, das für das zu Ende gehende 19. Jahrhundert in Stuttgart noch recht exotisch ist: ein Telefon. Robert Bosch bezahlt für das Gerät eine Jahresmiete von 150 Mark, es klingelt nicht allzu oft. Als im Königreich Württemberg das Telefonwesen eingeführt wird, abonnieren lediglich 50 Privat- und Geschäftsleute einen dieser hochmodernen Sprechapparate. Robert Bosch wird seine Telefonnummer noch viele Jahre nach der ungewöhnlichen Anschaffung nicht einmal auf seinen Rechnungen veröffentlichen. Nur im städtischen Adressbuch ist sein Anschluss eingetragen: Robert Bosch, Feinmechaniker, Telefonnummer: 752.

Wer von der Rotebühlstraße aus auf Höhe der Hausnummer 75 die Hinterhofwelt betritt, blickt auf ein fleckig verputztes Haus mit Bretterverschlägen und windschiefen Regenrinnen. Der Boden vor dem Haus besteht aus festgestampfter Erde. Die meisten Fensterläden stehen offen, andere versperren den Blick in die Wohnstuben rund um die Bosch-Werkstatt im Erdgeschoss, die Besucher und Arbeiter durch eine schlichte Holztür betreten.

Einige Wochen vor der Eröffnung seines Geschäfts ist Robert Bosch noch einmal zu Hause in Ulm gewesen – an seinem Geburtstag gab es Apfelkuchen, von Anna bekam er einen Brief und von seiner Mutter zwei silberne Manschettenknöpfe. Doch weitaus wichtiger ist für Robert Bosch das von ihr geliehene Kapital von 10 000 Mark – dieses Startkapital soll ihm helfen, in einer jungen Wachstumsbranche Fuß zu fassen.

Trotz seiner 25 Jahre ist Robert Bosch kein Greenhorn mehr. Er hat in den Unternehmen von Thomas Edison und Werner von Siemens Erfahrungen gesammelt, aber von nun an ist er nicht länger der Diener anderer Herren, er muss sich selbst einen Namen machen. In seiner kleinen Gründerzeit-Werkstatt will er mit elektrotechnischen Apparaten Geld verdienen, mit elektromedizinischen Geräten handeln und darüber hinaus alles einbauen und reparieren, was in Haushalten anfallen mag. Bosch beginnt seine Karriere als eierlegende Wollmilchsau: wild entschlossen, alles zu verarbeiten, was ihm an Kundenwünschen ins Haus kommt. Doch die Sache hat einen Haken: Es erweist sich als kapitales Problem, dass viele Stuttgarter nicht den blassesten Schimmer haben, was es mit dieser Elektrotechnik genau auf sich hat und welchen Nutzen all die Apparate besitzen. In den Straßen gibt es noch kein elektrisches Licht, und in der Stadt fehlt ein Elektrizitätswerk, das die notwendige Leistung bringt. Elektrizität gilt als Luxusware, die sich nur die wenigsten leisten können. Dort, wo Robert Bosch etwas verdienen könnte, hat sich bereits die Konkurrenz eingenistet: Im Hotel Marquardt leuchten elektrische Bogenlampen, die von jener Firma Fein eingebaut wurden, für die Robert Bosch selbst während seiner Wanderjahre gearbeitet hatte. Das Kaufhaus Conrad Merz hat sich eine ähnliche Anlage von der Maschinenfabrik Eßlingen einrichten lassen.

Robert Bosch fängt klein an. Er muss eine Nische finden, wenn sein Geschäft überleben soll. Vier Tage nachdem er die Werkstatt bezogen hat, kann er endlich mit der Arbeit beginnen – in der Rotebühlstraße ist die polizeiliche Genehmigung eingetroffen. Es ist der 15. November 1886, als die „Werkstätte für Feinmechanik und Elektrotechnik Robert Bosch" öffnet – man ist anfangs nicht gerade mit Arbeit überlastet. Robert Boschs Betrieb ist nur eines von vielen Unternehmen, das sein Glück versucht. In den Hinterhäusern des Stuttgarter Westens dröhnt tagsüber ein geschäftiges Hämmern und Klopfen aus zahlreichen Handwerksbetrieben. Immer mehr Menschen ziehen in das Viertel, in dem vor allem drei- bis vierstöckige Wohnhäuser stehen. Der Stuttgarter Westen wächst und mit ihm die Zahl der möglichen Kunden.

Robert Bosch investiert in Werkzeuge und in die Ausstattung seiner Werkstatt, bevor er Anfang Januar 1887 die erste Rechnung in der Unternehmensgeschichte ausstellen kann: Für die Einrichtung einer elektrischen Klingel berechnet er 36,95 Mark – es sind kleine Beträge wie dieser, mit denen er sich zunächst durchschlagen muss. Nach einem Jahr hat Bosch 66 Kunden bedient, darunter 21 Ärzte und ärztliche

Werbung in eigener Sache: Robert Bosch beginnt klein und nimmt anfangs alle Aufträge an, die er bekommen kann.

Institute. Als das Süddeutsche Verlags-Institut ihn beauftragt, im Haus eine Telefonanlage einzubauen, ist dies für die Hinterhofwerkstatt ein Glücksfall, der mit der außerordentlichen Summe von 927 Mark vergolten wird. Am Ende des ersten Geschäftsjahres hat Robert Bosch 5000 Mark umgesetzt – und bereits einen Teil des Startkapitals aufgebraucht. Doch er investiert weiter: in eine Drehbank, eine Werkbank, in Holz und Werkzeug.

Ein Augenarzt wird zu einem der besten Kunden in Robert Boschs Anfangszeit – die Heilkunde setzt große Hoffnungen in die Elektrizität. Dr. Königshöfer ist nicht nur aufgrund seiner Fachkenntnisse, sondern auch dank seiner modernen Apparate einer der angesehensten Augenärzte der Stadt. Ob Herr Bosch ihm eine Augenspiegeleinrichtung mit Batterie bauen könne? Bosch kann und wird nun bei Königshöfer zum Hausmechaniker und Elektriker. In finanziellen Angelegenheiten gibt sich der Mediziner jedoch zugeknöpft. Königshöfer zahlt zwar, aber er zahlt nach seinen eigenen Spielregeln: Bosch darf ihm immer nur zum Jahresanfang Rechnungen schreiben, die Summe wird in Raten abgestottert.

In der Rotebühlstraße ist Robert Bosch dauerklamm. Die Einnahmen tröpfeln. Eines Samstags muss Robert Bosch dem Augenarzt Königshöfer dringend einen Hausbesuch abstatten: Er, der kleine Elektrotechniker, müsse seine Leute abends ausbezahlen – ob Herr Königshöfer daher die Freundlichkeit besitze, ihn zu bezahlen? Der Arzt schickt ihn fort, Bosch solle bitte schön am Nachmittag wiederkommen. Doch als Robert Bosch einige Stunden später wieder die Praxis aufsucht, ist Königshöfer schon zur Jagd entschwunden – in eben jenem Jagdanzug, den er schon bei Boschs morgendlichem Besuch trug.

Von einem durchschlagenden Erfolg der Werkstatt kann in den ersten Jahren nicht die Rede sein. Robert Bosch muss ums Überleben kämpfen, sodass er immer wieder auf die Unterstützung seiner Familie angewiesen ist. Vor allem seine Mutter hält den Betrieb mit ihrem Geld weiter am Leben. Samstags kommt es vor, dass Robert Bosch den Obsthändler im Haus bitten muss, ihm Geld zu leihen, damit er seinen Mitarbeitern den Lohn auszahlen kann. Manchmal hat er anschließend selbst noch drei Mark in der Tasche, mit denen er über den Sonntag auskommen muss. Lange Zeit ist es für den Kleinbetrieb ein „böses Gewürge“.

Trotzdem verzichtet Robert Bosch auf Beistand von oben. Aus seinem Hauptbuch, in das er Einnahmen und Ausgaben einträgt, entfernt er jene Seite, die in diesen Jahren jedem dieser Bücher vorangestellt ist: „Mit Gott“ lautet der Schriftzug, aber Robert Bosch will nur sich selbst dafür verantwortlich machen, falls sein Geschäft scheitern sollte. Der Kirche steht er ähnlich fern wie sein Vater. Wenn der Jungunternehmer bei den Bilanzen Rat braucht, wendet er sich an den Tabakhändler aus dem Vorderhaus, der in der Buchhaltung mehr Erfahrung besitzt.

Seine Geschäftsbilanzen sind keine gute Unterhaltungsliteratur. Oft mangelt es an Aufträgen, obwohl Robert Bosch bereits 1887 eine erste Zeitungsanzeige schaltet, um für seinen Betrieb zu werben und deutlich zu machen, was er alles anbietet: „Telephone, Haustelegraphen, fachmännische Prüfung und Anlegung von Blitzableitern, Anlegung und Reparatur elektrischer Apparate sowie aller Arbeiten der Feinmechanik“. Weil ihm die Arbeit ausgeht, lässt er seinen Mechaniker alles Mögliche ausprobieren: Im Stuttgarter Westen versucht man sich an einer Blindenschreibmaschine – ohne Erfolg. Dann entwickeln Bosch und seine Mitarbeiter eine Notenschreibmaschine, bei der die vom Klavierspieler erzeugten Töne auf einem Papierstreifen wiedergegeben werden. Die Technik besitzt Charme, aber es mangelt am Interesse der Käufer. Schließlich tüftelt Robert Bosch an einer „Triumphspitze“ für Zigarren, deren größter Clou es ist, dass der Zigarrenstummel von einer Mechanik entfernt werden kann. Aber auch damit verdient er nichts.

Robert Bosch nimmt fast alle Aufträge an, die er bekommt. Für die Firma Werner & Pfleiderer entwickelt er Formen für Nudelpressen, die Teigwaren in Buchstabenform hervorbringen. Er beschäftigt sich mit Petroleumlampen und selbstschließenden Wasserhähnen, mit Fotoapparaten und Telefonen. Kein Mensch kann in dieser Anfangszeit sagen, ob aus diesem elektrotechnisch-mechanischen Gemischtwarenladen jemals eine erfolgreiche Firma wird. In den deutschen Städten probieren es viele junge Männer mit einem eigenen Betrieb: Sie werden angezogen, von den aufsehenerregenden Durchbrüchen in der Elektrotechnik, manch einer sieht sich schon in den Fußstapfen des alten Werner von Siemens. Viele glauben, mit eigenem Herumwursteln, Feilen und Probieren einer neuen Pioniertat auf die Spur zu kommen – einem Knüller, mit dem sich Geld verdienen lässt, der Ruhm verheißt und die bewundernden Blicke junger Damen anzieht. Robert Bosch gehört nicht zu denjenigen, die sich vom Glamour der Elektrotechnik blenden lassen. Der junge Bosch ist eine eigenwillige Erscheinung: Sein dunkles Haar hat er zu einer Tolle nach hinten gebändigt, um das Kinn und die untere Backenpartie kräuselt sich ein Vollbart, dessen Länge mit dem Alter zunehmen wird. Oft trägt er einen markanten, breitkrempigen Hut. Auf einem Foto aus diesen Tagen ist ein ausdrucksstarkes Gesicht zu erkennen mit einer hohen Stirn und nachdenklichem Blick.

Von seinem Vater Servatius weiß Robert Bosch, dass gesät und geackert werden muss, um ernten zu können. Der Erfolg wird ihm nicht in den Schoß fallen, das weiß er von Anfang an. Er muss durchhalten, wenn er etwas erreichen will. Er wird Geduld brauchen, um aus dem reißenden Strom des Fortschritts ein Goldstück herauszuangeln. Bei diesem Unterfangen werden viele scheitern, die mit ihm in eine Zukunft aufbrechen, die ihnen verheißungsvoll scheint: Die Konkurrenz unter den Elektrotechnikern ist hart, die staatlichen Gesetze sind oft willkürlich und manche, die eben Erfolg hatten, werden von der nächsten technischen Neuerung zurückgeworfen, um von anderen überholt zu werden. In diesem Wettbewerb strebt Robert Bosch nicht nach schneller Größe und Berühmtheit, die ihn in möglichst kurzer Zeit nach oben spült. Der Sohn eines Gastwirts und Bauern ruht in seinen Überzeugungen: Wer erfolgreich sein wolle, dem gelinge dies nicht nur aufgrund seiner besonderen Beobachtungsgabe, notiert Bosch. Er müsse auch in der Lage sein, seine Beobachtungen zu verwerten, er müsse Zusammenhänge erkennen und aus diesen Schlüsse ziehen. Nebenbei „gehört auch Phantasie her, um Gesehenes dort einreihen zu können, wo es hingehört". Robert Bosch beschreibt mit analytischem Blick den Weg, den er selbst beschreiten wird. Er denkt von Monat zu Monat, damit sein Kleinbetrieb überlebt. Aber er denkt auch über den Tag hinaus.

Im Sommer des Jahres 1887 klopft das Schicksal an die Werkstatttür von Robert Bosch. Der junge Techniker wird es nicht sofort erkennen – die Tragweite dessen, was an diesem Tag geschieht, wird ihm erst Jahre später bewusst. Es ist der Augenblick, in dem ihm jenes Goldstück in die Hände fällt, nach dem viele andere vergeblich suchen. Aber nicht Glück und Zufall helfen ihm weiter, sondern seine Fähigkeit, zu beobachten, die richtigen Schlüsse aus dem Gesehenen zu ziehen und hart für sein Ziel zu arbeiten.

Ein Kunde betritt Boschs Werkstatt am Feuersee. Der Mann ist Maschinenbauer, er versteht etwas vom Geschäft mit der Elektrotechnik. Der Unbekannte stellt sich Robert Bosch vor: Er arbeite für ein Unternehmen aus dem Württembergischen. Dieses benötige einen Apparat, wie ihn die Gasmotorenfabrik in Deutz an ihren Benzinmotoren verwende. Genau jenes Unternehmen, das Gottlieb Daimler erst zu seiner Größe geführt hat und von dem er vor fünf Jahren im Streit geschieden war. Ob Herr Bosch ihm wohl einen Magnetzündapparat bauen könne? Ein solcher Magnetzünder erzeugt einen elektrischen Funken, der das Gasgemisch in einem Verbrennungsmotor entzündet. Ende des 19. Jahrhunderts hat sich das Zündungsproblem zu einer Schlüsselfrage der Technik entwickelt: Wer in der Lage ist, Kraftstoff auf verlässliche und ungefährliche Weise zu zünden, der besitzt einen Motor, dem die Zukunft gehört.

Robert Bosch hat einen vergleichbaren Apparat noch nie zuvor gebaut, doch sein Kunde beharrt auf seinem Auftrag: Bosch könne sich einen Magnetzünder doch einmal ansehen und ihn dann nachbauen – ein Gerät sei gerade in einer Buchdruckerei in Schorndorf zu sehen. Die Stadt liege nicht weit von Stuttgart entfernt, er möge dorthin reisen. Aufgrund seiner finanziellen Lage kann es sich Robert Bosch kaum leisten, Aufträge abzulehnen, auch wenn sein Kunde nur ein einziges Exemplar des Zündapparats in Auftrag gibt. Bosch willigt ein – er werde sich das Gerät ansehen. Zweifellos wird es auch für ihn ein Experiment, aber da er mit seiner Werkstatt im Stuttgarter Westen ohnehin den Ruf als Alleskönner in technischen Angelegenheiten genießt, stellt er sich der Herausforderung.

Am 24. August 1887 reist Robert Bosch nach Schorndorf, ausgerechnet in die Heimatstadt des mittlerweile 53-jährigen Gottlieb Daimler. In der Buchdruckerei studiert er mit dem ihm innewohnenden Sinn für Perfektionismus die Konstruktion des Geräts, von dem ihm sein Kunde erzählt hat. An diesem Tag beschäftigt er sich mit der gleichen Frage, die auch Gottlieb Daimler und Wilhelm Maybach so viel Kopfzerbrechen beim Motorenbau bereitet. Das Cannstatter Tüftlerduo hat sich für eine Glührohrzündung entschieden – Bosch betrachtet in Schorndorf eine Alternativlösung des Zündungsproblems. Es ist noch offen, welche der beiden Lösungen sich einmal am Markt durchsetzen wird.

Mit etlichen Notizen tritt Robert Bosch die Heimreise ins nur 30 Kilometer entfernte Stuttgart an. Kaum anzunehmen, dass er in diesem Moment auch nur im Entferntesten ahnt, wie dieser Magnetzünder ihn später mit den Herren Daimler und Maybach zusammenbringen wird. Zumal der Apparat nicht auf seinem eigenen geistigen Mist gewachsen ist. Kurz nach seiner Rückkehr in die Werkstatt am Stuttgarter Feuersee setzt Robert Bosch einen Brief an die Gasmotorenfabrik in Deutz auf: Er habe im württembergischen Schorndorf an einem ihrer Motoren einen Zündapparat gesehen – ob dieser wohl durch Patente geschützt sei? Aus Köln erhält er rasch Antwort: Nein, der Magnetzünder sei nicht geschützt.

Der junge Werkstattchef nutzt die Gunst der Stunde. Er prüft das Modell aus Schorndorf, entwickelt es weiter, indem er andere Magneten verwendet als der ursprüngliche Erfinder und macht es auf diese Weise leichter und leistungsfähiger. Bereits Anfang Oktober schickt er das fertige Werkstück mit der Post zu seinem Auftraggeber. Bosch berechnet 1,50 Mark für die Verpackung, zwölf Euro für die Reisekosten und für den Zündapparat selbst 216,50 Mark. Der Auftrag hilft dem Betrieb wieder für eine Weile über die Runden. Mit dem handwerklich perfekt gearbeiteten Einzelstück ist sein Kunde offenbar zufrieden, sodass er einige Monate später ein weiteres bestellen wird.

In diesem Magnetzünder schlummert die Zukunft, doch im Oktober 1887 kann davon noch keine Rede sein. Was in der Bosch-Klitsche am Feuersee vor sich geht, interessiert abgesehen von seinen Kunden womöglich den einen oder anderen aufstrebenden Handwerksbetrieb in der Nachbarschaft. Aber die Werkstatt liegt außerhalb des Radars der Stuttgarter Gesellschaft und der angesehenen Persönlichkeiten vom Format eines Gottlieb Daimler. Robert Bosch hat im Oktober 1887 zwar den Geschäftsabschluss seines Lebens getätigt, aber es wird viele Jahre dauern, bis sich dies in der Bilanz seines Betriebs niederschlägt und bis aus dem Nobody Robert Bosch eine Figur wird, die man in der Stadt kennt und allseits achtet.

Das von Robert Bosch in Schorndorf entdeckte Gerät wird einmal als Bosch-Zünder weltbekannt werden – obwohl seine Urform von einem anderen erfunden wurde, dessen Name rasch in der Vergessenheit versinkt, weil er seinen Apparat nicht schützen ließ. Rücksicht und Mitleid sind keine Währungseinheiten, die in dem sich entfaltenden freien Spiel der Wirtschaftskräfte zählen. Robert Boschs Genialität besteht nicht in der eigentlichen Erfindung des Magnetzünders – sie besteht darin, dass er die Chance nutzt, der Erfindung zum Durchbruch zu verhelfen. Er ist der richtige Mann im richtigen Moment.

Wie definiert sich überhaupt eine Erfindung? Wie viel von Bosch oder Daimler, Edison oder Siemens steckt wirklich in einem Apparat oder einer Maschine drin, die einen dieser Namen trägt? Wie steht es um das geistige Eigentum und um die Gewinnbeteiligung derjenigen, die womöglich Entscheidendes zu einem Produkt beigetragen haben, das sich ein anderer patentieren lässt? Ende des 19. Jahrhunderts verfolgen die meisten Unternehmer eine knallharte Strategie: Was von ihren Beschäftigten erdacht und erfunden wurde, gehört ausschließlich den Eigentümern des Betriebs. Man gibt sich fast immer frei von Skrupeln, man zahlt ja einen Lohn. Der Betrieb gehört einem selbst, also scheint es folgerichtig, den Gewinn einzustreichen und sich selbst mit dem Ruhm zu schmücken, Großes erfunden zu haben. Mit dem alleinigen Ruhm, wohlgemerkt. Eines der gnadenlosesten Exemplare in dieser Verwertungsmaschinerie ist Robert Boschs amerikanischer Lehrmeister Thomas Alva Edison. Edison schmückt sich mit an Skrupellosigkeit grenzender Selbstverständlichkeit mit den Erfindungen seiner Mitarbeiter. In seinem Forschungslabor in Menlo Park gibt es auf die Frage „Wer hat's erfunden?" offiziell nur eine Antwort: Edison selbst. Robert Bosch hat mit eigenen Augen gesehen, wie Edison sich im richtigen Moment die Hände schmutzig macht, um vor dem Publikum jegliche Bedenken zu zerstreuen. Die Art und Weise, wie Edison sich als Universalgenie vermarktet, wirft einen Schatten. Dieser Schatten fällt zurück auf ihn selbst und offenbart einen dunklen Teil seines egomanischen Charakters.

Robert Bosch geht einen anderen Weg. Zwar jagt und sammelt er auch alles technisch Außergewöhnliche und verleibt sich vieles davon ein, um es letztlich als Bosch-Produkt auf den Markt zu bringen. Doch im Gegensatz zu anderen großen Köpfen ist er sich bewusst, dass nicht er allein das Rad neu erfunden hat. Zeitlebens, so räumt er einmal ein, habe er nie eine Erfindung im landläufigen Sinn des Wortes gemacht. In größeren Betrieben arbeite nie ein Mann allein an einer Erfindung – diese sei immer das Werk mehrerer. Manchmal kauft er die Erfindungen anderer, doch damit endet für ihn nicht die Arbeit, sie beginnt erst: Robert Bosch und seine Mitarbeiter probieren aus und verbessern, und wenn das Werkstück endlich zur Zufriedenheit weiterentwickelt ist, steht die größte Hürde noch im Weg. Wie lässt sich für das neue Produkt ein geeigneter Markt finden? Welche Käufer würden sich dafür interessieren, und auf welche Werbung würden sie ansprechen? Boschs Denkweise steht in scharfem Kontrast zum Absolutheitsanspruch des Thomas Alva Edison. Wer hat's erfunden? Viele! Robert Bosch beschreibt eine Erfindung als einen mühevollen Prozess, an dem meist zahlreiche andere beteiligt sind: Etwas Neues ruht stets auf den Schultern von etwas Bekanntem. Eine Erfindung offenbart sich bei genauerer Betrachtung in den allermeisten Fällen als eine Variation des Althergebrachten. In dieser Denkweise wird der Teamplayer Robert Bosch sichtbar, der die Leistungen seiner Mitarbeiter anerkennt.

Privatmensch ist er auch noch. Dass die Heirat mit seiner Anna nun besprochen ist und er geschäftlich, wenn auch auf wackligen Füßen, allein steht, erleichtert Robert Bosch. Unweit von seiner Werkstatt findet Robert Bosch in der Schwabstraße eine passende Wohnung. Noch muss er Anna Kayser Briefe schreiben, um ihr vom gemeinsamen Heim zu erzählen, doch „einziehen und Möbel aufstellen können wir jederzeit. Ich wollte, wir würden es heute thun“. Bald wird das junge Paar im Stuttgarter Westen unter einem Dach leben und Zukunftspläne schmieden. Dafür muss Robert Bosch einen Kompromiss in Kauf nehmen: Am 19. Oktober 1887 findet die Hochzeit statt, und seine Braut hat sich in einem Punkt durchgesetzt, der ihr wichtig war: Die beiden heiraten kirchlich, sie werden in der evangelischen Kirche in Obertürkheim vermählt.

Vom Seelberg aus dem Himmel entgegen – Herbst 1887

Am 3. Oktober 1887 betritt der junge Mechaniker Anton Welt ein Fabrikgebäude in der Cannstatter Ludwigstraße. Der Mann ist mit kühnen Hoffnungen aus Karlsruhe angereist, wo er zuvor bei der Maschinenbau-Gesellschaft tätig war. In Cannstatt hofft er weiterzukommen, er verspricht sich viel von der Versuchswerkstatt auf dem Cannstatter Seelberg, die Gottlieb Daimler im Juli desselben Jahres für gut 30 000 Mark erworben hat. Doch was der Mechaniker in Cannstatt zu sehen bekommt, erfüllt seine Erwartungen nicht im Mindesten: „Die Enttäuschung war daher gross, als ich, statt in eine wohleingerichtete Werkstätte in einen Raum geführt wurde, in dem ausser einem Gasmotor nicht viel zu sehen war. Meine erste Arbeit bestand nun darin, dass ich an der Einrichtung der Werkstätte mithalf … Herr Daimler mochte wohl meine Enttäuschung gemerkt haben, denn in väterlichem Tone sagte er zu mir: ‚Zu einem ganzen Mann gehört, dass man auch den Besen führen kann.'"

In die Enttäuschung eines der ersten Mitarbeiter von Gottlieb Daimler in Cannstatt mischen sich bald andere Empfindungen. Der aus dem Badischen ins Schwäbische abgewanderte Mechaniker wird diesen Schritt niemals bereuen und dem Unternehmen 38 Jahre lang treu bleiben. Er erlebt einen Gottlieb Daimler, der nichts gemein hat mit jenem Mann, der zeitlebens mit anderen Führungspersönlichkeiten streitet und der sich an diesen Auseinandersetzungen aufreibt. Daimler, so sein langjähriger Mitarbeiter, vermag es, seine Leute anzufeuern und zu begeistern. Vom Gelingen seiner Pläne sei er „auch in Stunden vollständigen Misslingens aller Versuche" so fest durchdrungen, dass er anderen Mut zuspricht. Zeiten habe es gegeben, so wird es der Mechaniker später einmal niederschreiben, „wo es schien, als hätten sich alle Mächte gegen das Gelingen verschworen, wo jeder missmutig wurde und nur einer den Kopf hochhielt: Gottlieb Daimler". Der Vordenker und Motivationskünstler richtet seine Arbeiter in düsteren Stunden wieder auf. Rom sei auch nicht an einem Tag erbaut worden.

Die Ausstattung der neuen Daimler-Fabrik auf dem Seelberg ist in diesen Aufbaujahren offensichtlich bescheidener, als der Ruf, der dem Konstrukteur vorauseilt. Womöglich ist sie viel zu bescheiden, gemessen an den Zielen Daimlers, der nicht weniger anstrebt als die Motorisierung zu Lande, zu Wasser und in der Luft. Die Straßen von Cannstatt und den Neckar hat er bereits erobert, ihm fehlt nur noch ein geeignetes Fluginstrument, in das er seinen Motor einbauen könnte. Gottlieb Daimler benötigt einen Partner, der verrückt genug ist, um ungeahnte Gefahren auf sich zu nehmen und klug genug, um ein Luftschiff zu bauen.

Am 15. Oktober 1887 erscheint in der *Leipziger Illustrirten* ein Artikel über einen höchst ungewöhnlichen Mann. Dabei geht es um die Flugversuche eines gewissen Hermann Wölfert, der seit einigen Jahren mit gasgefüllten Luftschiffen versucht, in den Himmel aufzusteigen. Wölfert, der als junger Mann in Leipzig eine Verlagsbuchhandlung gründete, ist vom Traum zu fliegen geradezu besessen. Der

Bücherfreund schloss sich vor Jahren mit einem anderen Idealisten zusammen, der von Berufs wegen eigentlich als Oberförster durch die Wälder streifen sollte. Ein wunderliches Gespann. Gottlieb Daimler liest in der Zeitung, dass die Hülle des ellipsenförmigen Luftschiffs aus Rohseide besteht. An dieser gasgefüllten Hülle führen 25 Seile hinab zu einer Gondel, in welcher der Fahrer sitzt. Dieser, so die Zeitung weiter, bewege einen Propeller dank zweier Kurbeln von Hand.

Muskelkraft statt Motoren! Dem Konstrukteur Gottlieb Daimler, der sich eben aufgemacht hat, das Pferd durch die Pferdestärken des Motors zu ersetzen, muss dieser Apparat wie ein Überbleibsel aus einer alten Zeit vorkommen. Und dennoch: Dieser Hermann Wölfert besitzt ein Luftschiff, mit dem er bewiesen hat, dass er mehr schlecht als recht abheben kann. Gottlieb Daimler lädt den Mann nach Cannstatt ein. Dabei stellt sich heraus, dass es sich bei dem fliegenden Verlagsbuchhändler aus Leipzig um einen Hünen handelt: Knapp zwei Meter groß, rund 100 Kilo schwer – Wölfert wird aufgrund seines Gewichts für das eigene Luftschiff zur Belastung. Kaum ist der Leipziger in Cannstatt eingetroffen, richtet sich Daimlers Forschungsstätte auf dem Seelberg auf ein neues Ziel aus: Gottlieb Daimler, sein Sohn Paul und Hermann Wölfert tüfteln daran, wie und wo der Daimlermotor am besten in das Luftschiff einzubauen sei. Die Wahl fällt auf die Gondel – dort überträgt der Motor die Kraft auf horizontale und vertikale Propeller.

An einem Sommermorgen soll vom Cannstatter Seelberg aus das erste von einem Motor angetriebene Luftschiff der Welt abheben. Doch in der Fabrik geht es an diesem Freitag, den 10. August 1888, um bodenständige Fragen: Wer setzt sich in die Gondel und steuert das Luftschiff? Der Motor ist vergleichsweise schwer und mit 1,1 PS schwach an Leistung – damit scheidet der flugerfahrene, aber massige Hermann Wölfert aus. Für die Pioniertat wird ein anderer bestimmt: Gottlieb Daimlers junger Mechaniker Gotthilf Wirsum soll das Luftschiff steuern. Wirsum ist rund 30 Kilo leichter als Wölfert – aber möglicherweise immer noch zu schwer. Er entledigt sich unnötiger Kleidung, lässt seine Stiefel und seine Geldbörse zurück, bevor er nach einer kurzen technischen Einweisung in die Gondel einsteigt. Offenbar hat es Gottlieb Daimler nicht versäumt, den Flugversuch rechtzeitig vorher bei den Redaktionen der Tageszeitungen anzukündigen. Mehrere Blätter berichten über den ersten Motorflug der Menschheitsgeschichte.

Es weht ein schwacher Wind aus Südwest, als Daimlers Mechaniker um neun Uhr früh an Höhe gewinnt. Sein Flug führt ihn über den Neckar hinweg nach Norden in Richtung Ludwigsburg. Wer vom Boden aus in den Himmel blickt, sieht an diesem Morgen ein zigarrenförmiges Flugobjekt, das an seinen Enden spitz zuläuft und in der Mitte wie ein Walbauch aufgebläht scheint. Unter dem Bauch hängt ein Käfig, und im Käfig hockt tatsächlich, vom Boden aus bald kaum mehr zu erkennen, ein Mensch. Das ungewohnte Flugobjekt sorgt für Aufsehen, kaum jemand hat ein solches Schauspiel bisher gesehen. Nach

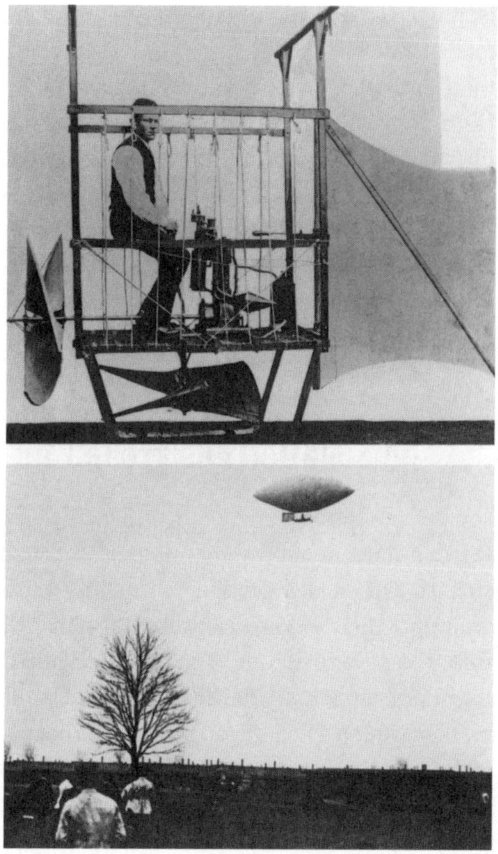

Daimlers junger Mechaniker Gotthilf Wirsum steuert das erste von einem Motor angetriebene Luftschiff der Welt.

wenigen Kilometern Luftfahrt landet Gotthilf Wirsum wohlbehalten auf einem Exerzierplatz des Militärs. Ein Redakteur der *Ludwigsburger Zeitung* ist vor Ort. Der Flugmensch in seinem Käfig wird „bei der Landung durch die Herren Offiziere, welche vom Exerzierplatz herbeigeeilt waren, sowie von den anfänglich sehr misstrauischen und erstaunten Landsleuten bereitwilligst unterstützt".

Zu Lande, zu Wasser – jetzt auch in der Luft! Im August 1888 hat sich Gottlieb Daimlers Motor in Kutschen und Motorrädern bewährt, er hat Boote angetrieben und ein Luftschiff abheben lassen. Der Bäckersohn Gottlieb Daimler könnte im Alter von 54 Jahren stolz auf das Erreichte zurückblicken und es ruhiger angehen lassen. Aber in ihm arbeitet es, er ist noch lange nicht am Ziel. Gottlieb Daimler ist unerbittlich, vor allem gegenüber sich selbst. Diese Einstellung teilt er mit vielen Erfindern und Technikern, von denen die meisten nie Geschichte schreiben und für immer vergessen werden. Auch an Hermann Wölfert werden sich später nur wenige erinnern – und wenn überhaupt, dann vor allem wegen seines letzten Flugs, der fast zehn Jahre nach dem Aufstieg vom Seelberg stattfinden wird. Gottlieb Daimler wird von diesem Flug seines Weggefährten wieder aus der Zeitung erfahren – doch bis dahin wird er selbst mehrere Schicksalsschläge zu verkraften haben.

Im Schatten des großen Turms – 1889

Wieder naht der allwöchentliche Festumzug im globalen Dorf, das sich zu Füßen des großen Turms ausbreitet. Die Musik schwillt an, während die vietnamesischen Rikschas, die senegalesischen Reiter und die javanesischen Tempeltänzerinnen, von deren berückend-fremdartiger Schönheit die halbe Stadt träumt, am Publikum vorüberziehen. Jeden Dienstagabend wiederholt sich diese Parade, bei der sich die Kolonien der europäischen Supermächte auf dem Champ de Mars, dem Pariser Marsfeld, den Besuchern der Weltausstellung präsentieren. Das Journal zur Weltausstellung berichtet über das Spektakel, das den Reporter schaudern lässt und ihn zugleich betört: „Schließlich tritt, raumgreifend, das grüne Monster von Annam auf: ein Drache mit furchterregender Fratze, sich schlängelnd scheint er über den Köpfen zu schleichen. In der Ferne verklingt allmählich die Musik samt den spitzen Schreien der Okandas. Etwas weiter, gegen Algerien, umfloren rote und grüne Flammen die Minarette, die Kuppeln, die Türmchen. Hell, wie von Feuer erfasst, leuchtet der Palast der Kolonien. Es ist wie im Märchen."

Gewaltig sind die Dimensionen dieses vermeintlichen Märchenparks an der Seine. Die Weltausstellung präsentiert sich 1889 größer, funkelnder und selbstgewisser als jemals zuvor. Sie will die große Bühne sein, für die „Grande Nation". Auf dem Gelände wetteifern Pavillons und Hallen, Minarette und Kuppeln, exotische Kolonialshows und bodenständige Imbissbuden um die Gunst der Besucher, die mitunter kaum wissen, welchen Kontinent im Kleinformat sie soeben verlassen haben und welchen sie gleich darauf betreten werden. Beständig stellt sich für sie die Frage, welcher Sensation sie als Nächstes ihre Aufmerksamkeit schenken sollen.

Viel zu groß ist diese Messe, um das Spektakel innerhalb von wenigen Tagen in sich aufzusaugen. Weitsichtig sind die Organisatoren der Weltausstellung ans Werk gegangen. So transportieren Förderbänder und eine Kleinbahn die Besucher von einem Pavillon zum nächsten. Selbst bei den Hinweisen an den Stationen geht es international zu, man warnt die Fahrgäste in 33 Sprachen vor den Bäumen am Streckenrand: „Strecket weder Kopf noch Beine hinaus".

In diesem Jahr feiert die Französische Republik nach der blutigen Revolution von 1789 ihren hundertsten Geburtstag. Verständlicherweise wird das runde Jubiläum der rollenden Aristokratenköpfe von den europäischen Adelshäusern nicht mit Blumen und Glückwunschtelegrammen gewürdigt. Ganz im Gegenteil: Die britische Queen Victoria lässt ausrichten, sie sei *not amused*, der russische Zar ist es ebenso wenig, dem halboffiziellen Expo-Boykott schließt sich das Deutsche Kaiserreich an.

Das alles raubt dem Ganzen jedoch nicht seine Faszination. Die Massen strömen in den Palast der Schönen Künste, sie lassen sich in der nachgebauten Bastille die Revolutionsgeschichte erzählen, sie bewundern die technischen Erfindungen im Palais des Industries, wo etliche dampf- und einige benzingetriebene Wagen zu sehen sind. Und sie können gar nicht anders, als über die schier endlose Maschinenhalle zu staunen, die 420 Meter lang und 110 Meter breit ist – eine Kathedrale für all die Fortschrittsgläubigen, die sich auf der Weltausstellung einfinden.

Diese Schau macht viele Besucher fassungslos, und das Beste steht erst bevor, das redet man sich zumindest unentwegt ein. Die Welt erfindet sich täglich neu, der Optimismus auf dieser Weltausstellung scheint ungebrochen. Am Gare du Nord schnaufen die Lokomotiven, die junge Eisenbahn trägt mit dazu bei, dass die Pariser Expo zu einem Publikumserfolg wird. In der Stadt ist kaum mehr ein Hotelzimmer zu bekommen. Wer während dieses ungewöhnlich schönen Sommers nicht in Paris ist, der hat die Welt en miniature nicht gesehen, der hat etwas verpasst.

Alles an dieser Weltausstellung ist eine Frage der Perspektive. Die eindrucksvollste ist die der Vögel. Mühelos lässt sie sich erreichen, indem man für fünf Francs ein Billett löst und auf der dritten Plattform des mit 300 Metern nunmehr höchsten Gebäudes der Welt den Aufzug verlässt. Von hier oben scheint das Ausstellungsgelände ein Wimmelbild zu sein – die Maschinen, die Tempeltänzerinnen, selbst das grüne Monster von Annam, das von etlichen Schaustellern durch das Dorf der Kolonien getragen wird.

Wer auf Paris hinabsieht, der steht auf der größten Attraktion der Expo, die zugleich ihre umstrittenste ist. Muss man den Eiffelturm lieben? Man muss es nicht. Im Namen der „bisher unversehrten Schönheit von Paris“ schreiben angesehene Künstler dem Intendanten der Weltausstellung einen offenen Brief. Der Turm, dieser „gigantische Fabrikschlot“, drohe die Anmut von Notre Dame, des Invalidendoms und des Arc de Triomphe unter sich zu begraben. Und überhaupt, was solle einem an einem solchen Skelett gefallen, das seinen Stahl beinahe schamlos herzeige, das keine Fassade habe, keinen Schmuck? Nur die Knochen seien zu sehen, aber keine Haut. Der Turm löst sich von allem Traditionellen, jeder kann sehen, wie er gebaut wurde: Strebe für Strebe – was dem Betrachter hier zugemutet wird, ist ein „Triumph der nackten Tatsachen“. Wo bleibt da die Romantik?

Das Großprojekt Eiffelturm spaltet die französische Öffentlichkeit. Wie in einem Schwarm schwimmen viele Intellektuelle gegen den Strom der Zeit. Über Geschmack lässt sich lustvoll streiten, schon bald müssen die patriotischen Ästheten einsehen, dass sie eine Minderheitenmeinung vertreten, der Turm macht auch im Ausland gewaltig Eindruck: In London gründet sich eine Gesellschaft, die im Stadtteil Kensington einen Turm nach dem Vorbild des Eiffelturms errichten lassen will. Man lobt Preise für die besten Pläne aus, man will hoch hinaus: 1250 Fuß. In diesem Plan schwingt britischer Respekt mit, aber auch eine unterschwellige Botschaft: Das Empire ist nicht gewillt, diesen himmelstürmenden Franzosen klein beizugeben.

In Paris geht es unterdessen nicht nur um Gefühle, es geht auch um Geschäfte. Die Weltausstellung brummt und summt, in sechs Monaten zählen die Veranstalter mehr als 32 Millionen Besucher, die 61 722 Aussteller aus 54 Nationen und 17 französischen Kolonien sehen. Theoretisch. Praktisch ist das nicht zu schaffen, die Besucher laufen stets Gefahr, Erstaunliches zu sehen, aber eine Ecke weiter etwas noch Unglaublicheres zu verpassen.

Viele von ihnen befriedigen nur ihre Neugier, andere kommen mit Hintergedanken. Die europäischen Königshäuser entsenden geheime Abgesandte. Dabei sein will man nicht, versäumen will man auch nichts. Erfinder sehen sich auf dem Markt der Ideen um, weil sie nicht den Anschluss verlieren wollen. Genau wie vor knapp 30 Jahren, als der Moteur Lenoir mit seiner revolutionären Technik Interessenten aus ganz Europa nach Paris lockte, spielt auch bei dieser Messe die Industriespionage eine Rolle. Überhaupt versammeln sich in Paris all die Techniker und Ingenieure, die sich schon immer auf der Überholspur in Richtung Zukunft wähnten.

Völlig ausgeschlossen also, dass Gottlieb Daimler und Wilhelm Maybach diese Schau der Superlative verpassen. Man hat ja auch etwas vorzuweisen. Drei Jahre sind vergangen, seit dem Duo erst beim Benzinmotor der Durchbruch gelungen war und sie anschließend mit dessen Hilfe Boote, Kutschen und Flugobjekte angetrieben hatten. Mit der Motorkutsche haben sie einen Coup gelandet. Doch das staunende Publikum, aus dem nun zahlende Kundschaft werden soll, verlangt nach Neuem, Besserem und Schnellerem.

Deshalb brannte im Vorfeld der Weltausstellung mehr als 600 Kilometer nordöstlich von Paris abends lange Licht in der Cannstatter Werkstatt. Rein äußerlich steckte die Motorkutsche tief im Morast des Altbekannten aus dem frühen 19. Jahrhundert. Zweckmäßig schien Daimler jener Wagen, den er beim königlichen Hofkutschenbauer Wilhelm Wimpff anfertigen ließ und dem man auf den ersten Blick ansah, für welchen Zweck er gebaut worden war: um von Pferden gezogen zu werden. Das Publikum vor der eigenen Haustür ließ sich damit beeindrucken, aber im Alltag und auf den Straßen erwies sich das Pionierautomobil als schwach auf der Brust. Daimler und Maybach entwickelten den Einzylinder- zum Zweizylindermotor weiter, aber auch die Karosserie musste generalüberholt werden. Wilhelm Maybach drängte auf „eine bessere mechanische Ausführung in Form eines Vierrades mit Stahlgestell und Lenkung beider Vorderräder nach Art der Fahrräder".

Während die Eröffnung der Weltausstellung näher rückte, wurde die rechtzeitige Fertigstellung ihres neuen Automobils zu einem Kampf gegen die Zeit. Der zweite „Daimler" entstand zunächst in Detailarbeit am Reißbrett, die größte Last dieser Arbeit ruhte auf den Schultern von Wilhelm Maybach. Zum Jahreswechsel 1888/89 fertigte er eine Zeichnung an, die im Vergleich zum ersten Daimler-Automobil einer Revolution gleichkam. Diese Zeichnung wurde zur Grundlage für einen Wagen, der sich optisch und technisch von der Pferdekutsche löst. Am 2. Januar 1889 setzte Wilhelm Maybach das Datum unter seine Konstruktionszeichnung. Es war die Geburtsstunde des Stahlradwagens.

Im neuen Automobil verschmolzen das Fahrgestell und der Motor zu einer Einheit: Stahlrohre, in denen nun auch das Kühlwasser floss, bildeten den Rahmen des Fahrgestells. Der Motor ermöglichte Geschwindigkeiten zwischen viereinhalb und 17 Stundenkilometern. Genau wie bei ihrem ersten Automobil waren die Cannstatter Ingenieure bei der Herstellung des Wagens auf fremde Hilfe angewiesen. Das Fahrgestell gaben sie diesmal nicht bei einem Handwerker in Auftrag, sondern bei der Neckarsulmer Strickmaschinenfabrik. Nicht die Genialität der Tüftler im stillen Kämmerlein führte sie dabei zum Ziel – Daimler und Maybach nutzten ihr Netzwerk, sie vergaben Aufträge nach außen. Die Bremstrommel des Stahlradwagens wurde am linken Hinterrad montiert, der Fahrer konnte sie mit einem Hebel vom Fahrersitz aus bedienen. Die Vorderräder des Gefährts waren einzeln in drehbaren Gabeln gelagert. Diese Idee stammte nicht von den Autopionieren dieser Jahre – die Idee stammte aus dem Fahrradbau. Trotz aller Anstrengungen wurde der Stahlradwagen nicht rechtzeitig fertig. Zumindest nicht, um in den Ausstellungskatalog aufgenommen zu werden, der in Paris für die Weltausstellung gedruckt wurde. Daimler und Maybach fehlte ein entscheidendes Detail.

Als am 18. Juni 1889 endlich das französische Patent für den Stahlradwagen erteilt wird, ist der Weg an die Seine für die beiden schwäbischen Erfinder frei. Gottlieb Daimler, inzwischen 55 Jahre alt, ist vorsichtig geworden – schmerzlich hat er den Unterschied zwischen „sich im Recht fühlen“ und „vor Gericht recht bekommen“ kennengelernt. Für seinen schnelllaufenden Motor hat er binnen weniger Jahre 68 Patente in 16 Ländern angemeldet. Sie sollen einen Schutzwall bilden, der sein geistiges Eigentum vor dem Zugriff anderer Konstrukteure und Unternehmer sichert.

Während die Vorbereitungen für den großen Auftritt des Stahlradwagens in Paris auf Hochtouren laufen, ereilt Gottlieb Daimler ein privater Schicksalsschlag. Am 23. Juli stirbt seine Frau Emma an den Folgen ihrer langjährigen Herzerkrankung, die sie immer mehr ausgezehrt hatte. Emma war der ruhende Pol in seinem Leben gewesen. Seine Frau stand an seiner Seite, während gierige Geier über seinem Lebenswerk kreisten – so empfindet es Gottlieb Daimler zumindest. Als er über den Auseinandersetzungen in Köln-Deutz nicht nur seine Führungsposition einbüßte, sondern auch Freunde verlor, war die Familie seine Zuflucht. Emmas Tod erschüttert ihn, aber es bleibt Gottlieb Daimler wenig Zeit, um zu trauern. Die Arbeit beherrscht ihn, die Mühle mahlt unerbittlich – für den neuen Daimlerwagen wird die Weltausstellung in Paris zur Nagelprobe.

In Frankreich wittern die Motoren- und Wagenbauer jenes große Geschäft, das ihnen in ihrer Heimat bisher versagt geblieben ist. An der Seine des Jahres 1889 wird das Fell des Bären verteilt. Noch steckt der motorisierte Individualverkehr in den Kinderschuhen, während die Eisenbahn längst erwachsen geworden ist. Wer jetzt in Frankreich mit seinem Automobil überzeugen kann, der hat die besten Chancen, mit seinen Wagen künftig in die Gewinnzone zu fahren. Das weiß auch Carl Benz, der in Paris seinen Dreiradwagen präsentiert, nachdem er in Mannheim trotz frustrierender Resonanz nicht aufgegeben hatte. Seinen Wagen, so Benz, fasse man als Spielerei auf, nur wenige vertrauten der Zukunft so wie er selbst. Den meisten Menschen würde es nicht im Traum einfallen, auf ihre vornehmen Pferdefuhrwerke zu verzichten und ein so unzuverlässiges, armseliges, puffendes und ratterndes eisernes Fahrzeug zu benutzen. Man sage ihm oft, dass er sich mit dieser verrückten Idee ruinieren werde. Wenn Carl Benz den Preis für eines seiner Fahrzeuge nennt – es sind einige Tausend Mark – reagieren die meisten erheitert oder entsetzt. Später wird sich Carl Benz an den Kaltstart seiner Automobilproduktion erinnern: Sein „Kind" habe „zunächst nur in der Heimat eine verständnislose Fremde, in der französischen Fremde dagegen eine sonnige Heimat von fruchtbarster Bodenständigkeit gefunden". Benz erster wichtiger Kunde war zwei Jahre vor der Weltausstellung ein Herr namens Émile Roger aus Paris gewesen.

Im Palais des Industries kommt es nicht zur zwischen Daimler und Benz zum Duell um die Aufmerksamkeit von Laufkundschaft und französischen Vertriebspartnern. Die Entwicklung im Motorenbau verläuft stürmisch, noch ist nicht abzusehen, welche Modelle sich durchsetzen werden. Allein 60 Gas- und Benzinmotoren sind ausgestellt, darunter etliche Modelle „made in Germany": mehrere Otto-Viertakt-Gasmotoren, ein Otto-Benzinmotor, ein Benz-Zweitakt-Gasmotor sowie ein Benz- und drei Daimler-Fahrzeugmotoren. Der Markt wird größer, der Wettbewerb verschärft sich – genauso wie im Wagenbau, wo sich nun die Frage stellt, ob das benzsche Dreirad- oder das daimlersche Vierradmodell dem Publikum besser gefällt.

Gottlieb Daimler bewegt sich in Frankreich mit derselben Selbstverständlichkeit wie in seiner schwäbischen Heimat. Das Nachbarland ist ihm seit seinen Lehrjahren im Elsass vertraut, auch als er in Deutz Direktor der Motorenfabrik war, pflegte er die Kontakte. Das zahlt sich jetzt für ihn aus: In Paris trifft er auf Madame Sarrazin, die Witwe seines früheren französischen Geschäftspartners aus Deutzer Tagen und auf den Automobilkonstrukteur Émile Levassor. Daimler entflieht mit den beiden dem Ausstellungsrummel: Für seine Motorboote hat der Cannstatter Ingenieur an der Seine eigens eine Anlegestelle bauen lassen – so wiederholt sich in den Herbsttagen des Jahres 1889 öfter eine gemeinsame Ausfahrt von Gottlieb Daimler, Frau Sarrazin und Herrn Levassor.

Anders als vor wenigen Jahren bei der Jungfernfahrt seines Motorboots auf dem Neckar, bleibt diese Ausfahrt für das an Spektakel gewöhnte Pariser Publikum nur eine Randnotiz. Immer wieder drängt sich für die deutsch-französische Bootsgesellschaft die Stahlkonstruktion des Eiffelturms ins Bild. Der Turm, der zwar den Namen von Gustave Eiffel trägt, aber von dessen Schweizer Ingenieur Maurice Koechlin entworfen wurde, ist das Resultat mühevollster Zeichenarbeit. Am Anfang war das Papier. So entstand der Eiffelturm aus 1700 Gesamtplänen und 3629 Detailzeichnungen, die nicht weniger als 18 038 Bauteile beschrieben. Der Turm ist eine Reißbrettgeburt, genau wie Gottlieb Daimlers neuer Stahlwagen am Reißbrett entworfen, verändert und in seiner endgültigen Form gezeichnet wurde – lange bevor er erstmals auf einer Straße fuhr.

Der Eiffelturm, der Stahlradwagen und der Herculeskäfer, den Gottlieb Daimler als Kind sorgsam auf ein Blatt Papier gebannt hat – alles fußt auf einem Bauplan. Und in allem steckt ein Geist, der aus der Summe der Einzelteile etwas entstehen lässt: ein Gesamtkunstwerk.

An Bord des Motorboots vermischen sich Geschäftliches und Privates. Frau Sarrazin war bereits im Winter 1888 nach Cannstatt gereist und hatte sich dabei mit Daimler auf eine Zusammenarbeit verständigt. Doch würde der brandneue Stahlradwagen sich wirklich eignen und den französischen Geschmack treffen? Auf den Straßen der Hauptstadt wird das Gefährt einem Praxistest unterzogen. Inzwischen ist auch Wilhelm Maybach nach Paris angereist, Gottlieb Daimler will nichts dem Zufall überlassen. Für den 29. Oktober 1889, die Weltausstellung wird in zwei Tagen ihre Tore schließen, sind in Maybachs Tagebuch zwei Testfahrten vermerkt: Zunächst fährt er mit einem Herrn Virot auf der Avenue de la Grande Armée entlang, wo Madame Sarrazin praktischerweise wohnt. Anschließend steigt ein wichtiger Ingenieur der Firma Peugeot in den Wagen. Bei den Testfahrten verwandelt sich der Wagen in eine Familienkutsche, als nicht nur Madame Sarrazin und Monsieur Levassor Platz nehmen – auch Jeanne, René und Henri, die Kinder von Madame Sarrazin, dürfen ihre Heimatstadt vom Automobil aus sehen.

Der Stahlradwagen besteht seine Feuertaufe. Selbst auf holprigem Boden schmiegt er sich auf bemerkenswerte Weise dem Untergrund an, während aus Verdampfungskugeln überschüssiger Wasserdampf ins Freie entweicht. Bei den Fahrten steigt die Kühlwassertemperatur kaum über 50 Grad. Noch ein anderes Detail spricht für das Gefährt: Dank seinem Gesamtgewicht von 298 Kilo rollt es als Leichtgewicht über die Straßen.

Knapp drei Jahrzehnte, nachdem der Moteur Lenoir in Paris ausgestellt wurde und in Fachkreisen als Maß aller Dinge galt, ist die neueste technische Errungenschaft wieder in Paris zu besichtigen. Doch diesmal ist der Fortschritt aus Sicht der Franzosen keine Eigenleistung, sondern ein Import aus Deutschland. Er ist nicht nur mit dem Namen Gottlieb Daimler verknüpft: Bevor sich Émile Levassor für ein Automobil entscheidet, will er wissen, was der Dreiradwagen des Mannheimers Carl Benz zu leisten vermag. Auf den Straßen rund um die Fabrik an der Porte d'Ivry unternehmen Levassor und Benz eine Testfahrt. Dabei interessiert den Franzosen weniger das Fahrgestell der beiden miteinander konkurrierenden Automobile – Levassor geht es vor allem um die Leistungsfähigkeit des Motors.

Das gibt schließlich den Ausschlag – für eine Zusammenarbeit mit Daimler und Maybach. Levassor, Mitinhaber der Firma Panhard & Levassor, behält den Stahlradwagen als Muster in Paris. In den Katalog der Weltausstellung hat es Daimler nicht mehr geschafft, dafür taucht er bald in einem Kundenkatalog von Panhard & Levassor auf, der mit deutscher Wertarbeit wirbt: „Die Daimler-Benzin-Motoren eignen sich vorzüglich zum Antrieb von Fahrzeugen: Ihr geringes Gewicht, ihre Einfachheit, der Fortfall von Kesseln und Kohlen geben ihnen den Vorrang gegenüber Dampfmotoren, die bekanntlich große Sorgsamkeit und Bedienung erfordern."

Aber mit solch nüchtern-schnöden Beschreibungen sind die Käufer nicht zu locken. Die Menschen wollen verführt werden: Und wo sonst als an der Seine könnte dies gelingen?

Paris ist spätestens seit der Mitte des 19. Jahrhunderts auch ein Pilotprojekt für den Massenkonsum. Käufer aller Klassen vereinigt euch! Dafür steht die Metropole wie keine andere Stadt, spätestens seit 1852 das Warenhaus Bon Marché eröffnete und den gewöhnlichen Einkauf in ein Erlebnis verwandelte. Das Bon Marché wird zu einem frühen Tempel des Konsums, in dem sich die Damen über großzügig bemessene Treppen oder neuartige Fahrstühle von einem Stockwerk in das nächste begeben, umsorgt von Verkäuferinnen, die bereit sind, ihnen jederzeit alles zu zeigen.

In den Warenhäusern besteht kein Kaufzwang, aber der Gang durch die Glitzerwelten des guten Geschmacks animiert und verführt in jeder Abteilung – das Einkaufserlebnis zielt mitten ins Lustzentrum. Als das Bon Marché angesichts des Erfolgs zu klein wird, plant die Geschäftsleitung einen Erweiterungsbau. Sie beauftragt einen der fähigsten Architekten der Stadt: Gustave Eiffel. Doch die Konkurrenz schläft nicht und punktet mit einer cleveren Idee. Das La Samaritaine bietet Kredite an, damit Kunden ihre Wünsche sofort erfüllt werden können. Kaufe jetzt, zahle später! Shopping auf Pump.

Das verschafft den feinen Damen der neuen Mittelschicht Plaisir, und Vergnügen ist in Paris an vielen Ecken zu haben. Auch im Vorort Neuilly, wo während der Weltausstellung der Topstar eines weltweit operierenden Wild-West-Wanderzirkusses zu Gast ist – der amerikanische Oberst Cody, besser bekannt als Buffalo Bill. Während die amerikanische Armee daheim mit brutaler Härte gegen die Indianer vorgeht, berauscht sich Europa an einer Folkloreshow. In Neuilly staunt das Publikum über 150 Pferde, 20 Büffel sowie 200 Indianer, Cowboys und Cowgirls.

Es geht auch weniger exotisch. Montmartre hat sich schon vor der Weltausstellung zu einem Zentrum der abendlichen Vergnügungskultur entwickelt. Die Expo und der anschwellende Touristenstrom geben dem Viertel noch einmal einen Schub – all die Cafés, all die Varietés, all die Theater! Jenseits der Nationenpavillons, Industriepaläste und der anderen Kunstwelten auf dem Champ de Mars suchen die Besucher der Stadt in Montmartre nach der Seele von Paris. Damit lässt sich wunderbar Geld verdienen. So denkt auch der Geschäftsmann Joseph Oller, der während der Weltausstellung das „Moulin Rouge“ eröffnet.

Bereits der Auftakt ist denkwürdig: Beim Bal du Moulin Rouge beeindrucken der Schlangenmensch Valentin de Desosse und die Cancantänzerin Louise Weber das Publikum in der roten Mühle. Das Treiben fasziniert und inspiriert, auch den Maler Henri de Toulouse-Lautrec, dessen Plakate für das Moulin Rouge weltberühmt werden.

Die Pariser Mischung aus gestiegener Kaufkraft und Kauflust einer wachsenden Mittelschicht bildet einen idealen Nährboden für den Erfolg des Automobils. Während die Heimat von Carl Benz und Gottlieb Daimler im Dornröschenschlaf liegt, wittern französische Investoren das große Geschäft. Sie denken über Kunden und Absatzmärkte nach. Und über Marketing. Die Vorstellung, dass das Auto mehr als ein Spielzeug sein könnte, setzt sich bei immer mehr Kaufleuten durch. Viel später wird Carl Benz in seinen Lebenserinnerungen an die Zeit der Weltausstellung zurückdenken, als französische Techniker, „beherrscht und hingerissen von der Zukunftsmacht des neuen Ideals, … mit dem auflodernden Feuer romanischer Begeisterung den deutschen Wagen“ aufgriffen. Entfacht wird dieses Feuer jedoch nicht aus Ehrfurcht vor der technischen Spitzenleistung der Deutschen. Es ist vielmehr „das machtvoll und bedingungslos mobilisierte Großkapital Frankreichs, das die Flammen in die Höhe und in die Breite schießen“ lässt.

So verliebt Daimler und Benz darin sind, technische Apparate zu entwickeln und für Konstruktionsprobleme Lösungen zu finden, so verliebt sind die Franzosen in die Idee, aus eben jenen Apparaten Kapital zu schlagen. Während die beiden Deutschen vor der Weltausstellung 1889 ihre Wundermobile Industriellen und Ingenieuren präsentierten – und damit im exklusiven Fachkreis unter sich blieben – denken die Franzosen in eine andere Richtung. Dem Automobil fehlt ein entscheidender Treibstoff, um genauso begehrt zu werden, wie das Porzellan und die neueste Mode in den Warenhäusern: Dieser Treibstoff ist ein neues Lebensgefühl. Das Automobil muss Teil des modernen Lifestyle werden. Erst wenn es von vielen Menschen begehrt wird, kann es einen Massenmarkt erobern. Die Menschen müssen begreifen, dass sie mit einem Automobil die Landschaft neu erfahren können, dass das Automobil Freiheit bietet und irgendwann auch ungeahnte Geschwindigkeit.

Doch die Weltausstellung weist den Autobauern Nebenrollen zu. Nur wenige sind so hellsichtig wie ein französischer Journalist, der erkennt, dass „sich in diesem verlorenen Winkel des Weltjahrmarktes der Keim der technischen Revolution von heute befindet".

Kurz nachdem Gottlieb Daimler in diesem Spätherbst 1889 Paris wieder gen Cannstatt verlassen hat, werfen seine französischen Partner bereits die Marketingmaschine an: Sie beschwören die Vorzüge des Automobils auf Werbeplakaten, sie laden Journalisten zu Probefahrten ein und stellen die neuen Wagen in die elegantesten Schauräume entlang der Prachtboulevards. In Frankreich finden Korsos statt und Autosalons eröffnen, binnen kurzer Zeit steigt das Automobil zu einem der Topgesprächsthemen der Pariser Gesellschaft auf. Genau wie geplant. Man unterhält sich, findet das Gefährt abwegig oder zukunftsweisend, gefährlich oder genial. Nach all den Diskussionen blickt mancher Herr irgendwann in den eigenen Geldbeutel und fragt sich, womöglich fein geleitet durch die Einflüsterungen einer Dame: Kann ich mir dieses Automobil leisten?

Das „mobilisierte Großkapital" Frankreichs weiß nicht nur, auf welches Pferd es setzt, es vermarktet das neue Automobil hoch professionell: Wer ein Auto fährt, der ist bedingungslos modern, der fährt mit der Zeit, der gehört zu einem Zirkel von Reichen, Schönen und Trendsettern, die das Leben genießen. Die Menschen sollen von diesen Automobilen träumen, es werden Wünsche geweckt, Hoffnungen und Sehnsüchte.

Die französischen Pionierfirmen im Automobilbau sind neben Panhard & Levassor auch Peugeot und De Dion. Die meisten Firmen besitzen Erfahrungen im Bau leichter Fahrzeuge, Peugeot ist als Fahrradbauer groß geworden und setzt nun immer mehr auf das Automobil. Schon ein Jahr nach der Weltausstellung wird Peugeot einen eigenen Kraftwagen bauen, der von einem Daimlermotor angetrieben wird. Im Katalog von Panhard & Levassor erfährt die geneigte Kundschaft, was das Fahrvergnügen kostet. Der Preis für einen 1-PS-Stahlradwagen mit zwei Plätzen beläuft sich auf 3300 Francs, bei einem Gesamtgewicht von 230 Kilo. Für die doppelte Zahl an Pferdestärken und vier Sitzplätze müssen die Kunden 4600 Francs zahlen. Die Franzosen schauen bei der Markteinführung des Automobils nicht nur auf die Technik, sie haben auch die unterschiedliche Finanzkraft ihrer Käufer im Blick: „Unter diesen Bedingungen sind bei einem Stahlradwagen von 1 PS und zwei Plätzen die Kosten für den Benzinverbrauch drei Centime je Kilometer."

Die Sache mit dem Automobil kommt in Frankreich ins Rollen, dennoch sind Daimler und Benz nur kleine deutsche Würstchen im Vergleich zum amerikanischen Technikpopstar, der sich 1889 in Paris die Ehre gibt: Thomas Alva Edison, der Zauberer von Menlo Park. Auf der Expo präsentiert Edison ein „Best of" seiner Erfindungen: die Kohlefadenglühlampe, den dampfgetriebenen Elektrodynamo und den Phonographen. Die Elektrizität elektrisiert die Massen. Überall.

Der Phonograph in Stuttgart – Herbst 1889

Kaum eine Notiz findet sich in den Stuttgarter Zeitungen über das nahende Ende der Weltausstellung, nicht einmal ein lokalpatriotisch gefärbter Bericht über Gottlieb Daimlers Gastauftritt auf der Weltausstellung. Am 29. Oktober 1889, während Gottlieb Daimler und Wilhelm Maybach auf den Boulevards von Paris die entscheidenden Testfahrten unternehmen, hat das *Neue Tagblatt* andere Neuigkeiten zu vermelden: „Der Phonograph, der Held des Tages, dürfte heute Mittwoch in Stuttgart eintreffen." Der Apparat solle umgehend im Königsbau ausgestellt werden, man rechne mit großem Publikumsandrang, ein Sachverständiger im Professorenrang werde bereitstehen, um alle Fragen zur Maschine zu beantworten.

Kurz darauf ist der Herr Professor schon zugegen, zur Premiere sind handverlesene Gäste eingetroffen. Ein Journalist des *Neuen Tagblatts* ist ebenfalls eingeladen, er ringt darum, seine Leser mit dem Unbekannten vertraut zu machen: „Man stelle sich eine größere Spieldose vor, etwa in der Größe einer Handnähmaschine, so sieht das Wunderding aus, nur liegen vor und neben ihm auf dem Tisch sieben Paar dünne Kautschukschläuche mit feinen Henkeln am Ende, die setzt man sich ins Ohr." Der Professor, so der Augenzeuge, versucht zu erklären, wie es dem Apparat gelingt, mitten im Königsbau Klänge von Saiten- und Blasinstrumenten wiederzugeben, wo doch offensichtlich nirgends solche Instrumente zugegen sind. Doch das Publikum interessiert sich kaum für seine Erklärungen, man will dem Phonographen zuhören, nicht dem Professor.

Den Glücklichen unter den Premierengästen hängen alsbald die Kautschukröhren aus den Ohren. Doch es erklingt nicht etwa eine amerikanische Hymne, aus dem Edison-Apparat dringt zur Freude der Zuhörer ein schwäbisches Volkslied: „Mei Mueter mag mi net." Die ersten Töne dröhnen „ungebührlich laut hervor", der Rest aber ist Staunen: Klarinetten- und Trompetentöne, Beifall und schließlich ein- und mehrstimmig die „Laute der Menschenkehle". Der Chronist feiert diese „Edison'sche Kunst" als einen Triumph der Wissenschaft. Nebenbei räumt er ein, dass dieser „geisterhaft überraschende" Phonograph zugleich ein „allerliebstes Spielzeug" sei. „Man hört die Töne und Laute genau wie beim Telephon, also gedämpft, aus der Ferne, gleichsam durch einen Schleier."

Während in Stuttgart Wunderdinge und Geister beschworen werden, tagen in Berlin die Experten. Unter den zahlreich erschienenen Mitgliedern des Elektrotechnischen Vereins erstarrt keiner in Ehrfurcht vor den elektrischen Apparaten. Hier nähern sich die Herren wissenschaftlich und mit politischem Hintersinn der Materie; der Ehrenpräsident des Vereins ist Staatssekretär und schmückt sich mit einem Adelstitel. In illustrer Runde resümieren die Herren die Entwicklungen in der Elektrotechnik, die jüngsten Zahlen sind beeindruckend. In Deutschland verfügten inzwischen 200 Städte über allgemeine Fernsprechanlagen, an diese seien rund 39 000 Abonnenten angeschlossen. Allein in Berlin besäßen mehr als 11 000 Menschen ein Telefon, in Hamburg seien es knapp 5000. „Das Fernsprechwesen hat Riesenschritte gemacht." Auf dem Land gehe es hingegen noch recht still zu. Es sei jedoch ein Zeichen für die fortschrittliche Gesinnung im Reich, dass man nun sogar von einer benachbarten Stadt in die nächste telefonieren könne, es gebe bereits 79 Fernsprechanlagen.

Im gleichen Maß breite sich die elektrische Beleuchtung in den Städten aus, in Darmstadt, Lübeck und Nürnberg seien eben neue Zentralstationen eröffnet worden, Berlin weihe bald seine dritte ein, die vierte sei bereits im Bau. Doch die Elektrizität hat ihren Preis, eine Stadt muss sie sich leisten können. Mit der elektrischen Beleuchtung Londons, zunächst der City, scheint es ernst zu werden. Zunächst sollen jedoch nur die Hauptstraßen elektrisch beleuchtet werden, dazu müssen 395 elektrische Bogenlampen angeschafft werden, deren Kosten jährlich auf 10 000 Pfund Sterling veranschlagt werden. Das sei immerhin doppelt so teuer wie der Betrieb der noch im Gebrauch befindlichen Gaslampen. Im Übrigen müsse die Frage erlaubt sein, warum in Paris die beiden Konkurrenzsysteme ungefähr gleich teuer seien, in London jedoch nicht?

Hitzig ringt man um den Preis des Fortschritts. Die Helligkeit in den Städten sei nicht notwendigerweise mit hellen Köpfen in denselben verbunden, heißt es. Manchmal gelingt es auch Spottdrosseln, sich in der öffentlichen Debatte Gehör zu verschaffen. So könne niemand daran zweifeln, dass die billigste Beleuchtung überhaupt auf der Insel Kuba zu finden sei, erfahren die Leser des *Tagblatts*. Dort lebe ein Tier namens Korujo, ein leuchtendes Insekt. Wenn man mehrere Dutzend dieser Tiere in einem Glaskäfig einschließe, so strahlten diese so viel Licht von glänzend grüner Farbe aus, dass man bequem dabei lesen könne. Kronzeuge dafür sei der Autor Joseph von Trinidad, der mehrere seiner Werke bei eben jener Beleuchtung geschrieben habe. Diese lebenden Leuchtkörper könnten mühelos drei Monate lang am Leben erhalten werden, wenn man ihnen nur ihre Lieblingsnahrung zu fressen gebe: ein Stück Zuckerrohr ohne Schale.

Mit ihrer Lebensdauer von mehr als 2100 Stunden schlagen die Tiere die edisonsche Kohlefadenglühlampe, die auf eine mittlere Lebensdauer von 800 bis 1000 Brennstunden kommt. „Nicht jede Lampe wird so alt“, schreibt der Autor einer Fachpublikation, „manch eine stirbt als Säugling oder in den blühenden Jahren ihrer Jugend; es gibt aber auch Jubelgreise, die auf an die 2000 und 3000 Stunden kommen.“

Robert Bosch kann höchstens davon träumen, dass einmal ein Apparat untrennbar mit seinem eigenen Namen verbunden sein wird. Sein Betrieb existiert seit zwei Jahren, es geht ums nackte Überleben. Auch seine Familie hat Bedürfnisse, sie hat sich seit seiner Heirat mit Anna vergrößert: Zuerst kam 1888 Margarete auf die Welt, in diesem Jahr kommt mit Paula ein weiteres Mädchen hinzu – die Boschs sind bereits zu viert. Der Familie soll es an nichts fehlen, wenn der Vater schon – abgesehen vom Sonntag – so lange im Betrieb arbeitet. Genau wie er selbst tragen seine Frau und seine Kinder wollene Kleidung, ganz nach den Empfehlungen des Lebensreformers Gustav Jäger. Große und kleine Füße stecken in Maßschuhen, und was Leib und Seele zusammenhält, darf auch etwas kosten: Robert Bosch schätzt Saure Nierle.

Es kümmert den jungen Familienvater nicht, dass ihn manche Bürger mit einem abschätzigen Seitenblick bedenken, wenn er mit Wollmantel und dunklem Zimmermannshut in der Stadt unterwegs ist. Konventionen sind in seinen Augen für diejenigen gemacht, die so schwach sind, dass sie sich an ihnen festhalten müssen. Seine Neugier für Neues verbindet sich im Charakter von Robert Bosch mit seiner Leidenschaft für die Natur. Dies gibt seinem Leben einen eigenen Kompass, nach dem er sich ausrichtet.

Im Winter ist er des Öfteren auf den Hügeln rund um Stuttgart oder auf den Anhöhen der Schwäbischen Alb anzutreffen. Dort stapft er nur wenigen Menschen über den Weg. Robert Bosch trägt Schneeschuhe, dank derer er in Naturgebiete vorstößt, die allen anderen im Winter versperrt bleiben. Mitunter trifft er Bauern in den weiten Schneelandschaften. Es ist nicht überliefert, was diese über den in Wolle gepackten Stadtmenschen gedacht haben – aber er muss ihnen fremd vorgekommen sein: Robert Seltsam, der es lernte, den Schnee zu lieben.

Schülerhafte Experimente – 1890

Der Motorenbau „made in Bad Cannstatt“ steuert nur wenige Monate nach dem Neustart im November 1890 in eine Sackgasse. Es knirscht unüberhörbar in der jungen Geschäftsbeziehung der beiden Konstrukteure Gottlieb Daimler und Wilhelm Maybach auf der einen sowie ihrer Finanziers Max Duttenhofer und Wilhelm Lorenz auf der anderen Seite. Max Duttenhofer, der Leiter der Rottweiler Pulverfabriken, sowie Wilhelm Lorenz, der Gründer der Deutschen Metallpatronenfabrik, hatten frisches Geld in die neu gegründete Daimler-Motoren-Gesellschaft (DMG) mit eingebracht. Als graue Eminenz steht der einflussreiche Kilian Steiner hinter den beiden, der Direktor der Württembergischen Vereinsbank. Gottlieb Daimler braucht seine Partner, weil er seine Firma auf dem Cannstatter Seelberg professioneller aufstellen will: Die handwerkliche Einzelanfertigung soll einer modernen Serienproduktion weichen. Dafür muss er investieren, aber es fehlt ihm das Kapital. So kommen Duttenhofer und Lorenz ins Spiel. Doch in der Zusammenarbeit entdeckt Gottlieb Daimler bald eine Fehlzündung: Er sieht sich im vertrackten Vertragswerk von Kaufleuten über den Tisch gezogen, die vom eigentlichen Geschäft wenig verstehen – von *seinem* Geschäft. Gottlieb Daimlers Notizen zu dieser unglückseligen Partnerschaft verraten viel über die Startprobleme des Unternehmens – sie verraten aber noch mehr über seinen Charakter. Max Duttenhofer und der Bankier Kilian Steiner seien Menschen, die „in souveräner Unterschätzung meiner eigenen Arbeit und nur das eigene Kapital gelten lassend, sofort die Gewalt an sich zu reißen begannen, kostspielige und unzweckmäßige Bauten ausführten, in schülerhafter Weise experimentierten, ein ganzes Heer von persönlichen Günstlingen mit hohen Gehältern, absoluter Geschäftsuntüchtigkeit … Schulden machen ließen, die in gar keinem Verhältnis zum Aktienkapital und zu dem Zwecke eines auf stetige Weiterentwicklung berechneten Unternehmens standen".

Diese atemlos in viele Zeilen gepresste Empörung ist typisch für den älteren Gottlieb Daimler, dem es auf der Führungsebene immer schwerer fällt, nur einer von mehreren zu sein. In Cannstatt leidet er unter Kölner Verhältnissen: Nach dem Problemfall Nikolaus Otto belastet ihn nun der Problemfall Duttenhofer–Lorenz. Dass es zwischen dem Erfinder-Unternehmer Gottlieb Daimler und seinen Kapitalgebern scheppert, ist kein Einzelfall in der Geschichte der Industrialisierung – Konstrukteure und ihre Finanziers verfolgen oft unterschiedliche Ziele, denken anders, handeln anders: Gottlieb Daimler will den schnelllaufenden Motor perfektionieren, bis er serienreif ist, und ihn dann in Fahrzeuge aller Art einbauen. Nach seiner Reise zur Weltausstellung in Paris denkt er vor allem an das Automobil als Spielzeug der Franzosen. Max Duttenhofer und Wilhelm Lorenz betrachten die Absatzchancen dieser modernen und unausgereiften Technik skeptisch. Sie wollen mit den bewährten stationären Motoren Kasse machen.

Die Aktiengesellschaft, in der sich die neuen Cannstatter Machtverhältnisse offenbaren, bleibt für Gottlieb Daimler ein fremdes Konstrukt, an dem er sich reibt und in dessen undurchsichtigen Verflechtungen er sich zu verlieren droht. Technisch steht Gottlieb Daimler an der Spitze seiner Zeit, doch in der Finanzwelt fühlt er sich unwohl. In den 1880er- und 1890er-Jahren werden die Konturen jenes Bildes schärfer, welches das Unternehmen der Zukunft zeigt: Es entstehen multinationale Konzerne, die ihre Produkte weltweit vermarkten. Sie wachsen als anonyme Kapitalgesellschaften, die von angestellten Managern gesteuert werden. Menschen aus aller Welt erkennen bald nicht nur Opernstars, Könige, Präsidenten und Erfinder wieder – sie erkennen auch die Markenzeichen von Unternehmen. Ein Stern wird

Mit der nach ihm benannten Motorenfabrik hadert Daimler schon kurz nach deren Gründung.

aufgehen. Genau, wie es Gottlieb Daimler damals in Köln-Deutz seiner Familie auf einer Postkarte geschrieben hat.

Aber wie kann das gemeinsame Unternehmen mit den Kapitalisten Duttenhofer und Lorenz unter diesen schwierigen Voraussetzungen erfolgreich sein? Gottlieb Daimler sieht die beiden nicht mehr an seiner Seite – er ist überzeugt davon, dass sie hinter seinem Rücken arbeiten. Im Grundsatzstreit der Unternehmensphilosophien wurzelt der frühe Misserfolg der Daimler-Motoren-Gesellschaft. Laut dem zwischen Duttenhofer, Lorenz und Daimler abgeschlossenen Vertrag, verpflichten sich die Erstgenannten zwar, ihre Zweidrittelmehrheit „in allen erheblichen Fragen“ nicht gegen Daimler zu verwenden. Doch Gottlieb Daimler macht die Erfahrung, dass er stets überstimmt wird. Infolgedessen sieht er das Unternehmen, das seinen Namen trägt, bald nicht mehr als das seine an. Die wirtschaftlichen Folgen für die Firma sind verheerend.

Es ist schwierig genug, Käufer für die Motoren zu finden. Um das Jahr 1890 existiert weder ein eingeführter Markt für Fahrzeuge noch eine Automobilindustrie. Nur in Frankreich und Deutschland tüfteln Betriebe von nennenswerter Größe an Motoren für zwei-, drei- oder vierrädrige Fahrzeuge. In Deutschland mischen die Gasmotorenfabrik Deutz, die Benz & Cie., Rheinische Gasmotorenfabrik in Mannheim und Daimlers Fabrik auf dem Seelberg in dem neuen Spiel mit.

Gottlieb Daimler arbeitet durchaus als Teamplayer für den Erfolg – aber meist nur dann, wenn er seinen Willen durchsetzen kann. In Wilhelm Maybach hat er einen idealen Verbündeten gefunden, der seine väterliche Autorität nie von Grund auf antastet, obwohl er das teilweise egozentrische Wesen Gottlieb Daimlers als solches erkennt. So beschreibt Wilhelm Maybach seine Zusammenarbeit mit Gottlieb Daimler während der Jahre in Köln-Deutz mit achselzuckender Gelassenheit: „Obgleich Herr Daimler mir in alle meine Versuche und Erfindungen in Deutz nichts dreinredete, war er andererseits sehr eifersüchtig darauf aus, unter jede meiner Zeichnungen seinen Namen zu setzen, gleichsam als Genehmigung zur Ausführung; im Ernste war es aber offenbar purer Ehrgeiz. Ich war dies aber so gewöhnt, daß ich mir gar nichts daraus machte.“ Wilhelm Maybach fügt sich in die Verhältnisse – in der Öffentlichkeit bleibt er die Nummer zwei.

Ein Übermaß an Ehrgeiz macht zu allen Zeiten krank. Männer sind seine anfälligsten Opfer. Nicht nur Gottlieb Daimlers Herz ist angegriffen, auch jenes seines liebsten Feindes aus Köln-Deutz ist am Ende seiner Kräfte. Am Abend des 26. Januar 1891 stirbt Nikolaus August Otto, mit dem Gottlieb Daimler viele Jahre gerungen hat, beide haben sich bis zur Erschöpfung aneinander abgearbeitet. Gottlieb Daimler sitzt in Cannstatt über einem Brief an die Witwe des Erfinders. Kürzlich hat er Otto noch einmal in Köln gesehen. Welche Worte nun finden? All die Bilder aus den gemeinsamen Jahren steigen in seiner Erinnerung auf, der Gram und Groll, die gegenseitigen Vorwürfe und die Winkelzüge, mit denen sie sich bekämpften. Otto mit seiner Murksbude. Otto, der Fluch über seiner Kölner Zeit.

Gottlieb Daimler schreibt der Witwe seines schärfsten Konkurrenten: Die unerwartete traurige Botschaft habe ihn ergriffen, er könne es kaum glauben, dass sein langjähriger Kollege und Nachbar so schnell hinweggeronnen sei. Er hätte ihm gegönnt, die Früchte seines unermüdlichen Schaffens genießen zu dürfen. Es folgt ein bemerkenswerter Satz: Er, Gottlieb Daimler, habe Otto viel zu verdanken. Wenn er nun an ihn denke, liege ihm die ganze Vergangenheit auf der Seele. „Herzliche Theilnahme von Ihrem ergebenen G. Daimler."

Im Brief an Ottos Witwe mag Gottlieb Daimler sein eigenes Schicksal vorausahnen. Nach dem langjährigen Streit hat er es geschafft, sich selbst und anderen einzugestehen, dass er von Nikolaus August Otto profitiert hat. Die rauen Jahre haben auch an Gottlieb Daimlers Gesundheit unauslöschliche Spuren hinterlassen. Sein Konkurrent ist tot, was erwartet ihn selbst?

Gut, dass es Wilhelm Maybach gibt. Nur weil der hinter dem großen Ego seines Partners zurücksteht, läuft der menschliche Zweitaktmotor Daimler-Maybach über Jahrzehnte hinweg reibungslos. Der auf Ausgleich bedachte Wilhelm Maybach verhindert eine unerträgliche Reibungshitze zwischen zwei Technikern, deren Intellekt Funken sprüht. Im Frühjahr 1891 beweist sich erneut, wie belastbar das Band zwischen den beiden ist. Daimlers Geschäftspartner in der Motorengesellschaft verweigern dem technischen Direktor Wilhelm Maybach Anteile im Wert von 30 000 Mark. Diese hatte ihm Gottlieb Daimler in einem vor Jahren abgeschlossenen Privatvertrag zugesichert. Die

Demütigung kann selbst Maybach nicht hinnehmen, der die Konfrontation nicht von sich aus sucht.

Im Februar 1891 kündigt Wilhelm Maybach bei der Daimler-Motoren-Gesellschaft, während sein Mentor Gottlieb Daimler bleibt. Beide sind durch Verträge, die sie als Taschenspielertricks empfinden, im Unternehmen entmachtet und kaltgestellt. Für Gottlieb Daimler gestaltet sich die Lage noch vertrackter als vor Jahren in Köln – seinerzeit vollzog er einen glatten Bruch mit seinen Partnern, nahm eine Abfindung an und ging. In Cannstatt sieht er sich als Gefangener von Verträgen, die ihn in seiner unternehmerischen Freiheit beschränken. Der Bedrängte entscheidet sich zu einem taktischen Manöver: Gottlieb Daimler fährt künftig zweigleisig.

Der Unternehmensgründer bleibt Mitglied im Aufsichtsrat der Daimler-Motoren-Gesellschaft, er steht mit seinem Namen für die Produkte der Firma ein. Gleichzeitig unterstützt er jedoch seinen Ziehsohn Wilhelm Maybach, der für ihn von nun an als freischaffender Ingenieur arbeitet – Maybachs technisches Know-how und Daimlers Ideen werden damit Teil eines neuen Projekts. Dieses wirtschaftet und forscht außerhalb der Daimler-Motoren-Gesellschaft. Auf diese hintersinnige Weise rächt sich Gottlieb Daimler an seinen Finanziers Duttenhofer und Lorenz, denen qualifizierte Fachkräfte fehlen. Die beiden Herren stellen neue Techniker ein, deren Eignung Gottlieb Daimler in der ihm eigenen schroffen Weise infrage stellt: Sie seien „ohne praktische Erfahrung in Motorenfabrikation und ohne tiefere Kenntnis der Grundidee meiner Erfindung“. Die neuen Mitarbeiter stürzten sich „auf ein ebenso unsinniges als kostspieliges System des Experimentierens mit anderen Typen“.

Der von der daimlerschen Motorengesellschaft eingeschlagene Weg ist der falsche – davon ist Gottlieb Daimler überzeugt. Schon allein deshalb, weil er selbst diesen Weg nicht vorzeichnen durfte. Während seine Geschäftspartner auf billigere Produktionsweisen drängen, hält Daimler unerbittlich an seinen Maßstäben fest: „Nur das Beste oder Nichts“, nur „hochwertiges Material in Verbindung mit erstklassiger Werkmannsarbeit“.

Die Firma steht auf der Kippe – 1891

Er wolle lieber Geld verlieren, als Vertrauen. Robert Bosch folgt seinem Prinzip mit asketischer Strenge gegen sich selbst und gegenüber seinen Mitarbeitern. Keine Pfuscherei darf seinen guten Namen schädigen, bevor er eine Sache nur halb schafft, lässt er sie lieber ganz bleiben. Robert Bosch kämpft mit ernsthaften Problemen. Das Tempo, mit dem er Geld verliert, übersteigt jeden Zugewinn an Vertrauen bei seinen Kunden. Seit fünf Jahren leistet er in Stuttgart harte Aufbauarbeit, aber allmählich stößt er an seine Grenzen. Seine finanzielle Situation wird immer bedrohlicher – inzwischen ist er derart klamm, dass die Überbrückungshilfen und Darlehen, die ihm seine Mutter und seine Schwäger gewähren, nicht mehr ausreichen.

Robert Bosch befindet sich in einer Zwickmühle: Er muss investieren, wenn er im Konkurrenzkampf nicht von seinen Konkurrenten abgehängt werden will. Gleichzeitig bedrückt ihn die Ungewissheit: Welchen Weg soll er einschlagen, was verspricht Erfolg? Nicht jeder, mit dem er Geschäfte macht, besitzt dasselbe Ehrgefühl wie der 30-Jährige. Viel Zeit und Mühe verwendet Robert Bosch auf den Auftrag eines Fotografen. Er baut diesem einen Apparat, der „Momentaufnahmen mit Blitzlicht in Lebensgröße" erstellt. Doch dieser Ausflug in die Fototechnik endet für Bosch mit einer bitteren Enttäuschung, da ihn sein Kunde nicht bezahlen kann.

Nur die wachsenden Kosten bleiben eine verlässliche Größe. Wenn er Qualität anbieten will, muss seine Werkstatt entsprechend ausgerüstet sein. In diesem Punkt sind der junge Bosch und der alte Daimler Brüder im Geiste: Schund ist ihnen aus innerster Überzeugung heraus zuwider. Robert Bosch kauft zu: zunächst eine Bohrmaschine, einen Blasebalg und einen Lötapparat, schließlich einen Gasmotor, eine Fräsmaschine und mehrere Spindelbänke. Es ist nicht ungewöhnlich, dass ein Start-up-Unternehmen investiert, bevor es Gewinn erwirtschaftet. Seit drei Jahren bezieht Bosch das *Centralblatt für Elektrotechnik* im Abonnement, was ihn jährlich 20 Mark kostet. Aber ohne dieses Fachblatt wäre Robert Bosch von den wichtigsten Informationen und den entscheidenden Fragen abgeschnitten: Welche neue

Technik macht gerade von sich reden? Wie kommen die sich rasant verändernden Großstädte beim Ausbau der Wasserversorgung und der Elektrizität voran?

Robert Bosch verfolgt Trends, aber seine Fußspuren führen oft auch quer zu den ausgetretenen Pfaden, auf denen die Menschen vor ihm unterwegs waren. Er ist ein Individualist mit ausgeprägtem Sinn für den Individualverkehr – nicht nur beim winterlichen Schneeschuhwandern. Seit einem Jahr besitzt er ein Fahrrad, für das er 386 Mark bezahlt hat – ein kleines Vermögen. Auf den deutschen Straßen ist es eine ähnlich ungewöhnliche Erscheinung wie das Automobil. Man kennt das Fahrrad noch nicht lange, man kennt es vor allem nicht in dieser niedrigen Bauweise, die sich Robert Bosch aus England hat liefern lassen. Das Fahrrad ist den meisten Menschen als Hochrad geläufig, aber nicht in der sportlichen Variante mit zwei ähnlich großen Rädern, auf der Robert Bosch nun Platz nimmt. Er selbst ist mehr als ein radelnder Sonntagsfahrer, der zum Privatvergnügen durch die holprigen Straßen der Stadt kurvt: Robert Bosch nutzt das Fahrrad, um seinen in der Stadt bei Installationsgeschäften tätigen Mitarbeitern auf die Finger zu schauen. Der Werkstattchef beaufsichtigt als mobile Endkontrolle die in seinem Namen ausgeführten Arbeiten. Für den Ingenieur im Außendiensteinsatz ist das Zweirad ein Dienstrad – und ein Statement: Wer in den 1890er-Jahren Fahrrad fährt, der fährt mit dem Zeitgeist, der strampelt modernen Zeiten entgegen.

In den Städten schließen sich die ersten Anhänger des Fahrradfahrens in Velocipedclubs zusammen, dabei verwandelt sich das Radfahren von einem exotischen Vergnügen in eine Trendsportart. Wie so oft verhelfen die Extremleistungen einiger weniger einem jungen Produkt zum Durchbruch. Ein Reporter des amerikanischen Lifestylemagazins *Outing* tritt zu einem unglaublichen Projekt an: Er will mit dem Rad einmal um die Welt fahren – Jules Verne lässt grüßen. Das verrückte Experiment glückt und macht nicht nur den Reporter, sondern auch die Fahrradmarke aus der Neuen Welt populär. Wenn man mit diesem Fortbewegungsmittel solche Teufelsritte unternehmen kann, muss es etwas taugen. Wahrscheinlich hätte der Reporter anschließend nie von seinen Abenteuern und seinem Wagemut berichten können, wenn er unbewaffnet in die Fremde aufgebrochen wäre.

Robert Bosch kauft sich früh ein Fahrrad – das ist Ende des 19. Jahrhunderts noch ein Luxusgut.

Als der Weltumradler Konstantinopel erreicht und sich dort nach einem Ersatzrevolver für sein Modell Smith & Wesson umsieht, steht er plötzlich vor der Wahl, ein teures Original oder eine billige Kopie zu erwerben. Nach dem Kauf notiert er, er habe in Konstantinopel eine Menge von „trefflich gearbeiteten deutschen Nachahmungen des Smith & Wesson-Revolvers“ gefunden. Diese hätten täuschend echt ausgesehen, in Wahrheit aber seien diese Revolver nur der Gewissenlosigkeit deutscher Fabrikanten zu verdanken, die mit ihren Billigprodukten für die Hälfte des gewöhnlichen Kaufpreises fremde Märkte überschwemmten. Es sei die Pflicht eines jeden Engländers oder Amerikaners diese Ruchlosigkeit nicht zu unterstützen.

Noch immer halten sich hartnäckig die Urteile und Vorurteile über Billigschund aus deutschen Werkstätten, über schlechte Kopien und mangelhafte Verarbeitung. Doch eine neue Generation von Technikern, Ingenieuren und Unternehmern macht sich auf, diesem schlechten Ruf etwas entgegenzusetzen: Gottlieb Daimler und Robert Bosch arbeiten mit besessenem Perfektionismus am Zeichenbrett und an der Werkbank, sie legen Wert auf hervorragend ausgebildete Mitarbeiter und hochwertige Arbeitsgeräte. Geduld zeichnet beide aus. In ihre Arbeitsweise mischt sich jener Schuss Fantasie, der ihnen weiterhilft, Neues auszuprobieren.

Robert Bosch wagt viel in diesen ersten Jahren. Er ist aus der ersten beengten Werkstatt ausgezogen und arbeitet nun ein paar Straßen weiter in größeren Räumen. Im Vorjahr hat er 55 Magnetzünder verkauft und dafür 8000 Mark erhalten – eine kleine Serienproduktion. Gottlieb Honold stößt als Lehrling zum Team dazu, er wird bei Robert Bosch noch Karriere machen. Honold erlebt, wie sein Chef auf mustergültige Ordnung Wert legt und darauf, dass die Maschinen pfleglich behandelt werden. Schlamperei duldet Robert Bosch nicht: Als ihm einmal ein Meister ungeeignet erscheint, verlangt Robert Bosch, dass der Betreffende umgehend seine Geschäftsräume verlassen solle, was dieser nur widerwillig befolgt. Im hitzigen Streit vergisst der Mann Hut und Rock – die ihm umgehend durch das Fenster nachgeflogen kommen. Für viele seiner Mitarbeiter nimmt Robert Bosch im Laufe der Zeit eine väterliche Rolle ein – strenge Verweise inbegriffen. Wenn Robert Bosch in seinem Betrieb ein Donnerwetter loslässt, geht in der Firma ein Sprichwort um: „Hast Du den Vater heute schon gesehen?“ – „Nein, aber gehört.“

Im Jahr 1891 blickt Robert Bosch auf eine respektable Entwicklung seines Geschäfts zurück: Binnen fünf Jahren haben sich seine Umsätze verfünffacht, der Absatz der Zündapparate hat sich verzehnfacht. Ende des Jahres arbeiten neben ihm selbst sechs Gehilfen, zwei Lehrlinge und zwei Hausknechte im Betrieb. Der Umsatz zeigt, dass er in einer Wachstumsbranche auf das richtige Pferd gesetzt hat – doch seine Bilanzen sind verheerend. Sein Startkapital hat er aufgrund hoher Investitionen und Kosten fast verloren, und das familiäre Unterstützungssystem stößt an die Grenzen seiner finanziellen Belastbarkeit. Die Firma Robert Bosch steht auf der Kippe.

Die Familie Bosch hingegen wächst. Roberts Frau Anna bringt einen Jungen auf die Welt, Robert junior. Die Wohnung in der Schwabstraße ist zu eng geworden. Die nun fünfköpfige Familie zieht in eine größere Wohnung in der Rotebühlstraße um, in jene Straße, in der Robert Bosch 1887 seine erste Werkstatt eröffnet hat. Die Familie Bosch wohnt dort im ersten Stock des Hauses, über sich hören sie die Schritte eines Mannes, der kürzlich aus London nach Württemberg gezogen ist und dessen Familie sich in den nächsten Jahren mit den Boschs anfreundet: Karl Kautsky ist sieben Jahre älter als Robert Bosch, im zweiten Stock der Rotebühlstraße 145 schreibt er gerade Geschichte. Kautsky wurde in Prag geboren, in London hatte er Karl Marx und Friedrich Engels kennengelernt, mit Engels ist er eng befreundet.

Während Robert Bosch darum kämpft, mit seinem Betrieb genügend Geld zu verdienen, um seine größer gewordene Familie zu ernähren, kämpft Karl Kautsky mit der Theorie des „Kapital". Der Sohn einer Schauspielerin und eines Theatermalers bereitet in Stuttgart das Erfurter Programm der Sozialdemokratischen Partei Deutschlands vor, an dem auch August Bebel und Eduard Bernstein mitarbeiten. Zwischen Kautsky und Bosch wird nun Privates und Politisches verhandelt. Die Arbeiter würden einem Naturgesetz folgend ausgebeutet, argumentiert Kautsky, während Robert Bosch im betrieblichen Alltag versucht, Mehrwert zu schaffen – für sich *und* für seine Mitarbeiter. Im Nachbarhaus von Bosch und Kautsky wohnt die Pariser Exilantin Clara Eißner mit ihren beiden Söhnen Konstantin und Maxim. Sie arbeitet als Redakteurin der Zeitschrift *Gleichheit* und veröffentlicht ihre Artikel unter dem Nachnamen ihres verstorbenen Lebenspartners. Boschs Nachbarin schreibt unter dem Namen Clara Zetkin.

Die Musik der Motoren – Winter 1891

Endlich Erholung, endlich Abstand zum Streit im heimischen Betrieb. Im Winter 1891 weilt Gottlieb Daimler in einem Ausstellungspark in Palermo, wo die Italiener über seine Motorstraßenbahn staunen. Aber

Daimler selbst staunt auch. Es sei so angenehm lau, dass er alle Winterkleider weggelassen habe, schreibt er in die Heimat. Die Geranien blühten wild an den Bahnlinien, auch Rosen und Kakteen, die eben reifende, essbare Feigen trügen. Die Zitronen in den Gärten würden eben goldig gelb, er sehe die schönsten Palmenarten und Johannisbrotbäume, nur leider gebe es trotz all des süßen Weins kaum ein Wirtshaus. Räuber habe er bis dahin nicht getroffen, sie sollen hier im Süden wohl seltener vorkommen als in Württemberg – so stichelt er gegen seine Geschäftspartner. Gottlieb Daimler atmet auf seiner italienischen Reise durch und vergisst den Stress in der Heimat: „Cattania, Ätna, Messina, dann per Schiff nach Neapel, wo Hotel Hassner, dann Rom und heim".

In Cannstatt ist die Lage verfahren. Gottlieb Daimler und Wilhelm Maybach beginnen wieder einmal von vorn – und erneut mit bescheidenen Mitteln: Wilhelm Maybach tüftelt im Auftrag Daimlers in seiner Privatwohnung. Er benötigt dringend eine eigene Werkstatt, um zu sehen, ob das, was auf seinem Zeichenbrett Gestalt annimmt, funktioniert. Gottlieb Daimler fürchtet sich nicht vor Neuanfängen. Wenn er an eine Idee glaubt, investiert er Energie und Geld. Um seine Ziele zu erreichen, geht er notfalls ungewöhnliche Wege, so ist es auch diesmal. Im Oktober 1892 mietet Gottlieb Daimler für eine jährliche Summe in Höhe von 1800 Mark den Gartensaal des einstigen Kurhotels „Hermann" in der Cannstatter Badstraße an. Das einstmals berühmte Hotel mit seinen rund 140 Räumen steht zu diesem Zeitpunkt seit Jahren leer. Binnen weniger Monate verwandelt sich das Hotel in ein innovatives Techniklabor, in dessen linkem Seitenflügel Wilhelm Maybach sein technisches Büro bezieht und in dem neben ihm zwölf Mitarbeiter und fünf Lehrlinge Grundlagenforschung betreiben. Einer der Lehrlinge erinnert sich später an seinen außergewöhnlichen Arbeitsplatz: „Im ersten Stock war im rechten Seitenflügel die Schlosserei, in der Mitte, dem früheren Konzertsaal, die Montage, auch wurde hier und da ein Wagen gefahren. Die frühere Orchester- und Theaterbühne diente als Lager für Roh- und Fertigteile." Die Zeiten ändern sich: Im Hotel Hermann spielt kein Kurorchester mehr vor der Kulisse von Springbrunnen klassische Musik, hier dröhnt nun die Musik der Motoren.

Die Testfahrten finden im Garten statt – unter erschwerten Bedingungen, wie Maybachs Lehrling anmerkt. Richtige Wege existieren nicht, aber dank des dichten Teppichs aus Tannennadeln ist der Garten leidlich befahrbar, „wenn man auch nur richtig und rechtzeitig den etwas reglos umherstehenden Bäumen auswich“. Im Hotel Hermann tüftelt ein kleines Team an besseren Motoren und neuen Wagenkonstruktionen. Daraus erwächst eine neue Konkurrenz: zwischen Wilhelm Maybach – finanziert von Gottlieb Daimler – und der von der württembergischen Großfinanz unterstützten Daimler-Motoren-Gesellschaft, deren Aufsichtsratsmitglied Gottlieb Daimler noch immer ist. Das Spiel ist verwickelt, die meisten Karten werden verdeckt unter dem Tisch gehalten, und Gottlieb Daimler verfolgt ein aberwitzig anmutendes Ziel: Sollte es ihm und Maybach gelingen, die Daimler-Motoren-Gesellschaft mit neuen Erfindungen an der Spitze des Fortschritts abzulösen, könnten er und Maybach in dem Großunternehmen wieder zum Zug kommen. Er will überholen, ohne einzuholen.

Im Kampf David gegen Goliath verfügt der Außenseiter bald über wirkungsvolle Waffen. Wilhelm Maybach entwickelt mit dem Zweizylinder-Phönix-Motor einen Apparat, der den Konkurrenzmodellen aus der Nachbarschaft überlegen ist. Auch im Wagenbau, der noch in den Kinderschuhen steckt, gelingen ihm Fortschritte. In seinen Tagebüchern zeichnet Maybach die Modelle freihändig. Vor zwei Jahren war sein Automobil mit 265 Kilogramm ein Leichtgewicht, im Jahr 1893 notiert Maybach neben seiner Zeichnung bereits ein Gewicht von 675 Kilogramm. Noch ist das Automobil eine junge Erfindung, die sich technisch kaum vom Fahrrad und optisch kaum von der Pferdekutsche gelöst hat, die bei seiner Taufe Pate standen. Maybach und allen anderen, die in den späten Jahren des 19. Jahrhunderts das Automobil weiterentwickeln, stellen sich grundlegende Fragen: Wie lässt sich die Antriebstechnik verbessern? Welche Materialien sind am besten für den Bau geeignet? Und wie, bitte schön, soll man es anstellen, dass der Fahrer das Fahrzeug kontrolliert – und nicht umgekehrt?

Wilhelm Maybach brütet darüber, wie Mensch und Maschine besser zusammenpassen könnten. In seinem Büro im Hotel Hermann bringt er die Füße des Fahrers mit ins Spiel. Er ersetzt die bisher übliche

Hand- durch eine Fußbremse. Seine Arbeit belegt das Prinzip, dass Irren menschlich ist. So notiert Maybach nach einem Unfall: „Auf stärkeres Bremsen drehte sich aber auf einmal der Wagen und stellte sich quer und kippte um, wobei die Insassen zum Glück ohne Schaden davonkamen."

Wilhelm Maybach selbst ergeht es in einem anderen Fall weniger gut: Zwölf Wagen verlassen die Forschungs- und Produktionsstätte im Hotel Hermann. Einer von ihnen rollt in den Schwarzwald. Dort hat der Uhrenfabrikant Arthur Junghans das Städtchen Schramberg mit seiner Fabrik aus dem vorindustriellen Dornröschenschlaf wachgeküsst. Junghans kennt Daimler und Maybach aus der Baugewerkschule, er tickt im Zeichen der neuen Zeit. Mit der Industrialisierung beginnt die Diktatur der Pünktlichkeit. Die Fabrikarbeiter müssen pünktlich zu einem festgelegten Arbeitsbeginn in die Firma kommen. Ansonsten droht ihnen ein Lohnabzug. Wer verschläft, wird bestraft. Arthur Junghans hat für diese veränderten Lebensumstände eine Lösung entwickelt: den modernen Wecker. Der kommt als Massenware auf den Markt und löst altertümliche Tischuhren mit primitiven Weckvorrichtungen ab. Genau wie Gottlieb Daimler und Wilhelm Maybach ist Arthur Junghans ein Präzisionsmensch. Und ähnlich wie seine beiden Freunde ist er früh im Ausland gewesen, um dort die modernsten Maschinen zu studieren.

Arthur Junghans begeistert sich nicht nur für Uhren, ihn fasziniert auch das Automobil. Bei mehreren Probefahrten testet Gottlieb Daimler seine Wagen auf der Strecke von Cannstatt nach Schramberg. An einem Sonntag macht er mit Wilhelm Maybach im Schwarzwald Station. Die Herren frühstücken mit Arthur Junghans – der Wagen steht in einem Pferdestall, der notdürftig zur Garage ausgebaut worden ist. Die Runde hat noch etwas vor an diesem Tag, man plant die Weiterfahrt nach Zürich, wo Arthur Junghans' Mutter wohnt. Plötzlich stürmt der gelernte Schuhmacher Gottlob Melchior, der sich nun als Privatchauffeur verdingt, in das Frühstückszimmer: „Mer könnet net fahre heut, 's Benzin lauft mer hente raus!"

Es ist Wilhelm Maybach, der als Erster den Pferdestall betritt und schnell die Ursache für Melchiors Aufregung findet: Die Benzinleitung des Daimlerwagens ist gebrochen. Maybach kriecht unter den Wagen, um die Leitung zu flicken, wobei sich seine Kleidung mit Benzin vollsaugt. Als er später die Glührohrzündung des Wagens mit Spiritus anheizen will, fängt seine Kleidung Feuer. Arthur Junghans, so schildern es Augenzeugen später, reagiert geistesgegenwärtig: Er packt Maybach und wirft den Techniker in ein Wasserbecken, das im Gemüsegarten steht. Die Brandwunden, die Wilhelm Maybach davonträgt, erweisen sich als so schwer, dass er drei Wochen im Schramberger Krankenhaus bleiben muss.

Als es Wilhelm Maybach besser geht, wird die Fahrt nach Zürich nachgeholt. Auch diesmal läuft es nicht ohne Tücken: Auf einer steilen Abfahrt versagen die Bremsen, und die Lenkung blockiert. So rasen die Herren zwar nicht in ihr Unglück, aber mitten in einen Misthaufen hinein. Man landet weich und entsteigt der ungewohnten Landebahn übel riechend, aber unverletzt. Unfälle und Pannen gehören in dieser wilden Frühzeit des Fahrens zum Alltag.

Das Automobil ist mit Vorsicht zu genießen: Die Sicherheit? Fragwürdig, weil technisch noch alles in den Kinderschuhen steckt. Der Komfort? Lichtjahre von ergonomisch gepolsterten Sitzen und durch Stoßdämpfer abgefederten Erschütterungen entfernt. Der Fahrspaß? Toll, solange die Kiste wirklich fährt. Die daimlersche Glührohrzündung erweist sich nicht nur in diesem Fall als technische Achillesferse der Erfindung. Sie ist brandgefährlich.

Teile der Öffentlichkeit betrachten das Automobil nicht als epochale Erfindung, sondern als Mängelexemplar. Doch Gottlieb Daimler hält zunächst trotz aller Sicherheitsrisiken an der Glührohrzündung fest. Schließlich hat er sie erfunden. Aber die Zweifel an diesem von ihm eingeschlagenen Weg wachsen. In Stuttgart macht ein junger Techniker mit einer Magnetzündung von sich reden. Es wird Druck und Überzeugungskraft brauchen, bis in Gottlieb Daimlers breitem Schädel der Gedanke reift, dass diese Magnetzündung eines Jungspunds besser sein könnte als seine eigene Apparatur.

Aber für neue Gedanken ist es nie zu spät. Ende Mai 1893 tragen die Bäume im Cannstatter Kurpark frisches Grün, und Gottlieb Daimler erlebt seinen zweiten Frühling. Vier Jahre nach dem Tod seiner Emma gibt es eine neue Frau in seinem Leben. Der 59-Jährige ist verliebt und verlobt mit Lina Schwend. Die neue Frau hat er schon früher bei Cannstatter Freunden kennengelernt und nun im Frühjahr in Florenz wiedergetroffen. Lina ist 20 Jahre jünger als Gottlieb Daimler, auch für sie wird es die zweite Ehe, nachdem ihr Mann, der frühere Besitzer des Hotels „Citta di Roma“, verstorben war. Lina Schwend spricht mehrere Sprachen, sie ist weltgewandt und wird für den vom vielen Streit zermürbten Gottlieb Daimler zu einem Anker im Leben. Daimler hat in Liebesdingen keine Zeit mehr zu verlieren.

Noch wohnt seine künftige Frau in ihrem Geburtsort Schwäbisch Hall und nicht bei ihm, aber das soll sich rasch ändern. In Cannstatt bringt Gottlieb Daimler seine Gedanken zu Papier. „Meine gute Lina, mein Herzenskind! Du musst bald kommen, ich habe so Heimweh nach Dir, damit meine bewegte Seele bei Dir ausruhen kann, wie ein Kind an seiner Mutter.“

Er sei beglückt, dass man sich gefunden habe und gleichzeitig so traurig, dass er weinen müsse. Es sei ihm, als wenn er nach schwerem Erdenleid durch sie wieder aufgerichtet würde und sie ihn als guter Leitstern zum Himmel führen und begleiten solle.

Gottlieb Daimler sehnt sich nach einem Gegenpol zum erbitterten Streit in der Motorengesellschaft, er sucht nach einem Leben jenseits der Arbeit, das seit dem Tod seiner ersten Frau trotz seiner Kinder immer weniger geworden ist. Seine Schwägerin ist besorgt: Was geschieht mit den Kindern, wenn eine neue Frau in die Villa in der Taubenheimstraße einzieht? Gottlieb Daimler beruhigt sie: Seine Kinder hätten immer eine Heimat im Vaterhaus und in seiner Braut bald auch wieder eine gute Mutter, er könne dies mit voller Überzeugung versprechen.

Aber jetzt eilt es. Seine Lina soll endlich zu ihm ziehen. Solange man nicht vermählt ist, will er auf die Gefühle seiner Schwägerin Rücksicht nehmen. Die Villa wäre unpassend, er hat ihr ganz in der Nähe eine Wohnung ausgesucht. Dort könne sie als einzelne Dame ungeniert wohnen, das Haus werde von zwei Fräuleins verwaltet. Lina solle aus Schwäbisch Hall nach Cannstatt zu ihm kommen. Er schlage den Schnellzug vor, er werde ihr entgegenreisen und unterwegs zusteigen. Die Verlobungsanzeige könne sie morgen bereits im *Merkur* lesen. Ob sie sich um die Einladungskarten kümmern könne?

Nach dem Tod seiner ersten Frau heiratet Gottlieb Daimler 1893 Lina Schwend.

Nur anderthalb Monate später trifft sich die Gesellschaft bereits zur Hochzeitsfeier in Schwäbisch Hall. Es ist der 8. Juli 1893, an dem auf dem Standesamt aus Lina Schwend Lina Daimler wird, tags darauf treten beide in der Stadtpfarrkirche vor den Traualtar. Anschließend zieht die Gesellschaft weiter ins „Hotel Lamm", die Tafel ist dem Anlass angemessen: Zum Auftakt reichen die Kellner Krebssuppe, dann Rheinsalm in holländischer Tunke, später Rehfilet in Madeira-Tunke. Wer noch Platz im Magen hat, beschließt die Feier mit einer Haselnussbombe. Für Gottlieb Daimler ist es ein Tag zum Innehalten. Eine Atempause.

In Cannstatt geht es der Daimler-Motoren-Gesellschaft unterdessen immer schlechter. Wenige Jahre nach ihrer Gründung rutscht die Firma in die roten Zahlen. Die erhofften Aufträge bleiben aus, weil die schweren Motoren, auf die Max Duttenhofer und Wilhelm Lorenz set-

Auf seiner Hochzeitsreise denkt Gottlieb Daimler auch ans Geschäft und besucht die Weltausstellung in Chicago.

zen, kaum mehr gefragt sind. Das Cannstatter Experiment auf dem Seelberg droht zu scheitern. Die Firma hofft auf eine Wende bei der Weltausstellung, die 1893 in Chicago stattfindet. In den Vereinigten Staaten soll der Mann mit dem klangvollsten Namen die Motorengesellschaft repräsentieren: Kurzerhand wandelt Gottlieb Daimler die Hochzeitsreise mit seiner Frau Lina in einen Businesstrip um. Er kann einfach nicht anders. Dennoch wird die Weltausstellung für die Daimler-Motoren-Gesellschaft zum Flop. Zwar werden einige ihrer ausgestellten Fabrikate ausgezeichnet, doch die Kundschaft lässt das kalt. Die großen Aufträge bleiben aus, die wirtschaftliche Lage der Motorengesellschaft wird immer bedrohlicher.

Manche Krisen sind hausgemacht, andere folgen konjunkturellen Schwankungen. Im Stuttgarter Westen hat sich Robert Bosch daran gewöhnt, dass ihn seine Selbstständigkeit oft zum Krisenmanager macht.

Zwischenzeitlich musste er von 24 Angestellten 22 entlassen, bevor die Nachfrage wieder stieg. Doch jetzt sind es private Sorgen, die die Familie im Jahr 1894 belasten, sie drehen sich um die jüngste Tochter Erna Elisabeth, die noch kein Jahr alt ist. Das Mädchen ist schwer krank, die Stimmung bei den Boschs ist angespannt, das spüren auch die älteren Geschwister Margarete, Paula und der nach seinem Vater benannte Robert junior. Dem Jungen wird sich diese Zeit einprägen, später erinnert er sich daran: „Es kam nun ein Zeitpunkt, wo Lisele schwer krank wurde. Eines Tages kam mein Vater herunter in die Wohnung von Kautskys und holte uns. Er führte uns hinauf. Im Öhrn stand ein Stuhl, auf den sich Vater setzte und uns erzählte, Lisele sei gestorben. Das Kind lag in der guten Stube aufgebahrt. Es hatte akute Zuckerkrankheit … Nun kann ich mich erinnern, dass viele Blumenkränze kamen, die in das Zimmer gebracht wurden. Damals, es war im November, sah ich einmal die Mutter ganz gedrückt am Fenster im Eßzimmer stehen. Zu dieser Zeit ging der Leichenzug von Lisele weg. Verstanden habe ich von dem Vorgang nichts, ebensowenig davon, daß sich Mutter am Weihnachtsabend in den Amerikanerstuhl setzte und still in sich hinein weinte.“

Raubritter und Rennfahrer – 1895

Gottlieb Daimler wird in seiner eigenen Firma zum Außenseiter, er bleibt den Aufsichtsratssitzungen fern, in denen die Führungskräfte darüber beraten, was sie gegen den schrumpfenden Umsatz und die wachsende Zahl der Kundenreklamationen tun könnten. Gottlieb Daimler ist längst andernorts Stammgast: im Hotel Hermann, wo der von seinen Brandverletzungen wieder genesene Wilhelm Maybach in Konkurrenz zur Motorengesellschaft an neuen Modellen arbeitet. Max Duttenhofer fühlt sich durch diesen Affront brüskiert und stellt Gottlieb Daimler ein Ultimatum: Entweder Daimler trete alle seine Anteile an dem Unternehmen und an den Patenten ab, oder Duttenhofer werde die Firma für Bankrott erklären. Man sei bereit, ihm 67 000 Mark zu zahlen. In seinem Tagebuch notiert Gottlieb Daimler voller Bitterkeit: „Ihr ganzes Bestreben ist es, die Arbeit des Menschen unter die Knute des Kapitals zu bringen. Bei ihnen gilt der gewöhnliche Mensch nichts."

Daimler gibt dem Druck nach und scheidet als Aktionär aus. Die Konfrontation mit seinen Geschäftspartnern ist ein Déjà-vu für ihn – genau wie in Köln-Deutz hat er den Machtkampf letztlich verloren. Für Gottlieb Daimler ist es bei der Daimler-Motoren-Gesellschaft aus und vorbei. Oder etwa doch nicht? Zornig schreibt der Alte in sein Tagebuch: „Den einfachen Soldaten der alten Garde kriegt ihr modernen Raubritter lebend nicht in eure Gewalt."

Der Soldat versteht es, sich zu wehren. Das Jahr 1895 wird zum Wendejahr im Cannstatter Automobilbau. Der Schlüssel dafür liegt in Frankreich. Sechs Jahre nachdem Gottlieb Daimler und Wilhelm Maybach während der Weltausstellung in Paris ihren französischen Geschäftsfreunden auf der Avenue de la Grande Armée ihren Stahlradwagen vorgeführt haben, gelingt einem von Daimlers wichtigsten Partnern ein spektakulärer Coup. Émile Levassor nimmt in einem zweisitzigen Victoria-Wagen am Rennen Paris–Bordeaux–Paris teil. Bekannte Magazine wie das *Petit Journal* veranstalten in Frankreich Automobilwettbewerbe und heizen im Vorfeld der Fahrten mit ihren Berichten die Neugier der Menschen an.

Die Strecke fordert Mensch und Technik heraus: Rund 1200 Kilometer liegen vor den Fahrern, die binnen 100 Stunden das Ziel erreichen müssen, um innerhalb der Richtzeit gewertet zu werden. Die Regeln sind strikt: Die Fahrer können sich abwechseln, aber wenn ihr Wagen streikt, dürfen sie die Reparaturen nur mit den mitgeführten Werkzeugen ausführen. Am Start stehen 19 Automobile und zwei Motorräder. Zehn Motorwagen schaffen nicht einmal die halbe Strecke bis Bordeaux, zu diesem Zeitpunkt hat sich ein Wagen bereits von allen anderen abgesetzt. Émile Levassor fährt in seinem Daimlerwagen mit großem Vorsprung an der Spitze, niemand kann seinem Tempo folgen. Nach mehr als 48 Stunden erreicht er das Ziel, distanziert seinen schärfsten Verfolger um rund sechs Stunden und wird vom jubelnden Publikum als überlegener Sieger gefeiert. Levassors Triumph bei Paris–Bordeaux–Paris ist eine der ersten Sternstunden im Motorsport. Von einem Silberpfeil ist noch keine Rede. Der Franzose ist mit einem Durchschnittstempo von 25 Stundenkilometern zum Triumph gefahren – für Gottlieb Daimler ist der Sieg Gold wert: In Levassors Wagen arbeitet einer jener Phönixmotoren, die Wilhelm Maybach im Hotel Hermann konstruiert und auf die Gottlieb Daimler größte Hoffnungen gesetzt hat. Das Publikum beeindruckt an Levassors Sieg nicht nur die Geschwindigkeit des Gefährts, sondern auch dessen Zuverlässigkeit über eine große Distanz hinweg. Wenn dieses merkwürdige Automobil tatsächlich in der Lage ist, von Paris nach Bordeaux und wieder zurückzufahren, ohne auf der Strecke zu bleiben, dann könnte es doch ein Wagen für den täglichen Hausgebrauch sein?!

Émile Levassors Sieg verwandelt sich nach seiner Zieleinfahrt in einen Sieg für Gottlieb Daimler. Dank der enormen Publicity punktet er entscheidend gegen Max Duttenhofer und Wilhelm Lorenz. Während die Daimler-Motoren-Gesellschaft am finanziellen Abgrund taumelt, hat Gottlieb Daimler vor den Augen der Weltöffentlichkeit gezeigt, wozu er und Maybach fähig sind, wenn man sie nur machen lässt. Im Kampf um Macht und Einfluss bei der Daimler-Motoren-Gesellschaft gerät die Position von Duttenhofer und Lorenz ins Wanken. Die beiden Raubritter, glaubt Gottlieb Daimler, hätten ihm die Macht zwar aus der Hand genommen. Mit dieser Macht jedoch hätten sie das Geschäft an den Rand des Bankrotts gebracht. Inzwischen steht er mit dieser Meinung nicht mehr allein da: Kunden und Händler der Daimler-Motoren-Gesellschaft drängen Duttenhofer und Lorenz dazu, neue Produkte auf den Markt zu bringen – und sie fordern eine Kehrtwende in der Personalpolitik. Die Firma müsse zu ihren Wurzeln zurückkehren. Damit schlägt die Stunde der kühl ins Abseits gestellten Konstrukteure Gottlieb Daimler und Wilhelm Maybach. Max Duttenhofer und Wilhelm Lorenz sehen sich gezwungen, mit ihren Rivalen, die einmal ihre Verbündeten waren, wieder ins Gespräch zu kommen.

Die Karten, die die beiden Finanziers in diesem Machtspiel in den Händen halten, sind deutlich schlechter geworden. Aufgeben wollen sie nicht. Duttenhofer und Lorenz versuchen, einen Keil zwischen Wilhelm Maybach und Gottlieb Daimler zu treiben. Den Ersten wollen sie für sich gewinnen, um den Zweiten aus der Daimler-Motoren-Gesellschaft heraushalten zu können. Am 10. Oktober 1894 findet im Cannstatter „Hotel Victoria“ ein Geheimtreffen zwischen Max Duttenhofer und Wilhelm Maybach statt. Die Intrige entspinnt sich hinter der Zimmertür mit der Nummer 12, wo Max Duttenhofer zur Sache kommt: Duttenhofer schmeichelt Maybach, er droht ihm auch. Maybach könne mit seinen Motorwagen ruhig tüchtig in der Welt umherfahren. Davon profitieren würde am Ende aber nur die Daimler-Motoren-Gesellschaft und damit Duttenhofer selbst. Man werde jeden Wagen nachbauen, den Daimler und Maybach herstellten, man fürchte kein Patent. Maybach würde auf keinen grünen Zweig kommen und gemeinsam mit Daimler zugrunde gehen, er möge sich dann in dieser elenden Lage an diese Worte erinnern.

Duttenhofer pokert. In Wilhelm Maybach sieht er die Schwachstelle des Tandems Daimler–Maybach. Wenn es ihm gelingt, diesen von Gottlieb Daimler zu trennen, bekäme er einen der besten Konstrukteure der Welt. Gleichzeitig bliebe ihm das ständige Dreinreden des alten Daimlers künftig erspart. Doch es gelingt Duttenhofer nicht, Maybach zu knacken. Er sei ein Zögling Daimlers, bescheidet ihm Maybach. Im Übrigen stünde man nicht so isoliert da, wie dies Duttenhofer glaube und überhaupt hätten Duttenhofer und Lorenz während der vergangenen Jahre nichts Nützliches fertiggebracht. Es ist eine kühle Abfuhr, sie lässt keine Fragen offen.

Im Cannstatter Machtkampf stellt nun Gottlieb Daimler die Bedingungen: Eine seiner wichtigsten besteht darin, dass sein Weggefährte Wilhelm Maybach erster technischer Direktor des Unternehmens wird. Am 8. November 1895 wird das zwischenzeitlich nach Ettlingen bei Karlsruhe verlagerte Konstruktionsbüro der Motorengesellschaft wieder nach Cannstatt zurückverlegt. Am Zeichenbrett steht ein alter Bekannter: Wilhelm Maybach.

Gottlieb Daimler hat sich noch einmal durchgesetzt. Mit List, mit Ausdauer und mit letzter Kraft. Er ist ein schwer kranker Mann. Duttenhofer und Lorenz bemühen sich um einen einvernehmlichen Umgang mit ihm, doch Gottlieb Daimler erreichen sie kaum mehr. Der Alte hat sich eingeigelt in seiner eigenen Welt. Argwöhnisch sieht er in allen geschäftlichen Abmachungen nur wieder Benachteiligungen, unter denen er zu leiden habe. Daimler ist leicht reizbar, er wird zu einem Gefangenen seiner Verbitterung. Im Werk lässt er sich selten sehen, er regiert das Unternehmen zunehmend wie eine unsichtbare

Spinne, die ihr Netz genau kennt. Zu wichtigen Fragen äußert er sich kaum noch mündlich. Daimler schreibt lieber. Auch seine Freunde spüren, dass er sich verändert hat.

Dabei scheint er in heiteren Momenten der Alte zu sein.

An einem Augusttag des Jahres 1896 versammelt sich in den Morgenstunden eine merkwürdige Schar von Herren im Garten der Daimler-Villa. Der Hausherr schläft noch, doch plötzlich wird es laut in der Taubenheimstraße, und Gottlieb Daimler wird von einem Ständchen des Kölner Männer-Gesang-Vereins geweckt. Unter den Sängern befindet sich Daimlers langjähriger Freund, der New Yorker Klavierfabrikant William Steinway, der inzwischen als Erster Daimler-Automobile in den Vereinigten Staaten verkauft.

Gottlieb Daimler, so ein Augenzeuge, fährt hocherfreut aus dem Bett, findet in der Eile nichts Passendes zum Anziehen und zieht kurz entschlossen seinen Bratenrock übers Nachthemd. Rasch setzt er den Zylinder auf, um den Sängern vom Fenster aus zuzuwinken. Der Chor befindet sich anlässlich des Deutschen Sängerfests in Stuttgart. Mit dem Auftritt treffen die Männer bei Gottlieb Daimler, der nicht nur im Familienkreis gerne Volkslieder singt, den richtigen Ton. Seine stimmlichen Qualitäten sind schriftlich in den Aufzeichnungen der Hohentwiel-Gesellschaft belegt, der Techniker, Fabrikanten und hohe Beamte aus ganz Württemberg angehören. Man trifft sich mindestens einmal im Jahr. Gottlieb Daimler, so hält man es fest, sei „nicht nur ein großer Erfinder, sondern auch ein gottbegnadeter Sänger". Mit seinen Darbietungen habe er sich nie zurückgehalten.

Der Gartenchor trägt Musik an Daimlers Ohren und keine Missklänge, die aus Streit entstehen. So kommt Daimler mit alten Freunden ins Gespräch, spricht wohl über vergangene Zeiten und über das, was kommt. Jetzt muss William Steinway doch feststellen, dass sich der Mann, den er seit beinahe 20 Jahren kennt, merklich verändert hat. Steinway ist derart irritiert von seinen Eindrücken, dass er Wilhelm Maybach anschließend schreibt: Daimlers Ansichten seien ihm völlig unverständlich.

Wilhelm Maybach grübelt selbst über das Verhalten seines langjährigen Weggefährten. Während der Weihnachtsfeiertage des Jahres

1896 versucht er, seine Gedanken zu sortieren. Womöglich hilft es ihm, die Dinge aufzuschreiben. Am ersten Weihnachtstag sitzt er über einem Brief an einen Freund in New York: Mit ihm, Maybach, bespreche Gottlieb Daimler nur noch das Nötigste. Entscheidungen müsse man aus Daimler regelrecht herauspressen. Fürs Geschäft habe dieser keine Zeit mehr, er komme nur noch selten und wenn überhaupt zur Zeit des Feierabends, wenn Maybach selbst erschöpft sei. Die Gespräche verliefen selten erfreulich. Wenn es um Neuerungen gehe, verhalte sich Daimler wie ein Bremsklotz, seine Andeutungen über weiterhin bestehende Unstimmigkeiten mit den Herren Duttenhofer und Lorenz vermöge er beim besten Willen nicht zu enträtseln. Was er mit diesen beiden Herren ausfechten wolle, sei ihm nicht bekannt. „Es liegt doch ein krankhafter Zug im Verhalten des Herrn Daimler, sonst könnte ich mir nicht erklären, warum er immer noch nicht zufrieden ist. Wenn man glaubt, einen Gegenstand aus dem Wege geräumt zu haben, so findet er wieder andere Hindernisse, die ihn abhalten, einzugreifen – es ist ein Jammer!“

Der Todesflug des Buchhändlers – Sommer 1897

Ob Gottlieb Daimler manchmal noch an Hermann Wölfert denkt? Mit dem fliegenden Buchhändler aus Leipzig verbindet ihn einer der spektakulärsten PR-Erfolge in eigener Sache: Neun Jahre ist es inzwischen her, dass Gottlieb Daimler seinen Benzinmotor in ein Luftschiff von Wölfert eingebaut hat und der erste motorisierte Flug von Cannstatt nach Kornwestheim gelang. Im Gegensatz zu Gottlieb Daimler hat Hermann Wölfert jedoch vergeblich auf die verdiente Anerkennung gewartet. Im Juni 1897 setzt Wölfert alles auf eine Karte: Ein letztes Mal will er mit seinem neuen Luftschiff, der *Deutschland*, vor geladenen Gästen zeigen, dass die Technik ausgereift ist. Vor dem Start des Unternehmens sagt Wölfert zu Bekannten: „Dies ist meine letzte Fahrt – entweder sie glückt, oder ich bin ein toter Mann.“ Wölfert gibt sich zuversichtlich. Es stünden Interessenten bereit, um seine Erfindung zu kaufen, wenn nur diese eine Fahrt gelinge.

Die Entscheidung fällt in Berlin. Am Abend des 12. Juni 1897 strömen zahlreiche Zuschauer auf das Tempelhofer Feld. Unter ihnen befinden sich Schüler, die dort Sport treiben. Das Spektakel lockt auch Prominente an, die der Einladung Wölferts gefolgt sind. Die Gesandten Griechenlands, Japans und Chinas geben sich die Ehre. Vertreter des Kriegsministeriums wollen sich ein Bild davon machen, ob das Kaiserreich militärisch von diesem Luftschiff profitieren könne. Gegen 18.30 Uhr ist die *Deutschland* startbereit. Als die Brennerflammen, die die Glührohre des Motors heizen sollen, mehrfach hochschlagen, geht ein Raunen durch das Publikum. Welche Kräfte hat der Erfinder Wölfert entfesselt? Beherrscht er sie auch?

Bei schwachem Wind steigt das Luftschiff gegen 18.45 Uhr auf, jedoch nur rund zehn Meter, bevor es wieder sinkt. Soldaten nehmen am Boden zwei Sandsäcke ab, endlich steigt die *Deutschland* wieder, diesmal wohl auf 500 bis 600 Meter Höhe. Fast zehn Minuten sind seit dem Start vergangen, als plötzlich Feuer ausbricht und Flammen zum Rumpf laufen. Dann folgt eine Detonation, das Schiff sinkt in einer Flammensäule zu Boden, die brennende Gondel löst sich und einzelne Zuschauer aus der entsetzten Menschenmasse glauben, in diesen Momenten Schreie zu hören. Die Trümmer des Luftschiffs landen auf dem Gelände einer Zimmerei. Deren Holzplatz steht sofort in Flammen, die Feuerwehr rückt an und findet schließlich die verbrannten Leichen von Hermann Wölfert und seinem Mechaniker, der ihn auf dem Flug begleitet hatte.

Zwei Tage später wird der Luftfahrtpionier auf einem Tempelhofer Friedhof beerdigt. Die Kosten können aus der persönlichen Hinterlassenschaft Wölferts bezahlt werden – 90 Mark aus seinem Portemonnaie. Im *Berliner Lokalanzeiger* erscheint ein Nachruf. Mit Hermann Wölfert sei einer jener Männer aus dem Leben geschieden, die ihre volle Energie, ihr nimmer rastendes Streben an eine Idee setzten, deren Durchführung das leuchtende Ziel ihres Dasein gewesen sei. „Ein unglücklicher Moment stürzte den modernen Ikarus … von der Höhe seiner geträumten Hoffnungen in den furchtbaren Tod." 86 Jahre, nachdem der Schneider von Ulm in die Donau stürzte, fügt das Unglück in Berlin der Geschichte der Luftfahrt ein weiteres Kapitel des Scheiterns hinzu.

Mit Hermann Wölfert stirbt ein Zeitgenosse Gottlieb Daimlers, der sich nur schwer mit diesem vergleichen lässt. Wölfert ist ein kleines Licht, ein Bastler, ein Autodidakt und Quereinsteiger – das alles unterscheidet ihn von Daimler. Doch etwas eint die beiden Männer: ihr unbedingter Wille, ein selbst gestecktes Ziel zu erreichen, das vor ihnen noch niemand erreicht hat.

Aber was nützen Willensstärke und die besten Ideen, wenn der technische Fortschritt in Deutschland oft im Verborgenen blüht? In der Automobilindustrie soll sich das nun ändern, es wird höchste Zeit: Deutsche Ingenieure haben das Automobil erfunden und die Motoren entwickelt, aber von einem reißenden Absatz der Fahrzeuge kann keine Rede sein. Wie auch? Die Unternehmen schwimmen im eigenen Saft, es fehlt ihnen eine Lobby, es fehlt an Öffentlichkeitsarbeit und Werbung. In Frankreich und England haben sich längst Automobilclubs gegründet. In Deutschland: Fehlanzeige!

Aber das Land wacht aus dem Dornröschenschlaf auf. Am 30. September 1897 treffen sich Automobilbauer, Maschinenfabrikanten und Vertreter der Elektroindustrie in Berlin. Der Versammlungsort ist eine Topadresse. Man hat das „Hotel Bristol“ ausgewählt, es befindet sich Unter den Linden 5, der Reichstag liegt nur einen kurzen Mittagsspaziergang entfernt. Seit einem halben Jahr laufen die Vorarbeiten, ein Oberbaurat aus Berlin-Charlottenburg hat die Einladungen verschickt und mögliche Interessenten kontaktiert: Adolf Klose steckt als programmatischer Kopf hinter einer Idee, die an diesem Tag Gestalt annehmen soll. Um 12 Uhr schlägt die Geburtsstunde für den „Mitteleuropäischen Motorwagen-Verein“.

In Berlin kommt es zur Elefantenrunde der Industrie. Es grüßen einander: Emil Rathenau, der Generaldirektor der Allgemeinen Elektricitäts-Gesellschaft (später AEG), der Berliner Maschinenfabrikant Ernst Borsig und Gottlieb Daimlers Schreckgespenst Max Duttenhofer aus Rottweil. Die Gasmotorenfabrik Deutz schickt einen hochrangigen Vertreter, genau wie Siemens & Halske und der Stahlkonzern Krupp. Es werden Hände geschüttelt und Hüte gelupft, auch der Engländer

Frederick Simms ist gekommen – er hat bei der Daimler-Motorenfabrik seine Hände im Spiel und wird bald mit dem jungen Robert Bosch Geschäfte machen. Auch Ferdinand Graf von Zeppelins Name steht auf der Teilnehmerliste – neben diversen Reichstagsabgeordneten, Baronen, Wagenfabrikanten, Eisenbahndirektoren und Kaufleuten.

Die beiden Leitbullen sind ebenfalls gekommen. Gottlieb Daimler und Carl Benz werden von Oberbaurat Adolf Klose vorgestellt, als alle im Versammlungssaal ihre Plätze eingenommen haben. Es ist das erste verbürgte Treffen der beiden – und während vieles, was nun auf der Gründungsversammlung des Mitteleuropäischen Motorwagen-Vereins gesagt und getan wird, später veröffentlicht wird, bleibt eines im Dunkeln: was Daimler und Benz sich an diesem Tag zu sagen haben und ob sie überhaupt ein Wort miteinander wechseln. Unter den Linden hält Adolf Klose eine Grundsatzrede zur Zukunft des Automobils: Die Popularität des Motorwagens habe in jüngster Zeit in England und Frankreich eine Entwicklung genommen, „welche bei uns noch ungenügend gewürdigt werde". Nun stehe man aufgrund der technischen Fortschritte an einem Wendepunkt. Man habe dies vor allem den mit Benzin betriebenen Explosionsmotoren zu verdanken. Während Gottlieb Daimler mit seinem Motor ein technischer Durchbruch gelungen sei, würden französische Ingenieure den Wert dieser Erfindung erkennen und ausnutzen. In Frankreich sei es gelungen, die „Großmacht der Tagespresse" für sich zu gewinnen und dadurch beim Publikum Interesse zu wecken.

Damit schlägt Klose neue Töne an. Seine Botschaft lautet: Im Autobauen ist Deutschland Weltklasse, beim Marketing lebt man hinter dem Mond, während in Frankreich durch Wettfahrten wie Paris–Bordeaux–Paris der Motorsport erfunden wurde. Was die deutsche Automobilindustrie nun braucht: mehr PR, mehr Events, mehr Glamour. Das Automobil muss sexy werden, nur dann weckt es Begehrlichkeiten. Die Herren Fabrikanten und Direktoren haben einigen Gesprächsstoff, als sie nach Reden, Vorstandswahlen und einem spät angesetzten „gemeinsamen Gabelfrühstück" endlich zur Praxis übergehen können. Es steht eine Ausfahrt in den Grunewald an. Noch ist das Autofahren ein exklusives Vergnügen, niemand muss sich über einen Stau den Kopf zerbrechen. So sind die Herren rechtzeitig zum Abendprogramm wieder im Hotel. Im Hof sind sieben Automobile ausgestellt, vier davon stammen von Benz, eines von Gottlieb Daimler: Seine „Victoria" fährt seit einigen Monaten als Taxamater-Droschke durch Stuttgart. Im Vergleich zur ersten Motorkutsche, die Daimler vor elf Jahren gebaut hat, ist mit der Victoria ein Schritt nach vorn gelungen: Der Wagen bietet vier Fahrgästen Platz, er besitzt eine Heizung, ein geschlossenes Verdeck und sogar einen Rückwärtsgang. Mit der Victoria setzt sich bei der Daimler-Motoren-Gesellschaft erstmals eine Idee durch, der die Zukunft gehört: Der Wagen bietet eine Ahnung vom Autofahren in der Komfortzone. Deutschlands erstes Taxi legt im Schnitt täglich 70 Kilometer zurück, es wird bei den Stuttgartern immer beliebter. Carl Benz präsentiert in Berlin unter anderem ein sparsames Modell, ausgelegt für zwei Erwachsene und ein Kind, das es auf eine Höchstgeschwindigkeit von 30 Stundenkilometern bringt. Wer sich Unter den Linden die unterschiedlichen Fahrzeuge genauer ansieht, die Leicht- und Schwergewichte, die Zwei- und Viersitzer, der erkennt, wohin die Entwicklung führen wird: Die Motorwagen werden sich den Bedürfnissen und der Zahlungskraft ihrer Kunden anpassen müssen.

Mit sieben Fahrzeugen beginnt im Berliner Hotel Bristol im Herbst 1897 die deutsche Geschichte der Automobilausstellung. Noch staunen nur die 165 Gründungsmitglieder des Motorwagen-Vereins über deren technische Leistungsfähigkeit. Von einem Volkswagen ist nicht die Rede, davon, dass sich einmal Hunderttausende von Menschen auf Autoschauen tummeln werden, wagt man in Berlin nicht zu träumen. Aber ein Anfang ist gemacht.

Gottlieb Daimler ist nun Mitte 60, lockerlassen kann er nicht. Nicht, wenn es um seine Erfindungen geht und schon gar nicht, wenn die Vergangenheit nicht ruhen will. 15 Jahre, nachdem man ihm bei der Gasmotorenfabrik in Deutz den Stuhl vor die Tür gesetzt hat, haben beide Seiten eine offene Rechnung miteinander. Im November reist Gottlieb Daimler nach Leipzig, um seine Patentrechte gegen seinen früheren Arbeitgeber zu verteidigen. Es geht ihm ums Prinzip, um seinen Ruf und ums Geld. Trotz aller Verbissenheit verliert er nicht seinen Humor. Seiner Tochter Martha schickt er aus Leipzig eine Karte, auf die er zwei Schweine zeichnet – eines mit nach oben, eines mit nach unten gekrin-

Gottlieb Daimler arbeitet viel, aber seine Kräfte schwinden allmählich.

geltem Schwanz. Bald, schreibt Gottlieb Daimler, werde der Fall entschieden sein und er werde aus dem Gerichtssaal „als vergnügtes oder als betrübtes Schweinchen herauskommen". So aufgetaut und unbeschwert erlebt ihn in diesen späten Jahren vor allem seine Familie. Seine deutschen Geschäftspartner blicken nur noch selten hinter den Panzer, mit dem er sich gegen weitere Kränkungen schützt.

Wie schwer sein Weg in Deutschland ist, gegen wie viele Widerstände er sich behaupten musste! Kein Vergleich zu Frankreich – dort ist er in den Neunzigerjahren des 19. Jahrhunderts ein respektierter und bewunderter Mann. In der Weltstadt Paris steht er bei gesellschaftlichen Ereignissen im Mittelpunkt, hier gilt sein Wort etwas, hier pflegt er seit vielen Jahren Freundschaften und macht bei Empfängen bella figura: Dabei trägt er einen feinen Anzug, auf dem kantigen Schädel thront ein Hut: voilà, Monsieur Daimler, der weltberühmte Erfinder des Automobils.

Unter der anfänglichen Ignoranz der Deutschen gegenüber dem Automobil leidet auch Carl Benz. Der erste Käufer eines Benzwagens: natürlich ein Franzose. Der erste *deutsche* Käufer eines Benzwagens: ein Mann, dessen Vater umgehend den Kaufvertrag annulliert, weil sich bei seinem Sohn Anzeichen von Irrsinn bemerkbar gemacht hätten. Manchmal ist es wirklich zum Verrücktwerden.

Die Schraube des Fortschritts dreht sich schneller. Umso wichtiger wird die Entspannung. Robert Bosch sucht regelmäßig eine Welt jenseits seiner Werkstätten auf. Eine Welt, in der die Natur den Rhythmus vorgibt und keine Produktionspläne, keine Aufträge und weltweite Krisen, gegen die er nichts ausrichten kann. Seine älteste Tochter Margarete ist inzwischen zehn Jahre alt – auch die jüngeren Geschwister Paula und Robert junior sind dabei, wenn die Familie auf die Schwäbische Alb hinausfährt. Robert Bosch klettert leidenschaftlich gern. Mit seiner Anna hat er große Bergtouren unternommen, als die Kinder kleiner waren. Nun geht es zum ersten Mal mit der ganzen Familie ins Gebirge. Für Margarete wird die Hochtour auf die östliche Karwendelspitze ein unvergessliches Erlebnis. Die Familie übernachtet auf der Hochalm, die Kinder schlafen im Heu. Sie brauchen den Schlaf, weil der Vater stundenlang wandert, kaum müde wird und viele seiner Mitwanderer mit seiner Zähigkeit der Verzweiflung nahe bringt.

Zwischen Stock und Stein verabreicht der Vater seinen Kindern eine Portion Bildungsbürgertum im Geist seiner Zeit. Er lehrt die Kinder, Pflanzen und Tiere zu bestimmen. Als sie größer werden, macht er sie mit der Entwicklungslehre von Charles Darwin vertraut. In seiner Tochter Margarete schwingt ein Satz ihres Vaters lange nach: Der Mensch sei nur das höchste Säugetier. Aber die Kinder erleben auch andere Seiten ihres Vaters – einen von seinen Verpflichtungen völlig losgelösten Robert Bosch. Der hütet offensichtlich einen Sack voll Geschichten, Anekdoten und Witzen, die er bei passender Gelegenheit erzählt. Auch für Dialekte begeistert er sich und ahmt sie vor Publikum nach. So gibt es nicht nur den schwäbischen, sondern auch den bayrischen und den sächsischen Bosch, je nach Lust und Laune.

Die Dialekte beherrscht Robert Bosch besser als den Gesang. Ihr Mann, so sagt Anna Bosch einmal, singe mit großer Begeisterung falsch. Dabei liebt er das Volkstümliche, eines seiner Lieblingslieder ist „Im Krug zum grünen Kranze“ und „Das Lied der Franken“. In diesen Liedern trifft sich die Vorliebe Robert Boschs für ein Naturidyll mit jener von Gottlieb Daimler, der ebenfalls das Volkslied schätzt, jahrelang im Chor singt und für seine Stimme gelobt wird. Im Sängerwettstreit könnte folgende Mutmaßung der Wahrheit nahe kommen: Daimler singt besser als Bosch.

Machtspiele zwischen Daimler und Bosch – 1899

Wieder einmal verliert Gottlieb Daimler die Kontrolle darüber, welchen Weg die Daimler-Motoren-Gesellschaft einschlägt – obwohl sein Name über allem steht. Je größer sein Erfolg wird, desto enger schnüren sich die Fesseln in sein Fleisch. Ein Aufsichtsratsbeschluss der Motorengesellschaft zwingt ihn, sich mit einer technischen Neuerung zu befassen. Es gebe eine neuartige Zündung für Automobilmotoren, diese sei womöglich sicherer und leistungsstärker als jene Zündsysteme, die derzeit in Daimlermotoren verwendet würden. Der Beschluss muss Gottlieb Daimler schmerzen: Er selbst und Wilhelm Maybach haben die Glührohrzündung weiterentwickelt – nun soll ein anderer eine bessere Lösung gefunden haben?

Der Aufsichtsrat lässt Gottlieb Daimler keine Wahl: Er bestellt Robert Bosch zu sich ein, der mit den Magnetzündapparaten seit einigen Jahren erfolgreich geworden ist. Der junge Mann ist ein Shootingstar, man munkelt, er werde sein Geschäft demnächst vergrößern. Doch Gottlieb Daimler lässt den Jüngeren spüren, wer in puncto Automobiltechnik die Nummer eins im Land ist. Wilhelm Maybach und ein weiterer enger Mitarbeiter Daimlers empfangen Robert Bosch im Direktionsgebäude. Daimler, der Patriarch, bleibt in einem Nebenzimmer sitzen. Die Geste ist eine Machtdemonstration.

Die beiden Herren der Daimler-Motoren-Gesellschaft kommen zur Sache. Ob Bosch es sich vorstellen könne, aufgekauft zu werden? Doch mit ihrem Plan, den kleinen Fisch zu schlucken, stoßen sie auf Vorbehalte. Wenn er sich aufkaufen ließe, spiele nicht allein der Preis eine Rolle, erwidert Bosch. Er sei ein unabhängiger Mann, und es sei keinesfalls ausgeschlossen, dass die nun angestrebte Zusammenarbeit einmal enden werde. Was dann? Könne er in diesem Moment ohne Bedauern seinen Hut nehmen? Robert Bosch ist noch keine 40 Jahre alt, doch er weiß bereits um die Fallstricke in jener Geschäftswelt, in denen sich der große Gottlieb Daimler oft verheddert hat.

Im Direktionsgebäude beginnt ein Ringen, am Tisch wird über Exklusivrechte verhandelt. Bosch solle zustimmen, dass ausschließlich die Daimler-Motoren-Gesellschaft seine Zündungen verkaufen dürfe. Angesichts solcher Bedingungen beschleicht Robert Bosch immer stärker das Gefühl, dass die beiden Daimler-Unterhändler in Wahrheit gar nicht an einer Einigung mit ihm interessiert sind. Wenn sie die Verhandlungen mit inakzeptablen Forderungen scheitern ließen, hätten sie gleich doppelt gewonnen – sie hätten die Vorgaben ihres Aufsichtsrats erfüllt, mit Bosch zu reden. Gleichzeitig könnten sie nach dem Gespräch weitermachen wie bisher: ohne die Bosch-Magnetzündungen aus dem Stuttgarter Westen und mit den Glührohrzündungen, die Daimler und Maybach selbst konstruierten.

Robert Bosch ist ein vorsichtig taktierender Geschäftsmann, der keine vorschnellen Entscheidungen trifft. Sein Leitspruch, dass er lieber Vertrauen verliere als Geld, wird ihn lange überleben und sein Unternehmen bis ins Mark hinein prägen. In dieser Verhandlungsrunde fehlt es offenbar am Rohstoff des Vertrauens, aus dem eine Zusammenarbeit geschmiedet werden kann. Robert Bosch hakt nach: Würde die Daimler-Motoren-Gesellschaft denn ausschließlich Bosch-Zündungen einbauen, falls er einem Alleinverkauf seiner Zündungen zustimmen würde?

Robert Bosch sucht nach Sicherheiten in diesem Deal, aber in dieser Frage kann Wilhelm Maybach nicht ohne seinen Chef entscheiden: Er müsse Gottlieb Daimler hören. Doch Daimler setzt sich nun keineswegs mit an den Verhandlungstisch, was eine von zwei denkbaren Möglichkeiten ist. Stattdessen bespricht Maybach den Stand der Verhandlungen mit Daimler im Nebenraum. Die beiden Räume sind miteinander durch einen gemeinschaftlichen Ofen verbunden. So hört Robert Bosch, wie Maybach seinen Kompagnon Daimler nebenan fragt, ob er zustimme, dass künftig ausschließlich Bosch-Zündungen in den Daimler-Automobilen eingebaut werden sollten. Robert Bosch muss nicht warten, bis ihm Gottlieb Daimlers Entscheidung von Wilhelm Maybach überbracht wird. Er hört die Antwort aus dem Nebenzimmer über die „Ofenleitung" auch so: „Das müßte ein schlechter Erfinder oder Konstrukteur sein, der von einem Tag zum andern sich an eine solche Neuerung bände."

Als Wilhelm Maybach wieder bei Robert Bosch Platz nimmt, scheint eine Einigung außer Reichweite. Noch einmal hakt der Elektrotechniker aus dem Westen nach: wie viele Zündungen die daimlersche Motorengesellschaft ihm jährlich abnehmen wolle? Im ersten Jahr vielleicht 100, im zweiten 150 Stück, bescheidet ihm Maybach. Für Bosch ist die Angelegenheit damit erledigt, da er im Vorjahr bereits 1200 Magnetzündungen verkauft hat – würde er nun zustimmen, würde sein Umsatz auf ein Zehntel dieses Werts schrumpfen. Die Herren reichen einander die Hand, man geht ohne Geschäftsabschluss auseinander. Damit scheitert der Versuch, aus der kleinen Firma Bosch ein Anhängsel der Daimler-Werke zu machen.

Für Gottlieb Daimler kommt es noch heftiger. Die Frage der Zündung im Motor entwickelt sich für ihn im letzten Jahr des alten Jahrtausends zu einem regelrechten Fluch. Kurz nach den gescheiterten Verhandlungen mit Robert Bosch muss auch er einsehen, dass nichts so mächtig ist wie eine Idee, deren Zeit gekommen ist. Und bei dieser Idee handelt es sich nicht um die von ihm und Maybach ausgetüftelte Glührohrzündung – sondern um die Magnetzündung des fast drei Jahrzehnte jüngeren Robert Bosch. Erneut ist es keine Selbsterkenntnis, die ihn zur Einsicht bringt, sondern Druck, der von außen auf ihn ausgeübt wird.

Ein Artikel im *Neuen Wiener Abendblatt* beschert ihm einen PR-Gau erster Güte. Die schlechten Nachrichten verursacht ausgerechnet einer seiner wichtigsten Handelspartner. Im *Abendblatt* lässt sich Emil Jellinek über das Fahren im Allgemeinen und die Daimler-Automobile im Besonderen aus. Jellinek, österreichischer Honorarkonsul in Nizza und im Hauptberuf Automobilhändler, schreibt einen sicherheitstechnischen Verriss erster Klasse über die daimlersche Glührohrzündung. Diese „bildet eine schwere Gefahr für die Sicherheit des Kraftfahrzeugs, da dieses bei unsachgemäßer Bedienung der Glührohrzündung leicht in Brand geraten könnte ... Mir selbst sind in meiner langen Praxis unzählige Male meine Wagen in Brand geraten ... Bei einem alten Daimler ist der ganze rückwärtige Teil des Wagens ebenfalls in Flammen aufgegangen. Hoffentlich wird in kurzer Zeit die bessere Einsicht der Fabrikanten oder, wenn es nicht anders geht, ein Gesetz die Verwendung jeder Glührohrzündung bei Automobilen abschaffen."

Für Gottlieb Daimler, den penibeln Qualitätsfetischisten, kommt der Artikel einem Schlag ins Gesicht gleich. Die Zündungsprobleme haben sich öffentlichkeitswirksam zum Desaster ausgeweitet. Für die Marke Daimler wird es ein erster Elchtest.

Emil Jellinek ist unerschrocken. Keine PR-Abteilung hat ihn in seinem Mitteilungsdrang bremsen können. Glaubwürdig ist er auch: Jellinek ist wie so viele seiner Zeitgenossen als leidenschaftlicher Radfahrer gestartet und später mit der gleichen Begeisterung in den jungen Klub der Automobilfreunde übergewechselt. Als Händler von Daimler-Automobilen sitzt er an einem wichtigen Schalthebel der Industrie – mit der Macht des Verkäufers sorgt Emil Jellinek höchstpersönlich für die Einsicht der Fabrikanten: Autos, die Gottlieb Daimler künftig an ihn liefere und von ihm vertrieben würden, müssten mit Bosch-Magnetzündern ausgestattet sein. Dass die Autos dadurch tausend Mark teurer werden als zuvor, verschmerzt er angesichts des eigenen Gewinns beim Weiterverkauf problemlos. Damit entscheidet ein österreichischer Kaufmann den Wettbewerb der Zündsysteme. Gottlieb Daimler fügt sich in die Verhältnisse, wenn auch zähneknirschend und erst nach Widerstand.

Robert Bosch glaubt, dass ihn der Ältere deswegen hasst und ihm alle Schwierigkeiten bereitet, die in seiner Macht stehen. Später wird er notieren, dass Gottlieb Daimler nicht habe einsehen wollen, „dass die Magnetzündung ein Fortschritt war, der seinem Motor zugutekam".

Zur Jahrhundertwende strebt nun zusammen, was eigentlich aufgrund zweier einander widerstrebender Charaktere nicht zusammenzupassen schien: Daimler *und* Bosch. Was der Jüngere anzubieten hat, ergänzt das Werk des Älteren derart perfekt, dass die Zusammenarbeit unausweichlich wird – Robert Bosch findet nicht nur in Emil Jellinek einen prominenten Fürsprecher: In Stuttgart hegt Ferdinand Graf Zeppelin in seinem Konstruktionsbüro kühne Pläne, die sich dank der neuen Daimlermotoren verwirklichen sollen. Zeppelin hat das Luftschiff neu erdacht, baut es nun und benötigt einen Antrieb. Es liegt für ihn nicht nur räumlich nahe, dass er sich nach Cannstatt zu Gottlieb Daimler begibt, dessen Motoren bereits unter Beweis gestellt haben, dass sie luftschifftauglich sind. Graf Zeppelin ist von anderem Kaliber als der Buchhändler Hermann Wölfert, dessen spektakulärer Tod in Tempelhof jedem vor Augen steht, der himmelstrebende Pläne verfolgt. Wölferts Luftschiff war als Feuersäule am Himmel zu sehen. Wenn der Graf an Daimlers Glührohrzündung denkt und daran, was Emil Jellinek darüber schrieb, muss ihm unwohl zumute sein. Graf Zeppelin benötigt Gottlieb Daimlers Motor. Aber er wird dafür sorgen, dass das in sein Luftschiff eingebaute Exemplar eine Bosch-Zündung bekommt. Ihm ist sein Leben lieb.

Eine letzte Fahrt – 1899

Sein Hausarzt verordnet Gottlieb Daimler absolute Bettruhe. Der Patient ist aufgewühlt. Daimler fühlt sich hintergangen, wieder sieht er sich von Feinden umzingelt, die nichts anderes im Sinn haben, als sein Werk zu beschädigen und Nutzen aus seinen Ideen zu ziehen. Doch jetzt fehlt ihm die Kraft, um sich zu wehren. Anfallsartig kommen die Schmerzen in seiner Brust, Krämpfe quälen den 65-Jährigen. Der Hausarzt zieht einen Herzspezialisten hinzu, der Gottlieb Daimler nach Bad Urach schickt, wo er sich erholen soll. Fort, nur fort aus Cannstatt, wo der alte Daimler nur an die Arbeit denkt und an seine Widersacher, wie schon so oft.

Drei Wochen später ist er wieder zurück in der Taubenheimstraße. Das Jahr 1899 neigt sich dem Ende entgegen, als man Gottlieb Daimler noch einmal in seinem Garten unweit der Villa sieht. Es geht ihm etwas besser. In der Natur hat er ein Leben lang sein inneres Gleichgewicht wiedergefunden, sie war für ihn eine Zuflucht, wenn ihn die Menschen enttäuschten, und ein Ort schöpferischer Erholung, wenn er bei einem technischen Problem nicht mehr weiterwusste. Mühsam sind seine Schritte nun auf den Wegen durch sein Anwesen. Hier hat er für sich und seine Familie ein Idyll geschaffen, das er im Leben nie fand. Auch weil er sich mit seinem Dickkopf oft selbst im Weg stand.

Neben der als Gartenhaus getarnten Werkstatt und einem beheizbaren Gewächshaus hat er Rebstöcke anpflanzen lassen. Vehement hat er sich dagegen gewehrt, als die Taubenheimstraße vor seiner Villa verbreitert und deswegen etliche alte Bäume gefällt werden sollten. Der Fortschritt, den er selbst mit angestoßen hat, wird noch vielen Bäumen das Leben kosten. Manche Städte unterwerfen sich dem Automobil, breite Straßen fressen sich in das Stadtbild hinein.

Es liegt jetzt für Gottlieb Daimler fast ein ganzes Leben zurück, dass er als Schuljunge mit dem Zeichenstift einen Herculeskäfer zu Papier brachte, später hielt er die Landschaften, durch die er reiste, mit feinen Strichen fest. Die Naturmalerei hat er aufgegeben, technische Zeichnungen haben sein Leben bestimmt, aber seine Sehnsucht ist geblieben. In bitteren Momenten war er in den vergangenen Jahren in seinem Garten hinauf zum Turm gegangen, an jenen Ort, wo die Travertinwände die Wärme des Sommers speicherten. Als junger Mann war er oft gewandert, jetzt, da längst das Automobil sein Leben prägt, lässt er seine Fahrer manchmal auf Anhöhen anhalten. Von dort aus blickt Gottlieb Daimler in die Weite.

Im Spätherbst 1899 sind seine Kräfte erschöpft. Gottlieb Daimler fällt es schwer, vom Geschäftlichen loszulassen. Täglich halten ihn seine beiden Söhne Paul und Adolf auf dem Laufenden, ihr Vater will wissen, wie die Versuchsarbeiten in der Firma vorankommen. Aber muss er deshalb selbst eine Probefahrt mit einem neuen Wagen unternehmen? Er muss. Trotz rauen Wetters und angegriffener Gesundheit lässt er sich von seinem Fahrer nach Fellbach fahren, um dort ein Grundstück zu besichtigen, das sich für eine Fabrik eignen könnte. Auf der

Heimfahrt klagt Gottlieb Daimler, das Fahren bereite ihm Schmerzen. Plötzlich sinkt er in sich zusammen und stürzt vom Sitz des offenen Wagens auf die Straße. Tatsächlich erholt sich Gottlieb Daimler von der Herzattacke und dem Sturz so weit, dass der Chauffeur, der ihm zur Hilfe geeilt war, die Heimfahrt fortsetzen kann. Noch einmal geben die Ärzte zu Hause in seiner Villa alles, um ihn wieder auf die Beine zu bekommen.

Ob die Kunst der Mediziner diesmal ausreicht, ist fraglich. Daimlers Familie weiß, wie ernst es um ihn steht. Seit Kurzem vertritt ihn sein Sohn Adolf bei geschäftlichen Verhandlungen, unter anderem bei jenen mit der deutschen Heeresverwaltung, die mit ihren Bestellungen zum Aufschwung der Daimler-Motoren-Gesellschaft beiträgt. Der Kunde ist für das Unternehmen König, der Kaiser darf sogar Extrawürste braten. Wilhelm II. verlangt, dass ihm in Potsdam sämtliche Daimlerwagen persönlich vorgeführt werden. Adolf Daimler kommt eine Idee: Alle zwölf verschiedenen Fahrzeuge – Omnibusse, Kutschen, Personen-, Last- und Rennwagen – lässt er nicht zuerst am Kaiser vorbeifahren, sondern an seinem Vater. So sieht der schwer kranke Gottlieb Daimler noch einmal, was aus seiner Erfindung inzwischen geworden ist. Es wird eine Abschiedsparade. Gottlieb Daimlers Herz macht nicht mehr mit, auch sein Gedächtnis trübt sich. Manchmal gelingt es ihm nicht mehr, die Namen seiner Kinder auseinanderzuhalten. Schwach wirkt er, der immer mächtig war und am Ende langer Testfahrten seinen Kindern oft Postkarten geschickt hatte, die er so unterschrieb: „Papa, der Anführer."

Die Jahrhundertsause – Silvester 1899

Große Aufregung und Gelehrtenstreit! Wann geht das alte Jahrhundert zu Ende, wann bricht die Menschheit in ein neues Zeitalter auf? Schon Wochen vor dem Silvesterabend 1899 füllt diese Frage die Spalten in Zeitungen und Magazinen, Experten werden zurate gezogen: Philosophen streiten mit Mathematikern, Politiker mit Politikern, Bürger mit Bürgern. Dabei ist die Sache klar: das 19. Jahrhundert endet erst am 31.12.1900 – doch das ist den Menschen egal, die Magie der Zahlen entscheidet die Frage, nicht die Vernunft: Das alte Jahrhundert geht am 31. Dezember 1899 zu Ende, so fühlt es die Volksseele und so füllen sich auch die Tageszeitungen: mit Anzeigen für Punsch-Essenzen und Tafellikören, für Kirschwasser und Champagner. Das 19. Jahrhundert soll im Rausch vergehen.

In Stuttgart stochert man im Nebel. Am Silvestertag hüllen dicke Schwaden die Hänge der Stadt ein. Das unerfreuliche Tauwetter, das schon die Weihnachtsstimmung getrübt hatte, hält an. Die Jahrhundertwende löst eine Hochkonjunktur für Orakelhaftes aller Art aus: Krieg und Frieden, der technische Fortschritt, die soziale Frage – alles kommt auf den Tisch, es setzt ein großes Zukunftsrumoren ein. Die Zeitschrift *Über Land und Meer* dichtet ins Ungefähre: „Das Alte stürzt, es ändert sich die Zeit, und neues Leben blüht aus den Ruinen." Schön geschrieben und keinesfalls verkehrt, zumal die Zeilen von Friedrich Schiller stammen – sein vor fast hundert Jahren veröffentlichter „Wilhelm Tell" dient als Kronzeuge für die Zeitenwende.

Zum Besseren? Die *Frankfurter Zeitung* ist davon überzeugt. Sie besinnt sich in ihrer Silvesterausgabe – es ist ein Sonntag – auf eine Schicksalsfrage für Europa: „Trotz der häufigen Kriege der letzten Jahre hat die Friedensidee große Fortschritte gemacht. Die Kriege sind, so zu sagen, Spezialfälle; ein Krieg zwischen den Großstaaten selbst gilt als fast undenkbar." Zum Trost: Andere Blätter liegen an diesem Tag auch daneben. Aber man schaut nicht nur nach vorn, man blickt auch zurück. Das 19. Jahrhundert ist eine Umwälzmaschine der Verhältnisse gewesen. Mit epochalen Erfindungen, mit Fortschritten und einer Verschiebung der politischen Kräfteverhältnisse. Noch glänzt das britische Empire, doch der deutsche Kaiser träumt von anderen Machtverhältnissen.

Die *Berliner Illustrirte* beweist Spürsinn dafür, dass die Menschen ihr Leben gern sauber in Schubladen einsortieren. Das Blatt befragt die Menschen nach den Top-Persönlichkeiten und den Top-Ereignissen des 19. Jahrhunderts. Die Eisenbahn wird zur „wohltätigsten Erfindung oder Entdeckung" gekürt. Außerdem nennen die Menschen die Elektrizität, die Dampfkraft, die Narkose, die Schutzimpfung und die Nähmaschine. Genau, die Nähmaschine und nicht das Daimler-Benz-Automobil, das noch nicht so heißt, weil die beiden Firmen getrennt voneinander in die Zukunft fahren.

Wer in die Statistik schaut, der sieht den langsam einsetzenden Rummel rund um das Automobil gelassen: Weltweit rollen 12 000 motorisierte Wagen über die Straßen, die unangefochtene Hauptstadt des Automobilismus heißt Paris. An der Seine sind 1795 Automobile registriert. Paris schreitet voran – so hat hier kürzlich eine gewisse Fürstin von Uzès erfolgreich ihr Examen in der Führung von Motorwagen absolviert und sich von der Tagespresse als erste *chauffeuse* feiern lassen. Die motorisierte Fahrerei bleibt ein exklusives Vergnügen, von dem das gemeine Volk nur träumen kann. Zum größten Erfinder des Jahrhunderts küren die Leser der *Berliner Illustrirten* den elektrisierenden Edison. Aber auch die Deutschen drängen in die Liste, beispielsweise Gauß, Röntgen, Siemens und Reis. Automobilerfinder auf dieser Liste: Fehlanzeige.

Das größte historische Ereignis des Jahrhunderts? Die „Einigung und Wiederaufrichtung“ des Deutschen Reichs, das nach dem gewonnenen Krieg gegen Frankreich 1870/71 einen Aufschwung genommen hat. Folgerichtig wird der Reichsgründer Otto von Bismarck zum „größten Staatsmann des Jahrhunderts“ erklärt und Kaiser Wilhelm I. zu dessen „größtem Helden“. In viele optimistische Stimmen zur Jahrhundertwende mischen sich wenige Zweifler und Verzweifelte.

Immerhin, in Wien herrscht verlässlich Endzeitstimmung. Der junge Schriftsteller Karl Kraus schreibt in der Zeitschrift *Fackel* aus gegebenem Anlass in satirischem Ton: „Alles steht und wartet: Kellner, Fiaker, Regierungen. Alles wartet auf das Ende – wünsch‘ einen schönen Weltuntergang, Euer Gnaden!“

Silvesterabend. In Berlin wartet die Hofgesellschaft im Schloss – darauf, zu knicksen und zu gratulieren. Kaiser Wilhelm II., der Enkel von Kaiser Wilhelm I., hält mit seiner Gemahlin Hof und erwartet die Gratulationscour zum neuen Jahr. Schlag Mitternacht donnern die Kanonen im Lustgarten. Das Signal passt zum 20. Jahrhundert, der Kaiser sucht sein Heil im Militärischen, er baut die Kriegsflotte aus: „Unsere Zukunft liegt auf dem Wasser.“ Wer kann schon ahnen, dass auch in diesem neuen Zeitalter Deutschland zweimal untergehen wird und das größte Projekt im Land in jenen Worten zusammengefasst werden kann, die schon das 19. Jahrhundert bestimmten: „Wiederaufrichtung und Einigung".

In Stuttgart gesellen sich in der ersten Neujahrsstunde zum Nebel ausgiebige Regengüsse, die die Nachtschwärmer nach Hause treiben. In den Abendgottesdiensten hatten die Geistlichen zuvor „besonders eindringlich" um Schutz und Segen gebeten.

Das 20. Jahrhundert erfordert einen zeitgemäßen Auftritt. In Berlin stellt Kaiser Wilhelm Zwo bei seinen Repräsentationsfahrten durch die Hauptstadt von der Pferdekutsche auf das Automobil um. Bisher zogen ihn Rappen, nun sind „kaiserliche Automobile im Einsatz", wie der Baedeker-Reiseführer ehrfürchtig notiert. Die Fahrzeuge seien elfenbeinfarben und fielen durch ein melodisches Trompetensignal mit besonderem Zweiklang auf. Derart elegant braust der Kaiser vom Hohenzollernschloss auf der Prachtstraße Unter den Linden zum Brandenburger Tor. Natürlich lässt sich Wilhelm II. nicht in irgendeinem Automobil durch Berlin kutschieren. Der Kaiser fährt Daimler.

Die Fabrik neben dem Friedhof – 1900

Es wird eine Flucht nach vorn: Robert Bosch sieht für sich den Moment gekommen, um aus der Enge der dunklen Hinterhöfe auszubrechen, hinaus ins Licht. Seine Zukunft soll ausgerechnet jenseits der Begrenzungsmauer eines Friedhofs beginnen, wo all jene begraben liegen, die durch die Kraft ihrer Worte berühmt wurden: in Parlamenten, in Schreibstuben. Einigen ging es um die Liebe, anderen um die deutsche Einheit, den Nächsten um die Freiheit. Auf dem Hoppenlau-Friedhof im Stuttgarter Westen ruht auch Ferdinand Graf von Zeppelin. Der Verstorbene trug denselben Namen wie sein Neffe, der im Jahr 1900 davon träumt, dass sein Luftschiff im Himmel schweben und seinen Namen in die Welt hinaustragen würde. Sein Onkel war zu Lebzeiten als Hofmarschall im königlichen Macht- und Repräsentationsapparat tätig. Die beiden Grafen von Zeppelin passen in ein großes Zeitbild:

Der Ältere lebte in der Adelswelt, der Jüngere träumt nach seiner Militärkarriere einen bürgerlichen Fortschrittstraum. Auf dem Friedhof befindet sich Graf von Zeppelin in erlesener Gesellschaft. In der Erde einer der ältesten Ruhestätten der Stadt liegt Prominenz aus Kultur und Politik begraben: Johann Friedrich Cotta verlegte Friedrich Schillers Werke, der Schriftsteller Wilhelm Hauff setzte dem Wirtshaus im Spessart ein literarisches Denkmal. Auf dem Friedhof ist Georg Christian von Kessler begraben, der die erste deutsche Sektkellerei gründete. Der Dichter Christian Friedrich Daniel Schubart liegt hier, der Schriftsteller Gustav Schwab, der Wilhelma-Architekt Karl Ludwig von Zanth, der Bildhauer Johann Heinrich von Dannecker und Willibald Feuerlein – der erste Oberbürgermeister der Stadt.

Wer über den Hoppenlau-Friedhof flaniert und die Inschriften auf den Grabsteinen entziffert, entdeckt einen Ort der deutschen Geistesgeschichte. An den Friedhof grenzt ein Garten, hinter dem eine Zeile geduckter Häuser beginnt, in der etliche Winzer wohnen. Aus einer im Eckhaus gelegenen Kelterwirtschaft torkeln zu später Stunde lärmende Betrunkene auf die Straße hinaus. Vor den Toren jenes Wirtshauses sorgte vor fast 50 Jahren eine Himmelserscheinung für Aufsehen, die die Menschen auch in nüchternem Zustand sehen konnten: Von hier aus stieg zur Verblüffung der Stuttgarter der erste Ballon in den Himmel auf.

Die Zeit ist reif dafür, dass an diesem Ort nun Technikgeschichte geschrieben wird. Seit Jahren ist die Zahl der Mitarbeiter von Robert Bosch gewachsen, endlich hat er sich finanziell von der Last der mühevollen Anfangsjahre befreit. Der Erfolg hat sich auch deshalb eingestellt, weil er stur an sich und an seine Sache geglaubt hat. Robert Bosch hat durchgehalten, während andere mit ähnlich klugen Gedanken, aber weniger Willenskraft als der Ulmer Wirtssohn, aufgegeben haben. Seit einer Weile grübelt Robert Bosch darüber, wie die Zukunft seines Unternehmens aussehen könnte. Der Werkstattbetrieb war an seine Grenzen gestoßen, seine Mitarbeiter hatten in drangvoller Enge gearbeitet. Mehrfach hatte Bosch neue Räumlichkeiten hinzugemietet. Doch das war alles Stückwerk. Robert Bosch steht vor einer Schicksalsfrage: Soll er ewig klein bleiben, um sich eines Tages von einem Konkurrenten schlucken zu lassen? Oder soll er ein Risiko eingehen, sich vergrößern und darauf hoffen, dass die Geschäfte weiter so gut laufen, wie zuletzt?

Am 2. März 1900 setzt Robert Bosch seine Unterschrift unter einen Kaufvertrag. Dieser sichert ihm neben dem Mietshaus in der Militärstraße einen dazugehörenden Garten. Während einige Meter entfernt das Moos über Grabsteine wuchert, soll im Garten Neues wachsen: Boschs erste Fabrik. Mit der Unterschrift beendet Robert Bosch seine Werkstattzeit in den Hinterhäusern. Von Anfang an ist er ein Unternehmer gewesen, schon in der 3-Mann-Werkstatt in der Rotebühlstraße – bald werden alle sehen können, dass er wirklich etwas unternimmt. Dass er Ambitionen hat. Voller Stolz schreibt er einem Studienkameraden: „Hausbesitzer bin ich; ich bin auch glücklich, doch nicht gerade des Hauses wegen, wenn ich auch glaube, ich habe mit der Militärstraße 2 B keinen schlechten Kauf gemacht."

Jetzt also: alles auf Anfang. In den Plänen für die Bosch-Fabrik schlummert Pioniergeist. Robert Bosch will die Fabrik in Eisenbeton bauen lassen, der Baustoff ist eine kleine Revolution. Er wurde in keinem anderen Gebäude der Stadt zuvor verwendet. Die Angelegenheit wird von staatlichen Stellen erst geprüft, bevor man die Genehmigung erteilt. Nach außen hin wird der Fortschritt verkleidet: Hau- und Backsteine sollen die Fassade zieren, sodass die Fabrik den Menschen nicht so nackt erscheinen möge wie seinerzeit der Eiffelturm in Paris. Ein unübersehbarer Schriftzug wird auf das Innenleben des Gebäudes hinweisen: „Elektrotechnische Fabrik".

Jetzt gilt es für Robert Bosch. Wenn die Fabrik steht, wird er mit 45 Mitarbeitern einziehen, aber das Werk wird Platz für 200 Mitarbeiter bieten. Bosch ist zum Erfolg verdammt. Überschätzt er sich? In Stuttgart taucht er nicht mal in der jährlich erscheinenden Chronik der Stadt auf, die alle erwähnt, die sich einen Namen gemacht haben. Muss man Robert Bosch in diesem ersten Jahr des neuen Jahrtausends kennen? In Fachkreisen schon. Dem geschäftstüchtigen Engländer Frederick Simms ist Robert Bosch dank seiner Zündapparate schon länger aufgefallen. Die beiden schließen Verträge miteinander ab – Bosch wagt sich damit erstmals ins Ausland. Jetzt nimmt alles Fahrt auf: Eine Bosch-Niederlassung öffnet in Budapest, eine weitere kurz darauf in Mailand.

Zur Jahrtausendwende wandelt sich der Blick auf das Automobil. Vor wenigen Jahren ist es als Luxusspielzeug der Reichen erstmals auf den Straßen unterwegs gewesen. Das Volk jubelte am Straßenrand oder wendete sich mit Grausen ab, je nach Temperament. Aber den meisten Menschen blieb nur die Zuschauerrolle. Das ändert sich nun. Noch kann von keiner Massenfertigung gesprochen werden, aber das Automobil verlässt seine elitäre Kinderstube und erobert ein größeres Publikum. Es ist zu früh, um von einem Volkswagen zu reden. Doch im Jahr 1900 tauchen in der Kundenliste von Robert Bosch erstmals Namen auf, die in den nächsten Jahrzehnten bekannt werden: Fiat, Skoda, Horch, Austro-Daimler. Bald werden weitere junge Firmen hinzukommen, unter ihnen Opel.

In dieser Gründungswelle der Automobilindustrie wird das Fahrzeug noch einmal neu erfunden. Eben schien es einer Pferdekutsche zum Verwechseln ähnlich zu sehen und unmöglich ohne die Technik aus dem Fahrradbau auskommen zu können. Doch zur Jahrtausendwende emanzipiert sich das Automobil – auch dank Männern wie Emil Jellinek, die mehr Komfort wollen, bessere Fahreigenschaften, mehr Sicherheit. Vor allem: mehr Tempo. Die Automobilbauer sind auf Speed aus. Sie arbeiten an Geschwindigkeiten, die 70 Stundenkilometer übersteigen. Sie denken längst über aberwitzige Rekorde nach. Aber schnell können diese rasenden Kisten nur werden, wenn die Zündung im Explosionsraum des Motors zuverlässig funktioniert. Die Zündungsfrage bleibt entscheidend.

In diesem Moment hält Robert Bosch mit seinem Magnetzünder einen goldenen Schlüssel in der Hand. Er öffnet seinem Unternehmen die Tür in die Zukunft. Das Produkt, das für immer untrennbar mit seinem Namen verbunden sein wird, entspringt keiner gewöhnlichen Werkstattarbeit. Es geht um Millimeter. Die Arbeit verlangt nach Fehlerlosigkeit, sie ist mindestens ebenso anspruchsvoll wie die Präzisionsarbeit jener Büchsenmacher, die in Gottlieb Daimlers Jugendzeit für den technologischen Fortschritt Pate stand.

Wäre er allein auf seinen Erfindungsreichtum angewiesen, wäre Robert Bosch verloren. Für seine Wertarbeit benötigt er wertvolle Mitarbeiter. Robert Bosch setzt auf eine Stammbelegschaft, er investiert in die Aus- und Weiterbildung von Mitarbeitern, die mit ihrem Geschick

Beim Ausflug stoßen Bosch und seine Mitarbeiter auf das Wachstum des Betriebs an.

und ihrer Zuverlässigkeit den Unterschied ausmachen im Kampf gegen die Konkurrenz. Die Fabrik beim Friedhof soll keine Knochenmühle der Arbeit sein, wie sie Gottlieb Daimler und Robert Bosch in England und in den Vereinigten Staaten selbst gesehen haben. Der unbarmherzige Drill des Manchesterkapitalismus verträgt sich nicht mit den Moralvorstellungen eines Mannes, der wollene Kleidung trägt, an die Homöopathie glaubt und zu cholerischen Anfällen neigt, wenn sein Gerechtigkeitsempfinden verletzt wird. Hell und luftig lässt Robert Bosch seine „Elektrotechnische Fabrik" bauen. Seine Mitarbeiter sind für ihn mehr als Arbeitssklaven, deren Kraft er bis zu deren totaler Erschöpfung auspresst. Menschen sind sein Kapital. Robert Bosch legt in diesem Frühjahr des neuen Jahrtausends den Grundstein dafür, dass „Bosch-Arbeit" einmal in aller Welt mit Wertarbeit gleichgesetzt wird. Seine Art, das Unternehmen zu führen, gibt eine Vorahnung von der sozialen Marktwirtschaft.

Was das junge Unternehmen des Jahres 1900 neben dem Magnetzünder, neben Gas-, Wasser- und Elektroinstallationen aller Art noch

Wesentliches bietet? Mitarbeitermotivation, die Pflege des Arbeitsklimas, überdurchschnittliche Bezahlung, Expansion in Auslandsmärkte, Aufstiegschancen und einen Arbeitsplatz in einer Hightechbranche. Hochtechnologie aus dem Land der Dichter und Denker.

Robert Bosch hat eine Schwelle überschritten. Gottlieb Daimler liegt im Sterben.

Was Gottlieb Daimler überlebt – 1900

Von einem frühen Frühling keine Spur. Am Morgen des 6. März 1900 liegt die Residenzstadt von König Wilhelm II. in Kälte gepackt. In der Nacht zuvor zeigte das Thermometer elf Grad unter null. Raue Nordwinde blasen scharfen Frost in den deutschen Südwesten, selbst aus Ober- und Mittelitalien wird starker Schneefall gemeldet. Die Witterung hat Folgen: Innerhalb von einer Woche haben sich 500 neue Grippekranke bei der Ortskrankenkasse gemeldet. Die extreme Kälte belastet vor allem die Älteren und Kranken.

Am Vormittag herrscht Trubel am Stuttgarter Bahnhof. Die Königin empfängt ihren Mann, der von einer Reise nach Potsdam zurückkehrt, wo er dem Prinzen Bernhard von Sachsen-Weimar einen Besuch abstattete. Mittags wird Wilhelm II. wieder die Amtsgeschäfte führen, und für den Abend erwartet man, ihn in der königlichen Loge im Hoftheater zu sehen. Um halb acht steht „Die Fledermaus" auf dem Spielplan.

In der Abendausgabe des *Stuttgarter Neuen Tagblatts* finden die Leser in der Rubrik „Personalnachrichten" eine wenige Zeilen umfassende Notiz: „Aus Cannstatt kommt die Trauerkunde, daß dort Kommerzienrat Daimler, der Erfinder des nach ihm genannten Motors, gestorben ist". Anderntags erscheinen drei große Traueranzeigen. Gottlieb Daimlers Familie schreibt, dass er nach langem, schwerem und mit Geduld ertragenem Leiden am Vormittag des 6. März verstorben sei. Die „tiefgebeugte Gattin" betrauere seinen Tod, wie alle seine Kinder aus erster und zweiter Ehe. Die Beerdigung finde am Donnerstag, den 8. März 1900, nachmittags um 4 Uhr auf dem Uff-Kirchhof statt. Die Trauergesellschaft breche in der Taubenheimstraße 13, bei der Villa des Verstorbenen, zum Friedhof auf.

Für seine Angehörigen hatte es sich abgezeichnet, dass Gottlieb Daimler nicht mehr lange leben würde. Seit er bei der Probefahrt aus dem Wagen gefallen war, hatte sich sein Zustand verschlechtert. Die Ärzte diagnostizierten einen Infarkt.

Ob mit dem Tod Daimlers auch die Feindschaft mit Max Duttenhofer endet? Als Vorsitzender des Aufsichtsrats der Daimler-Motoren-Gesellschaft unterzeichnet Duttenhofer einen Nachruf auf Gottlieb Daimler. Die Motorengesellschaft betrauere in dem Verblichenen den Erfinder und Begründer der Automobilindustrie. Seiner Energie und Schaffenskraft sei die Entwicklung des neuen Verkehrsmittels in seiner heutigen Form zu verdanken. Dem treuen Freunde werde man stets ein dankbares Andenken bewahren.

Am Tag der Beerdigung fehlt Max Duttenhofer im Trauerzug, der sich in der Taubenheimstraße in Bewegung setzt. Meister und Vorarbeiter der daimlerschen Fabrik tragen den mit Blumen und Kränzen geschmückten Sarg vom Sterbehaus zum Friedhof. Ihnen folgen Lina Daimler, ihre zweijährige Tochter Emilie sowie der fünfjährige Gottlieb. Auch die älteren Kinder aus der ersten Ehe mit Emma reihen sich ein: Paul, Adolf, Emma und Martha, die zu diesem Zeitpunkt bereits erwachsen sind. Im Trauerzug befinden sich Mitglieder der Verbindung Stauffia von der Polytechnischen Schule, deren Mitglied Daimler war. Professoren und Studenten, Angestellte und Arbeiter der Motorengesellschaft sind gekommen. Viele von ihnen tragen Palmzweige, Fahnen mit Trauerflor und Kränze. Daimlers Freunde und Bekannte bilden das Ende des Zugs: Eigens aus Paris sind Madame Levassor und ihr Sohn sowie Monsieur Panhard angereist.

Auf dem Friedhof tritt der Stadtpfarrer an das Grab. „Der Herr hat's gegeben, der Herr hat's genommen." Der Entschlafene habe in den vergangenen Wochen viel gelitten, als er merkte, dass über dem körperlichen Leiden auch seine geistige Kraft erlahmt sei. Wer dem Verstorbenen fernstehe, vermöge nicht zu beurteilen, welche Geistesarbeit in der kleinen Maschine stecke, die Daimler erfunden habe und welche Hindernisse er auf dem Weg überwunden habe. Manche hätten sich von solchen Erfolgen, wie sie Daimler errungen habe, wohl blenden lassen – er aber sei in seiner schwäbischen Art stets derselbe einfache Mann in seinem Privatleben geblieben wie zuvor. Dem Verstorbenen sei es nie um den äußeren Schein bei seinen Erfindungen gegangen, er habe mit unbedingtem Ehrgeiz danach gestrebt, diese zuverlässig zu machen.

Nur wenige Meter neben dem Pfarrer hört ein Mann der Grabrede zu, der im vertrauten Kreis niemals bestätigen würde, dass es sich bei Gottlieb Daimler um einen einfachen Mann gehandelt habe. Der Kommerzienrat Wilhelm Lorenz tritt vor, er sagt, er lege im Namen des Aufsichtsrats der Motorengesellschaft einen Kranz nieder. Mehr sagt er nicht. Der Sarg wird in jenes Grab hinabgelassen, in dem bereits Gottlieb Daimlers erste Frau Emma und der gemeinsame Sohn Wilhelm bestattet sind. Wilhelm, der nur 15 Jahre alt wurde und auf den Tag genau vier Jahre vor seinem Vater starb.

Am Grab liegen die Kränze mehrerer ausländischer Automobilgesellschaften. Vielen Trauergästen fällt ein Riesenkranz aus Veilchen mit violetter Schleife auf, den der Automobile Club de France gestiftet hat. Die Zeitung wird anderntags von einer „imposanten Trauerkundgebung“ schreiben.

Wilhelm Maybach aber verliert mit Gottlieb Daimler einen komplizierten Freund, dem er ein Leben lang gefolgt ist. Ohne Maybach wäre Gottlieb Daimler der große Erfolg versagt geblieben. Ohne Gottlieb Daimler wäre Maybach in der französischen Presse nicht jener Titel verliehen worden, der später ins Deutsche überwandert: *roi des constructeurs*. Wilhelm Maybach, der König der Konstrukteure. Am Tag von Gottlieb Daimlers Beerdigung mögen Wilhelm Maybach viele Dinge durch den Kopf gehen, die für ihn erst in den nächsten Jahren an Klarheit gewinnen. Auf fast allen technischen Patenten steht der Name Daimler, aber in ihnen steckt vor allem Maybachs Geist. In der unverbrüchlichen Beziehung der beiden Männer ist Maybach immer die Nummer zwei gewesen. Nur in seltenen Momenten ist sein Unmut darüber so groß geworden, dass er sich Luft verschaffen musste: Wenn er mit ansehen müsse, dass Daimler sich wie der Alleserfinder aufspiele, schreibt er einmal einem Freund, dann bereue er seine eigene Zurückhaltung doch. Aber diese Sichtweise auf das gemeinsame Erfinderleben mit Daimler gewinnt bei Wilhelm Maybach nicht die Oberhand – Gottlieb Daimler habe in den vielen Jahren der ungewissen Tüftelei am Motor vor keinem noch so großen Opfer zurückgeschreckt. Er habe all die Zweifel und Einwände selbst der eigenen Freunde nicht gelten lassen und sei unbeirrt vorangegangen.

Es sind ungeachtet des Erfolgs harte Jahre gewesen, die sie gemeinsam durchgestanden haben. Gottlieb Daimler habe immer daran geglaubt, dass der Motor einmal in unzählige Fahrzeuge eingebaut werde. Ihm selbst habe Daimler unter eigenen finanziellen Opfern ein sorgenfreies Arbeiten ermöglicht, schreibt Maybach. Das vergisst er seinem Wegbegleiter nicht.

Zwei Monate und sechs Tage lang hat Gottlieb Daimler das 20. Jahrhundert erlebt. Jenes Jahrhundert, in dem seine Erfindung erst ihre wahre Größe zeigen wird, und in dem unter seinem Namen Millionen von Fahrzeugen verkauft werden. Im *Neuen Tagblatt* heißt es, dass die Trauerkunde vom Ableben Daimlers in allen Kulturländern widerhallen werde. Sein Name werde für immer verbunden sein mit einer der wichtigsten und folgenreichsten Errungenschaften des menschlichen Fortschritts. Gottlieb Daimler stehe für einen der größten Siege in jenem Kampf, welcher seit dem Anfang der Menschheit währe. Dem Kampf gegen Raum und Zeit.

Getragene Worte begleiten Gottlieb Daimlers Tod. Aber seine Geschichte findet an dieser Stelle kein Ende. Im Gegenteil: Mit seinem Tod beginnt manches erst. Hinter den Kulissen laufen die Verhandlungen der Daimler-Motoren-Gesellschaft mit dem exzentrischen Geschäftsmann Emil Jellinek. Der Händler der Daimler-Automobile hatte nicht nur in der Zündungsfrage zugunsten von Robert Bosch Schicksal gespielt. Jellinek hatte dem Unternehmen eine ganze Liste mit Verbesserungsvorschlägen übersandt, die vor allem Wilhelm Maybach umsetzt – das neue Automobil soll bequemer sein als die automobilen Urtypen, die bisher auf den Straßen rollen. Die Karosserie soll schnittiger werden, die Handhabung für den Fahrer praktischer.

Gottlieb Daimler liegt noch nicht lange unter der Erde, als die Daimler-Motoren-Gesellschaft mit Jellinek einen Vertrag abschließt, der diesen endgültig zu einem Großabnehmer macht. Das neue Automobil wird die Marke Daimler an die Spitze des weltweiten Automobilbaus führen. Das Erfolgsmodell trägt den Namen der Tochter Emil Jellineks. Das Mädchen heißt Mercedes. Mercedes macht Gottlieb Daimler unsterblich.

Der Fortschritt rast, aber er treibt die Menschen auch zur Raserei. Schneller, immer schneller, das muss unvermeidlich an Grenzen stoßen. Welchen Geist hat Gottlieb Daimler aus der Flasche gelassen? Als die Zeitschrift *Der Automobilist* seinen Nachruf schreibt, hadert sie mit dem allgemeinen „Schnelligkeits-Wahnsinn", dem die Autobauer verfallen seien: Zwölf Pferdestärken und 60 Kilometer pro Stunde – das imponiere keinem mehr. Der Schnelligkeitswahnsinn scheine zur Schnelligkeitsraserei zu werden, man müsse sich nur die neusten Fahrzeuge auf der Nizzaer Automobilwoche anschauen. Mehr als 80 Kilometer Schnelligkeit pro Stunde laute heute die Parole. „Sie schütteln den Kopf, verehrter Leser und Sie haben recht!"

Wer nur ein einziges Mal die Gelegenheit bekomme, einen solchen Wagen zu lenken, der könne sich eine Vorstellung von der mörderischen Schnelligkeit eines 80-Stundenkilometer-Tempos machen.

Ein Fahren sei das nicht mehr, das sei ein Fliegen.

Warum das Buch hier endet – und wie es weitergeht

Wann setzt man als Autor einen Schlusspunkt, wenn man den technischen Fortschritt und den rasanten Wandel einer Gesellschaft beschreibt? Ich habe mich für das Jahr 1900 entschieden – zum einen markiert der Tod Gottlieb Daimlers einen Einschnitt. Zum anderen beginnt auch ein neues Kapitel in der Firmengeschichte von Robert Bosch – nach zähen Aufbaujahren hat sich Bosch nun endgültig etabliert.

Dieses Buch konzentriert sich jedoch auf die Geburtswehen der deutschen Industrialisierung und auf die frühe Automobilgeschichte. Es zeigt, wie unterschiedliche Charaktere den Fortschritt in die Spur gesetzt haben – teilweise mit- und oft gegeneinander.

Nach Gottlieb Daimlers Tod entwickelt sich die Daimler-Motoren-Gesellschaft rasch weiter: 1902 lässt sich das Unternehmen den Markennamen Mercedes schützen, 1909 taucht erstmals der dreizackige Stern als Firmenzeichen auf. Erst im Jahr 1926 kommt zusammen, was heute zusammengehört: Die Daimler-Motoren-Gesellschaft fusioniert mit der Benz & Cie. zur Daimler-Benz AG.

Die elektrotechnische Fabrik von Robert Bosch wächst nach ihrer Gründung rasant – die Zahl der Mitarbeiter steigt bis 1910 auf mehr als 3000 an. Bosch erlebt bewegte Zeiten: Er führt den Achtstundentag ein und gerät später dennoch mit den Gewerkschaften im Zuge eines Streiks heftig aneinander. Auch sein Privatleben wird durch den frühen Tod seines Sohns Robert erschüttert. 1926 lässt sich Robert von Anna Bosch scheiden, ein Jahr später heiratet er, bereits 66-jährig, die Opernsängerin Margarete Wörz. Sie schenkt ihm zwei weitere Kinder. Bosch stirbt während des Zweiten Weltkriegs am 12. März 1942. Seine letzte Ruhestätte befindet sich auf dem Stuttgarter Waldfriedhof.

Heute steht dem Automobil erneut eine Revolution bevor: Wie sehen die Antriebskonzepte für das Auto von morgen aus? Wie lässt sich der Verkehr in den Städten so organisieren, dass die nicht in Stau und Feinstaub ersticken? Wir suchen nach Lösungen, die womöglich von Menschen gefunden werden, die heute noch völlig unbekannt sind.

Lebenslauf Gottlieb Daimler

1834	Am 17. März wird Gottlieb Daimler im württembergischen Schorndorf als Sohn eines Bäckermeisters geboren.
1848	Er beginnt in seiner Heimatstadt mit einer Büchsenmacherlehre.
1853	Daimler sammelt bei einer Maschinenbaufirma im elsässischen Graffenstaden praktische Erfahrungen.
1857	Studium an der Polytechnischen Schule in Stuttgart
1860	Gottlieb Daimler zieht es zuerst nach Paris, dann nach England, wo er in mehreren Betrieben arbeitet – unter anderem in Leeds. Er besucht auch Manchester.
1862	Daimler arbeitet in der Metallwarenfabrik Straub in Geislingen.
1865	Während er die Maschinenfabrik des Bruderhauses in Reutlingen leitet, trifft er auf Wilhelm Maybach, der fortan zum Wegbegleiter seiner Karriere wird.
1867	Gottlieb Daimler heiratet in Maulbronn die Apothekertochter Emma Kurtz, die ihm fünf Kinder schenkt: Paul (1869), Adolf (1871), Emma (1873), Martha (1878), Wilhelm (1881).
1869	In Karlsruhe wird er Vorstand der Werkstätten der Karlsruher Maschinenbaugesellschaft.
1872	Wechsel nach Köln in die Gasmotorenfabrik Deutz
1882	Trotz wirtschaftlichen Erfolgs kommt es im Unternehmen zum Zerwürfnis mit Nikolaus August Otto. Daimler verlässt Köln und zieht mit seiner Familie nach Cannstatt.
1885	Daimler meldet das Patent für den Standuhrmotor an, den er gemeinsam mit Wilhelm Maybach entwickelt hat.
1886	Erste Probefahrten mit einer Motorkutsche, Durchbruch beim Automobil beinahe zeitgleich mit den Fortschritten bei Carl Benz.
1889	Seine Frau Emma stirbt.
1890	Gründung der Daimler-Motoren-Gesellschaft, bald Konflikte mit seinen Geschäftspartnern
1893	Heirat mit Lina Schwend, mit der er zwei Kinder bekommt: Gottlieb (1894) und Emilie (1897).
1899	Wilhelm Maybach konstruiert einen Rennwagen, der später auf den Namen „Mercedes“ getauft wird.
1900	Gottlieb Daimler stirbt am 6. März. Er wird auf dem Uff-Kirchhof in Cannstatt beigesetzt.

Lebenslauf Robert Bosch

1861 Robert Bosch wird als elftes von zwölf Kindern einer Bauernfamilie in Albeck bei Ulm geboren.

1876–79 Ausbildung zum Feinmechaniker in Ulm

1883/84 Gasthörer an der Technischen Hochschule in Stuttgart

1884/85 Robert Bosch sammelt in New York bei den „Edison Machine Works" Erfahrungen, anschließend in London bei „Siemens Brothers".

1886 Bosch eröffnet im Stuttgarter Westen seine „Werkstätte für Feinmechanik und Elektrotechnik".

1887 Heirat mit Anna Kayser. Geburt der Töchter Margarete (1888), Paula (1889), des Sohnes Robert (1891) und der Tochter Erna Elisabeth (1893)

1897 Erstmals baut Bosch eine Magnetzündung in ein Auto ein.

1901 Mit 45 Mitarbeitern zieht Bosch in seine erste Fabrik ein.

1906 Robert Bosch führt den Achtstundentag ein; in seinem Unternehmen arbeiten 1000 Mitarbeiter.

1910 Bau der Villa in der Heidehofstraße

1913 Nach einem Streik in seiner Firma wird Bosch Mitglied im „Verband Württembergischer Industrieller".

1917 Das Unternehmen wird in eine Aktiengesellschaft umgewandelt, Robert Bosch übernimmt den Vorsitz des Aufsichtsrats.

1919 Er wird Präsidiumsmitglied des Reichsverbands der deutschen Industrie.

1921 Sein Sohn Robert stirbt nach langer Krankheit.

1927 Bosch erweitert seine Produktpalette. Das Logo prangt bald auf Elektrowerkzeugen und Kühlschränken. Nachdem er sich im Vorjahr von seiner Frau Anna hat scheiden lassen, heiratet Robert Bosch Margarete Wörz. Geburt des zweiten Sohnes Robert (1928) und der Tochter Eva (1931)

1937 Bosch wandelt seinen Konzern in eine GmbH um.

1940 Das von Bosch finanzierte „Robert-Bosch-Krankenhaus" öffnet. In das Behandlungskonzept fließen viele von Robert Boschs persönlichen Überzeugungen ein – unter anderem bekommt die Homöopathie ein großes Gewicht.

1942 Am 12. März stirbt Robert Bosch. Er wird auf dem Stuttgarter Waldfriedhof beigesetzt.

Literaturverzeichnis

Arns, Günter: Über die Anfänge der Industrie in Baden und Württemberg. Stuttgart 1986.

Baldenhöfer, Jörg: Schwäbische Tüftler und Erfinder. Stuttgart 1986.

Baumann, Carl-Friedrich: Bühnentechnik im Festspielhaus Bayreuth. München 1980.

Beiche, Hartwig: Als die Tunnel nach Stuttgart kamen. Die ingenieurtechnischen Leistungen und die kulturgeschichtliche Bedeutung des Eisenbahnpioniers Carl Etzel. Unveröffentlichter Vortrag an der Universität Stuttgart. Stuttgart 2011.

Benz, Carl: Lebensfahrt eines deutschen Erfinders. Leipzig 1925.

Borst, Otto: Geschichte Baden-Württembergs. Stuttgart 2012.

Daimler AG, Archive & Sammlung: Daimler, Gottlieb: Tagebuch auf seiner Russlandreise von Oktober bis Dezember 1891, Stuttgart 1891.

Daimler AG, Archive & Sammlung: Gottlieb Daimler zum Gedächtnis. Eine Dokumentensammlung. Stuttgart 1950.

Daimler AG, Archive & Sammlung: Daimler und Benz vor 75 Jahren auf der Pariser Weltausstellung 1889. Stuttgart 1964.

Daimler AG, Archive & Sammlung: Ordner Nr. 2: Negative des Skizzenbuchs 1866.

Daimler AG, Archive & Sammlung: Ordner Nr. 9: Tod und Begräbnis Gottlieb Daimlers. Todesanzeigen und Grabreden, 1900.

Daimler AG, Archive & Sammlung: Ordner Nr. 12: Daimler, Gottlieb: Aufsatz zu physikalischen Themen, 1847.

Daimler AG, Archive & Sammlung: Daimler, Gottlieb: Ordner Nr. 13: Wanderbuch von Gottlieb Daimler fürs In- und Ausland, 1853 bis 1861.

Daimler AG, Archive & Sammlung: Ordner Nr. 13: Daimler, Gottlieb: Briefe aus England, 1860 bis 1863.

Daimler AG, Archive & Sammlung: Ordner Nr. 18: Bestand Daimler Biografisches: Falschmünzergeschichte, 1936/1937 und Versuchswerkstätte – Gartensaal im Hotel Hermann, 1895.

Daimler AG, Archive & Sammlung: Ordner Nr. 25: Daimler, Gottlieb: Brief an seine Schwägerin Marie Kurtz vom 07.12.1891 sowie Daimler, Gottlieb: Brief an seine zweite Frau vom 25.05.1893.

Daimler AG, Archive & Sammlung: Ordner Nr. 26: Daimler, Lina: Transkription des Tagebuchs, 1893 bis 1903.

Daimler AG, Archive & Sammlung: Ordner Nr. 35: Daimler, Gottlieb: Brief an Adolf Groß vom 23.04.1878.

Daimler AG, Archive & Sammlung: Ordner Nr. 35: Wollmershäuser, Friedrich R.: Brief zum Thema „Forschung Steinbeis und Daimler", 1986.

Daimler AG, Archive & Sammlung: Maybach, Wilhelm: Reisebericht – Ausstellung in Philadelphia von Wilhelm Maybach (Transkription seiner Handschrift), Stuttgart 1985.

Debatin, Otto: Sie haben mitgeholfen – Lebensbilder verdienter Mitarbeiter des Hauses Bosch. Bosch Schriftenreihe, Folge 11. Stuttgart 1963

Der Motorwagen: Zeitschrift des mitteleuropäischen Motorwagen-Vereins, Jahrgänge 1898 und 1899.

Diercks, Anna: Ein Triumph der nackten Tatsachen: Der Eiffelturm auf der Weltausstellung 1900. München 2008.

Eusemann, Bernhard: Genies oder Spinner? Geschichten außergewöhnlicher Erfindungen. Mannheim 2011.

Ganschow, Jan; Haselhorst, Olaf; Ohnezeit, Maik (Hrsg.): Der Deutsch-Französische Krieg 1870/71. Graz 2009.

Geo Epoche: Die Industrielle Revolution. Wie Dampf, Stahl und Strom die Welt veränderten. Hamburg 2008.

Haeberle, Karl Erich: Stuttgart und die Elektrizität. Geschichte der Stuttgarter Elektrizitäts- und Fernwärmeversorgung. Stuttgart 1983.

Hanf, Reinhardt: Im Spannungsfeld zwischen Technik und Markt. Zielkonflikte bei der Daimler-Motoren-Gesellschaft im ersten Dezennium ihres Bestehens. Wiesbaden 1980.

Hammerwerk Karl Wimpff K. G.: 100 Jahre Schmiede in Schwaben. Stuttgart 1966.

Haushahn, Carl: 1834–1934 – Festschrift zur Erinnerung an die Gottlieb-Daimler-Ehrentage, 21. bis 23. April 1934. Schorndorf 1934.

Hengstenberg, Gisela: Rübezahl im Königsbau: Die Stuttgarter Künstlergesellschaft „Das Strahlende Bergwerk“. Stuttgart/Leipzig 2003.

Herdt, Hans Konradin; Blum, Dieter: Bosch 1886–1986. Porträt eines Unternehmens. Stuttgart 1986.

Herre, Franz: Jahrhundertwende 1900. Untergangsstimmung und Fortschrittsglauben. Stuttgart 1998.

Herrmann, Klaus: Max Eyth – Seine Welt in der Welt von morgen. Frankfurt am Main 2006.

Heuss, Theodor: Robert Bosch – Leben und Leistung. Stuttgart 1986.

Holdermann, Karl: Im Banne der Chemie – Carl Bosch – Leben und Werk. Düsseldorf 1953.

Jütte, Robert: Die heilende Kraft der Natur. Homöopath und Lebensreformer. Magazin zur Bosch-Geschichte, Sonderheft 1. Stuttgart 2011.

Kannicht, Joachim: Großvater sticht in See. In: *Stuttgarter Nachrichten* vom 02.04.1975.

Kirchberg, Peter; Wächtler, Eberhard: Carl Benz, Gottlieb Daimler, Wilhelm Maybach. Leipzig 1981.

Kläger, Erich: Böblingen – eine Reise durch die Zeit. Böblingen 1979.

Kleinheins, Peter: Die Luftschifffahrt begann vor hundert Jahren. Doktor Wölfert und Gottlieb Daimler. Stockach-Wahlwies 1988.

Kotzurek, Annegret und Redies, Rainer: Stuttgart von Tag zu Tag. Die Königszeit 1806 bis 1918. Stuttgart 2006.

Lessing, Hans-Eberhard: Robert Bosch. Reinbek bei Hamburg 2007.

Meier, Dirk: Die letzte Fahrt der Cimbria. In: *Dithmarschen*, 2/2009.

Möser, Kurt: Die Geschichte des Autos. Frankfurt/New York 2002.

Möser, Kurt: Fahren und Fliegen in Frieden und Krieg. Mannheim 2009.

Mojem, Helmuth: Der große Uhland. In: *Die Zeit* Nr. 47; 15.11.2012.

Niemann, Harry: Wilhelm Maybach, König der Konstrukteure. Stuttgart 1995.

Niemann, Harry: Gottlieb Daimler – Fabriken, Banken und Motoren. Bielefeld 2000.

Oelsner, Reiner F.: Bemerkungen zum Leben und Werk von Carl Bosch. Mannheim 1998.

Osterhammel, Jürgen: Die Verwandlung der Welt. München 2009.

Poller, Horst: Firma und Familie – Anmerkungen zu 150 Jahren Junghans-Uhren. München 2011.

Radkau, Joachim: Natur und Macht – eine Weltgeschichte der Umwelt. München 2002.

Räntzsch, Andreas M.: Stuttgart und seine Eisenbahnen. Entwicklung des Eisenbahnwesens im Raum Stuttgart. Heidenheim 1987.

Reik, Jakob: Kriegserlebnisse 1870/1871. Konstanz/Eggingen 2008.

Robert Bosch GmbH, Historische Kommunikation: Bosch, Robert: Tagebuch vom 24.05. bis zum 05.06.1884 auf der Überfahrt nach New York.

Robert Bosch GmbH, Historische Kommunikation: Bosch, Robert: Briefwechsel zwischen Robert Bosch und Anna Kayser, beginnend am 21.03.1885.

Robert Bosch GmbH, Historische Kommunikation: Bosch, Robert: Tagebuch über die Fahrt mit dem Dampfer Fulda von New York nach Southampton, beginnend mit dem 13.05.1885.

Robert Bosch GmbH, Historische Kommunikation: Bosch, Robert: Brief an Anna Kayser vom 02.12.1885.

Robert Bosch GmbH, Historische Kommunikation: Bosch, Robert: Briefe an Anna Kayser aus Magdeburg, beginnend am 24.03.1886.

Robert Bosch GmbH, Historische Kommunikation: Bosch, Robert: Lebenserinnerungen, notiert auf einer Schiffspassage nach Buenos Aires und Rio de Janeiro im Jahr 1921 und Rückblick 1941.

Robert Bosch GmbH, Historische Kommunikation: Bosch, Robert: Aufsätze ohne Datum: Bubenstreiche I.

Robert Bosch GmbH, Historische Kommunikation: Bosch, Robert: Aufsätze ohne Datum: Hexenglauben.

Robert Bosch GmbH, Historische Kommunikation: Bosch, Robert: Aufsätze ohne Datum: Schule und Beruf.

Robert Bosch GmbH, Historische Kommunikation: Bosch, Robert: Aufsätze ohne Datum: Stadt und Festung Ulm.

Robert Bosch GmbH, Historische Kommunikation: Bosch, Robert: Lebensweise. Wandern. Turnen. Jagen. 1931.

Robert Bosch GmbH, Historische Kommunikation: Bosch, Robert: Reden, Ansprachen und Korrespondenzen von Robert Bosch. 1932.

Robert Bosch GmbH, Historische Kommunikation: Bosch, Robert: Ein Rückblick, Reden- und Schriftensammlung. 1942.

Robert Bosch GmbH, Historische Kommunikation: Fischer-Bosch, Margarete: Jugenderinnerungen an meinen Vater Robert Bosch. 1970.

Robert Bosch GmbH, Historische Kommunikation: Geschichte der Firma Bosch aus ihren Geschäftsbüchern.

Sass, Friedrich: Geschichte des deutschen Verbrennungsmotorenbaus von 1860 bis 1918. Berlin/Göttingen/Heidelberg 1962.

Schivelbusch, Wolfgang: Lichtblicke – Zur Geschichte der künstlichen Helligkeit im 19. Jahrhundert. München/Wien 1983.

Schukraft, Harald: Wie Stuttgart wurde, was es ist. Tübingen 2007.

Schwäbischer Merkur vom 20.03.1936, vom 24.09.1861, vom 27.10.1889 und 29.10.1889.

Schwäbische Tüftler. Württembergisches Landesmuseum. Stuttgart 1995.

Seiffert, Reinhard: Die Ära Gottlieb Daimlers. Neue Perspektiven zur Frühgeschichte des Automobils. Wiesbaden 2009.

Siebertz, Paul: Gottlieb Daimler – ein Revolutionär der Technik. München, Berlin 1941.

Siemens, Werner von: Lebenserinnerungen. München/Zürich 2008.

Sittauer, Hans L.: Nicolaus August Otto und Rudolf Diesel. Leipzig 1978.

Spiegel Geschichte: Das Deutsche Kaiserreich. 1871 bis 1914: Der Weg in die Moderne. Hamburg 2013.

Specker, Hans Eugen: Ulm im 19. Jahrhundert. Aspekte aus dem Leben der Stadt. Stadtarchiv Ulm 1990.

Stuttgarter Neues Tagblatt, Ausgabe vom 21.12.1895, vom 27.01.1846, vom 23.12.1895, vom 28.09.1895, vom 07. bis 09.03.1886, vom 18. bis 20.08.1886, vom 10. bis 13.11.1886, vom 29.10.1889, vom 31.10.1889, vom 05.11.1889, vom 31.12.1899 und vom 02.01.1900.

Tames, Richard: Lebensalltag zur Zeit der Industriellen Revolution. Stuttgart/Zürich/Wien 1996.

Wilke, Arthur: Die Elektrizität – ihre Erzeugung und Anwendung in Industrie und Gewerbe. Leipzig 1899.

Winkelbach, Renate: Auf Staats- und Vicinalstraßen unterwegs. Waiblingen 2008.

Wolf, Peter; Loibl, Richard und Brockhoff, Evamaria (Hrsg.): Götterdämmerung – König Ludwig II. und seine Zeit. Augsburg 2011.

Wyss, Beat: Bilder von der Globalisierung – Die Weltausstellung von Paris 1889. Berlin 2010.

Bildquellennachweis

S. 22, 81, 128, 160/161, 179, 203, 221, 235, 236, 247: mit freundlicher Genehmigung von Mercedes-Benz Archives & Collection; S. 87, 140, 146, 190, 193, 227, 262: mit freundlicher Genehmigung der Robert Bosch GmbH; S. 99: mit freundlicher Genehmigung der Stiftung Rheinisch-Westfälisches Wirtschaftsarchiv zu Köln; S. 177: mit freundlicher Genehmigung des Stadtarchivs Stuttgart

Danksagung

Ohne die Hilfe vieler würden diesem Buch etliche Facetten fehlen. An erster Stelle möchte ich meiner Frau, Christiane Wild-Raidt, für ihre Unterstützung über die ganze Zeit der Entstehung des Buchs hinweg danken. Ohne ihre Ratschläge und zahlreichen guten Ideen wäre das Buch nicht in dieser Form entstanden. Außerdem danke ich Volker Hühn, der mich als Verlagsleiter erst auf die Idee brachte, dieses Buch zu schreiben und mir anschließend mit seiner Erfahrung den Weg wies. Fachkundige Unterstützung erhielt ich von Dr. Thomas Schütz, der an der Uni Stuttgart am Historischen Institut im Bereich Wirkungsgeschichte der Technik tätig ist – sein Fachwissen hat einige Lücken bei mir geschlossen. Mein Dank gilt außerdem der gründlichen Korrektur von Stil und Rechtschreibung durch meine Lektorin Berit Barth, die dem Buch den notwendigen Feinschliff gab. Dr. Elvira Weißmann, die Leiterin des Regionalprogramms bei Theiss, hat mir auf der Zielgeraden des Projekts tatkräftig geholfen. Große Unterstützung haben mir auch die historischen Archive der Firmen Bosch und Daimler gewährt. Bei Bosch danke ich dabei besonders Dieter Schmitt, bei Daimler konnte ich auf die Hilfe von Wolfgang Rabus zählen. Bei meinen Recherchen erhielt ich zudem die freundliche und kompetente Unterstützung von Mitarbeiterinnen und Mitarbeitern der Württembergischen Landesbibliothek, des Stuttgarter Stadtarchivs und des im Aufbau befindlichen Stuttgarter Stadtmuseums.

Die Deutsche Nationalbibliothek verzeichnet diese Publikation in der Deutschen Nationalbibliografie; detaillierte bibliografische Daten sind im Internet über http://dnb.dnb.de abrufbar.

Der Konrad Theiss Verlag ist ein Imprint der WBG

Die Herausgabe des Werkes wurde durch die Vereinsmitglieder der WBG ermöglicht.
Lektorat: Berit Barth, Mössingen
Gestaltung und Satz: DOPPELPUNKT, Stuttgart
Gedruckt auf säurefreiem und alterungsbeständigem Papier
Printed in Germany

Besuchen Sie uns im Internet: www.wbg-wissenverbindet.de
ISBN 978-3-8062-2900-4

Elektronisch sind folgende Ausgaben erhältlich:
eBook (PDF) 978-3-8062-2919-6
eBook (epub) 978-3-8062-2920-2